随机迭代学习控制

沈 栋 著

科 学 出 版 社
北 京

内 容 简 介

本书主要介绍随机迭代学习控制的设计与分析方法，内容包括各种随机信号环境下的算法设计原理与分析技巧，其中随机信号包括随机噪声、随机数据丢包、随机批次长度等. 本书第 1 章综述了随机迭代学习控制的研究现状及主要的原理方法，第 2~11 章分别针对工程非线性、未知控制方向、数据丢包、批次长度随机变化、量化控制、分散式控制等多个相关问题进行了深入讨论.

本书可供研究迭代学习控制的科研人员和研究生参考，亦可供相关工程技术人员研究参考.

图书在版编目(CIP)数据

随机迭代学习控制/沈栋著. —北京：科学出版社，2016. 11

ISBN 978-7-03-050335-0

Ⅰ.①随… Ⅱ.①沈… Ⅲ.①学习系统-迭代计算 Ⅳ.① TP273

中国版本图书馆 CIP 数据核字(2016) 第 257025 号

责任编辑：阚 瑞／责任校对：郭瑞芝

责任印制：张 伟／封面设计：迷底书装

科学出版社 出版

北京东黄城根北街 16 号

邮政编码：100717

http://www.sciencep.com

北京凌奇印刷有限责任公司 印刷

科学出版社发行 各地新华书店经销

*

2017 年 1 月第 一 版 开本：720 × 1000 B5

2017 年 1 月第一次印刷 印张：13 3/4

字数：270 000

POD定价： 75.00元

（如有印装质量问题，我社负责调换）

前　　言

迭代学习控制是控制理论的一个分支, 相较于自适应控制、鲁棒控制等研究方向而言, 迭代学习控制是一个相对小众的方向. 自 20 世纪 80 年代提出以来, 经过 30 多年的发展, 迭代学习控制取得了丰硕的成果, 发展了一系列独特的研究方法和技巧. 在应用方面, 迭代学习控制强调系统能够不断重复, 从而得以借用"学习"的思想来使得输入信号能够不断地被优化. 而现实中的许多实际生产系统都是采用批次生产模式, 这也是迭代学习控制提出的工程背景, 因此, 迭代学习控制在工程上有很多实质性的应用.

随机迭代学习控制是指系统中含有各种随机因素下的迭代学习控制. 这里随机因素包括系统噪声、量测噪声、随机数据丢包、通信延迟等各种用随机变量刻画的信号. 这些信号同时体现了不确定性与随机性, 因此, 对这类问题的研究有其独特的理论价值与应用意义. 本书对这一问题进行深入的探讨.

全书共 11 章. 第 1 章全面深入地综述随机迭代学习控制的研究现状及主要原理与方法, 并对多个潜力方向进行了介绍, 可供读者快速了解随机迭代学习控制的相关内容. 第 2 章介绍系统输入端含有死区、预载、饱和等工程非线性环节下的迭代学习控制. 第 3 章介绍同时含有固定时滞和死区环节的非线性系统的迭代学习控制. 第 4 章介绍 Hammerstein-Wiener 系统的迭代学习控制. 第 5 章介绍线性系统在未知控制方向下的方向调节机制及相应的迭代学习控制. 第 6 章与第 7 章介绍随机数据丢包环境下的迭代学习控制, 分别为控制方向已知与未知两种情形. 第 8 章与第 9 章介绍系统运行批次长度随机变化下的迭代学习控制, 分别为线性系统与非线性系统两种情形. 第 10 章介绍基于量化信息的迭代学习控制. 第 11 章介绍由多个子系统相互关联而成的大规模系统的迭代学习控制问题. 全书各章涉及随机迭代学习控制的多个具体问题, 研究问题相对独立, 算法设计与收敛性分析则成为一体, 主要是基于随机逼近方法完成. 除第 1 章综述以外, 其余各章均针对具体问题给出迭代学习控制算法, 并给出严格的收敛性分析. 书中还给出许多仿真算例, 用以说明所得结果的有效性与可应用性.

本书的出版得到了国家自然科学基金 (基金编号: 61304085) 与北京市自然科学基金 (基金编号: 4152040) 的资助, 在此对资助机构表示感谢. 作者自博士起从事迭代学习控制方向的研究, 得到了许多前辈的指导和教诲, 受益匪浅. 感谢恩师陈翰馥院士将我带进迭代学习控制这一富有特色的研究领域, 他严谨的学风与敬业精神对我有很深的影响. 感谢博士后期间合作导师王飞跃研究员对我的鼓励和帮助,他提供了许多富有启发性的学术建议. 感谢新加坡国立大学的许建新教授、黎巴嫩美国大学的 Saab 教授、中国台湾华梵大学的简江儒教授的讨论与合作, 在此过程中我获益良多. 感谢迭代学习控制领域的各位前辈和同行一直以来对我的帮助.

谨以此书献给妻子陈腊梅和女儿沈墨琦.

由于水平所限, 本书不足之处在所难免, 请读者不吝批评指正.

沈　栋

2016 年 7 月

目　录

第 1 章　随机迭代学习控制

本章综述了随机迭代学习控制方面的相关研究进展. 迭代学习控制适用于可以不断重复完成指定任务的系统. 在过去三十年中, 迭代学习控制在理论和实际两方面都取得了许多重要的进展. 而在迭代学习控制中, 与随机信号有关的研究成果还比较少. 这里的随机信号包括系统噪声、量测噪声、随机数据丢包等各种在实际系统中普遍存在的信号. 本章从关键技巧的角度综述了相关进展, 包括三个方面: 线性随机系统、非线性随机系统和其他随机信号. 进而介绍了几个有潜力的研究方向, 包括点对点迭代学习控制、变轨迹迭代学习控制以及分散式/分布式迭代学习控制.

1.1　迭代学习控制

在生活中, 有这样一种认识, 一件事情重复去做, 通常会做得越来越好. 例如定点投篮, 当一个人进行定点投篮时, 一开始他可能投不中, 但随着不断练习, 他很有可能很快就会命中. 这里一个很重要的原因就是, 投篮者可以不断地从已有经验中学习. 具体地说, 投篮者可以根据之前投篮的偏差来调整下一次投篮的角度和力度, 从而使得篮球逐渐接近篮筐乃至命中. 迭代学习控制便是基于这样一种朴素的想法发展起来的控制分支. 粗略地说, 迭代学习控制是通过对之前过程信息的学习来改善系统的表现性能的.

因为要不断重复学习, 迭代学习控制适用于运行过程能够不断重复的系统, 通常用于跟踪某一给定目标且跟踪目标往往保持不变. 对这样的系统, 迭代学习控制能够根据之前的输入和输出数据, 结合跟踪目标来构造应用到下一次运行过程的输入信号, 从而达到逐步改善系统跟踪性能的目标. 由此可知, 迭代学习控制具有如下几个特点: ① 系统能够在有限的时间长度运行完毕并不断重复; ② 系统能够重复回到同一初始值; ③ 系统重复跟踪同一目标轨迹等. 迭代学习控制的基本思想如图 1.1 所示.

在图 1.1 中, 对跟踪目标 y_d, 在第 $k+1$ 次运行过程中, 根据第 k 次过程的输入 u_k 及跟踪情况 $e_k = y_d - y_k$ 构造新的输入 u_{k+1}. 这个输入 u_{k+1} 即应用到第 $k+1$ 次运行过程的输入, 同时 u_{k+1} 也存储到记忆器中用于下一次运行过程输入的构造, 系统在输入 u_{k+1} 作用下输出信号为 y_{k+1}, 其与跟踪目标 y_d 的差值也被用于构造下一次过程的输入. 至此, 系统沿迭代过程形成闭环反馈.

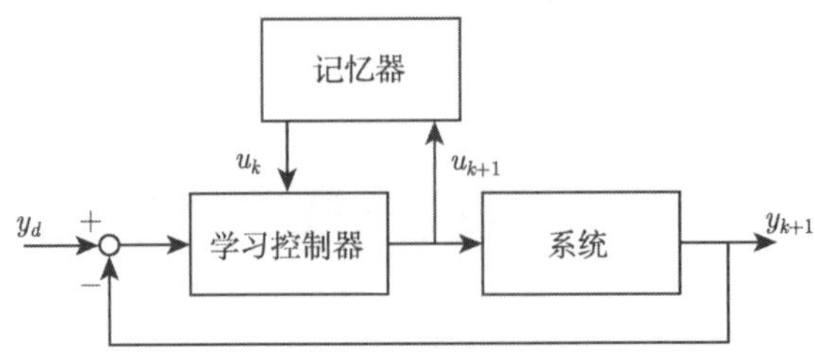

图 1.1　迭代学习控制示意图

将迭代学习控制与现实生活类比来看, 系统当前及以前的输入/输出信息相当于现实生活中的经验. 在现实生活中, 我们就是根据这些经验制定出下一次执行相同任务时的策略, 而这种新的策略就相当于在迭代学习控制中应用到下一运行过程中的输入信号. 在现实中, 以往的经验会改善我们做事的表现, 那么在系统控制之前的运行情况一定程度上也会帮助改善我们对系统的控制性能.

迭代学习控制的主要优势在于其控制律的设计仅要求系统的跟踪目标及输入/输出数据. 换言之, 关于系统自身的信息要求很少, 甚至可以完全未知. 迭代学习控制算法形式简单且行之有效.

注意到迭代学习控制是一种沿着运行过程调整而非沿运行时间调整的控制方法, 这恰是迭代学习控制不同于非学习型控制的本质所在. 例如, 反馈控制是一种典型的非学习型控制, 迭代学习控制与反馈控制的不同之处在于, 反馈控制没有利用之前运行过程的情况, 仅根据当前运行过程的输入/输出数据进行调整, 在每个运行过程可能产生相同的跟踪误差, 而迭代学习控制则充分学习之前运行过程的跟踪情况, 在其控制中包含了对已有信息的学习与利用. 此外, 迭代学习控制与具有一定学习能力的自适应控制也有区别, 自适应控制通常是针对相对固定的控制器来不断调整其控制器参数, 而迭代学习控制则是构造新的输入信号.

迭代学习控制的概念可以追溯到 Uchiyama 于 1978 年发表的文献 [1], 但该文为日文文献, 未获得广泛传播. 而在 1984 年的文献 [2]~[4] 开启了对迭代学习控制的研究. 自此以后, 大量关于迭代学习控制的文献涌现出来, 尤其是在 20 世纪末 21 世纪初研究活跃. 相关的专著有文献 [5]~[12], 综述文章包括文献 [13]~[15] 等. 部分期刊也组织了一些期刊专号, 如文献 [16]~[18]. 时至今日, 迭代学习控制已经成为一个重要的控制分支, 并在多种实际应用中取得了良好的控制效果[9]. 迭代学习控制在实际中的应用包括机器人[19-22]、硬盘驱动[23, 24]、工业/化工过程[25, 26] 等.

1.1.1　迭代学习控制基础

本节给出迭代学习控制的基本模型设定, 并给出一些传统的收敛结果. 考虑如

下离散时间线性时不变系统

$$\begin{aligned} x(t+1,k) &= Ax(t,k) + Bu(t,k) \\ y(t,k) &= Cx(t,k) \end{aligned} \tag{1.1}$$

其中, $x \in \mathbb{R}^n$, $u \in \mathbb{R}^p$ 和 $y \in \mathbb{R}^q$ 分别表示系统的状态、输入和输出; 矩阵 A、B 和 C 是具有适当维数的系统矩阵; t 代表一个运行批次内的任意时刻, $t = 0, 1, \cdots, N$, 这里 N 表示系统运行的时间长度; 而 k 表示不同的运行过程, 取值为 $k = 0, 1, \cdots$. 为方便, 对离散时间系统的 t 取值 $0 \sim N$, 用记号 $t \in [0, N]$ 表示.

由于迭代学习控制要求系统能够不断重复运行, 所以系统需要不断重置. 在基本模型及众多研究中, 需要下述初始值重置条件

$$x(0,k) = x_0, \quad \forall k \tag{1.2}$$

系统的跟踪目标为事先给定的目标轨迹 $y(t,d)$, $t \in [0, N]$. 注意到初始值重置条件, 一般要求 $y(0,d) = y_0 \triangleq Cx_0$. 迭代学习控制的设计目标即通过不断更新系统的输入 $u(t,k)$, 使得相应输出 $y(t,k)$ 尽可能地接近于 $y(t,d)$. 为此, $\forall t \in [0, N]$, 记跟踪误差为

$$e(t,k) = y(t,d) - y(t,k) \tag{1.3}$$

因此, 迭代学习控制的设计实际上是基于之前运行过程的输入 $u(t,k)$ 与跟踪误差 $e(t,k)$ 来构造控制更新律, 以得到下一次运行过程的系统输入信号. 这一关系在广义上可以写为

$$u(t,k+1) = h(u(\cdot,k), \cdots, u(\cdot,0), e(\cdot,k), \cdots, e(\cdot,0)) \tag{1.4}$$

当上述函数关系仅依赖于上一过程时, 称为一阶迭代学习控制律; 其余的则称为高阶迭代学习控制律. 一般而言, 要同时兼顾算法的简单性与有效性, 因此很多迭代学习控制都设计为一阶形式, 即

$$u(t,k+1) = h(u(\cdot,k), e(\cdot,k)) \tag{1.5}$$

特别地, 控制律多设计为线性形式. 其中, 最简单的迭代学习控制律为

$$u(t,k+1) = u(t,k) + Ke(t+1,k) \tag{1.6}$$

在这一更新律中, K 为学习增益矩阵, 它是这一算法的设计目标; $u(t,k)$ 表示上一运行过程的输入; 而 $Ke(t+1,k)$ 表示基于上一过程跟踪误差的修正项. 注意到在系统 (1.1) 中 t 时刻的输入直接影响到 $t+1$ 时刻的状态, 进而影响到 $k+1$ 时刻的

输出, 因此在算法 (1.6) 中用 $t+1$ 时刻的跟踪误差来修正 t 时刻的输入信号. 通常, 称算法 (1.6) 为 P 型迭代学习控制律. 当修正项变为 $K(e(t+1,k)-e(t,k))$ 时, 相应的控制律称为 D 型迭代学习控制律.

对系统 (1.1) 及更新算法 (1.6), 一个基本的收敛结果为: 若 K 满足

$$\|I-CBK\|<1 \tag{1.7}$$

则有 $\|e(t,k)\| \xrightarrow[k\to\infty]{} 0$. 其中, $\|\cdot\|$ 为算子范数.

从上述收敛结果可以看出, K 的设计并不需要已知关于系统矩阵 A 的任何信息, 而仅依赖于矩阵乘积 CB. 这反映了迭代学习控制律的设计优势, 它对系统自身的信息依赖性很小. 因此可以用于处理未知性较多的系统跟踪问题.

注记 1.1 从迭代学习控制的表示形式可以看出, 其模型具有典型的 2D 系统特征. 很多学者便从这一点入手, 发展起了一套基于 2D 系统的研究方法, 成为研究迭代学习控制的主要方法之一.

注意到系统总是运行有限时间长度 N 后便重置并再次重复, 因此可以把这有限个时刻的输入与输出信号通过堆积的办法构造成如下形式, 称为超向量 (super-vector)

$$U_k=[u^{\mathrm{T}}(0,k),u^{\mathrm{T}}(1,k),\cdots,u^{\mathrm{T}}(N-1,k)]^{\mathrm{T}} \tag{1.8}$$

$$Y_k=[y^{\mathrm{T}}(1,k),u^{\mathrm{T}}(2,k),\cdots,y^{\mathrm{T}}(N,k)]^{\mathrm{T}} \tag{1.9}$$

记

$$G=\begin{bmatrix} CB & 0 & 0 & \cdots & 0 \\ CAB & CB & 0 & \cdots & 0 \\ \vdots & \vdots & \vdots & & \vdots \\ CA^{N-1}B & CA^{N-2}B & \cdots & \cdots & CB \end{bmatrix} \tag{1.10}$$

则易知

$$Y_k=GU_k+\boldsymbol{d} \tag{1.11}$$

其中

$$\boldsymbol{d}=[(Cx_0)^{\mathrm{T}},(CAx_0)^{\mathrm{T}},\cdots,(CA^Nx_0)^{\mathrm{T}}]^{\mathrm{T}} \tag{1.12}$$

类似于式 (1.8) 和式 (1.9), 可记

$$Y_d=\left[y^{\mathrm{T}}(1,d),u^{\mathrm{T}}(2,d),\cdots,y^{\mathrm{T}}(N,d)\right]^{\mathrm{T}}$$

$$E_k=\left[e^{\mathrm{T}}(1,k),e^{\mathrm{T}}(2,k),\cdots,e^{\mathrm{T}}(N,k)\right]^{\mathrm{T}}$$

则有

$$U_{k+1} = U_k + \boldsymbol{K}E_k \tag{1.13}$$

其中, $\boldsymbol{K} = \mathrm{diag}\{K, K, \cdots, K\}$. 此时

$$\begin{aligned} E_{k+1} =& Y_d - Y_{k+1} = Y_d - GU_{k+1} - \boldsymbol{d} \\ =& Y_d - GU_k - G\boldsymbol{K}E_k - \boldsymbol{d} \\ =& E_k - G\boldsymbol{K}E_k \\ =& (I - G\boldsymbol{K})E_k \end{aligned}$$

由此不难得出前面所述迭代学习控制收敛的充分条件, 即式 (1.7). 不仅如此, 从上式还可以看出, 保证跟踪误差渐近收敛所需条件为 $G\boldsymbol{K}$ 的谱半径小于 1, 换言之, 即 CBK 的谱半径小于 1. 实际上, 堆积模型的意义并不仅仅在于帮助我们得到收敛条件, 更重要的是, 它使得我们可以更为本质地看待迭代学习控制. 在堆积模型 (1.11) 中, 同一迭代过程内的演化过程被集成到各个记号中, 从而突出了迭代过程的意义所在. 换言之, 堆积模型 (1.11) 实际上是一个沿 k 变化的过程, 而 t 此时已经没有任何影响.

注记 1.2　由于迭代学习控制的关注点集中在如何沿迭代过程逐步改善系统的跟踪性能. 从其控制律的设计模式或上述基于超向量的模型 (1.11) 都可以看出这一点. 因此粗略地说, 系统由线性时不变模型拓展到线性时变模型一般不会产生新的难点. 这是因为, 当固定一个时刻后, 沿迭代过程观察在这一点上的更新情况, 本质上是一个时不变模型.

跟踪目标 $y(t,d)$ 通常为可实现的, 即对合适的初始值 x_0, 存在输入 $u(t,d)$, 使得式 (1.1) 中的 k 替换为 d 仍成立. 换言之, $Y_d = GU_d + \boldsymbol{d}$, 其中 U_d 的定义类似于式 (1.8). 那么研究输出收敛到目标轨迹的问题 $\lim\limits_{k\to\infty} Y_k = Y_d$, 便可转化为研究输入收敛到目标输入的问题 $\lim\limits_{k\to\infty} U_k = U_d$. 对输出含有随机噪声的系统, 这种方法更为方便.

注记 1.3　若跟踪目标不可实现, 这意味着不存在控制输入能够产生目标轨迹, 即无论如何是不能实现完全跟踪的. 此时迭代学习控制律的设计目标也不再是实现渐近精确跟踪目标, 而是渐近收敛到一个距离目标轨迹最近的轨迹上去. 因此, 跟踪问题变成一个优化问题. 另外, 从实际应用的角度来看, 跟踪目标通常都是可实现的, 这一假定并不苛刻.

上述讨论都是围绕线性系统情形给出的, 而针对非线性系统的迭代学习控制问题也引起了众多研究[27-29]. 因其自身内在非线性特性的制约, 针对非线性系统的迭代学习控制难度要明显高于线性系统. 一个明显的佐证是, 大多数研究非线性系统的文献都要求非线性函数满足全局 Lipschitz 条件 (global Lipschitz condition,

GLC), 而这一条件限制了相关研究结果的适用范围. 因此, 如何进一步放宽这一条件是非线性系统迭代学习控制研究的重要方向.

已有文献的研究主题涵盖了迭代学习控制的众多方面, 包括更新律的设计、初始重置条件的放宽、鲁棒性、最优性、瞬态性能表现、变化轨道的跟踪, 以及实际应用等. 这里不再一一展开细述, 有兴趣的读者可以通过相关综述文献了解研究脉络. 例如, 文献 [14] 中, 作者对 1998~2004 年的迭代学习控制文献从理论和应用两个方面进行了详细分类. 文献 [30] 从范数优化的角度综述了相关系列研究.

1.1.2 随机迭代学习控制

本节将给出本书中随机迭代学习控制的含义. 在本书中, 随机迭代学习控制指对模型中含有随机信号的系统的迭代学习控制. 这里随机信号指用概率论中的随机变量描述的信号, 如系统运行过程的噪声、输出量测噪声、随机延迟信号等. 用随机变量描述的信号同时具有不确定性与随机性, 其值往往没有一个明确的上界.

具体而言, 本书所述的随机迭代学习研究主要分为如下几类.

(1) 含有系统噪声及/或量测噪声的线性系统.

(2) 含有系统噪声及/或量测噪声的非线性系统.

(3) 含有其他随机信号的系统, 如带随机丢包的网络控制系统、带随机异步信号的大规模系统等.

目前, 关于确定性系统已经有较为深入的研究, 得到了许多有意义的结果, 并已应用于实际工程. 然而, 在实际系统中总是不可避免地存在各种各样的扰动或噪声. 因此, 考虑扰动抑制的迭代学习控制是一个重要的研究方向. 不过, 这类研究目前多是假定系统中的扰动有界, 进而证明跟踪误差是被一个与扰动上界有关的函数界住. 具体而言, 记系统扰动为 w_k, 假定 $\|w_k\| \leqslant \epsilon$, 其中 ϵ 为适当正数, 通过各种迭代学习控制器可以使跟踪误差 e_k 满足 $\|e_k\| \leqslant L(\epsilon)$, $L(\epsilon) \xrightarrow[\epsilon\to 0]{} 0$. 这方面的文献如文献 [31] 和文献 [32]. 也有部分文献考虑通过学习的方法来消除扰动. 然而这些方法都不能用于处理含有随机信号的系统.

因此, 要处理随机迭代学习控制问题, 需要在确定性的迭代学习控制研究基础上, 更多地考虑对随机变量的处理方法. 现在研究中已经得到了部分处理方法及收敛结果, 本章将在其余节中进行回顾, 但仍有大量的问题有待深入研究.

值得注意的是, 在随机迭代学习控制中, 由于有随机信号的存在, 相应的收敛结果表述往往有别于传统的收敛表述. 换言之, 在随机迭代学习控制中, 关于收敛性的表述往往与某种概率收敛结合在一起, 例如, 算法以概率 1 收敛到最优值, 算法依概率收敛到目标值, 或者算法均方收敛到最优值等. 此外, 若系统输出端含有随机噪声, 直观来看, 很难得到实际输出渐近收敛到 0 的收敛结果, 此时得到的最好的收敛结果应为除去输出噪声外, 实际输出与跟踪目标的差值渐近趋于 0. 换言之, 从长远来看, 系统输出的跟踪误差应逐渐地仅由输出噪声导致.

1.2　线性随机系统

1.2.1　基于卡尔曼滤波的方法

考虑如下随机线性系统

$$
\begin{aligned}
x(t+1,k) &= A(t)x(t,k) + B(t)u(t,k) + w(t,k) \\
y(t,k) &= C(t)x(t,k) + v(t,k)
\end{aligned}
\tag{1.14}
$$

其中, $A(t)$、$B(t)$ 与 $C(t)$ 为时变系统矩阵; $w(t,k)$ 与 $v(t,k)$ 分别为系统噪声与量测噪声. 注意到系统 (1.14) 与系统 (1.1) 的区别之处除了系统矩阵变为时变外, 就是增加了噪声项, 因此, 传统的基于范数压缩的分析方法及条件 (1.7) 不再适用.

Saab 针对式 (1.14) 的迭代学习控制问题给出了一系列优秀的结果. 他在文献 [33] 中首次考虑了离散时间线性系统的随机迭代学习控制, 并在之后的一系列文献中不断完善相应的研究[34-36]. 文献 [33] 中, 更新律设计为

$$
u(t,k+1) = u(t,k) + K(t,k)[e(t+1,k) - e(t,k)] \tag{1.15}
$$

其中, $K(t,k)$ 为学习增益矩阵.

注记 1.4　实际上, 文献 [33] 中考虑的系统模型与式 (1.14) 略有差别, 不同之处在于系统量测方程除了噪声 $v(t,k)$ 外, 还有一项与时间无关的噪声项 $v_b(k)$. 但设计输入更新律时, 采用了如式 (1.15) 的 D 型迭代学习控制律, 噪声项 $v_b(k)$ 被直接消掉, 并在后续收敛性分析中也无任何体现, 故可以不考虑这一项, 而直接考虑式 (1.14) 所示模型.

为分析这一迭代学习控制算法的收敛性, 需要几个假设条件. 首先跟踪目标 $y(t,d)$ 可实现, 需要此假设的原因及相关解释已经在注记 1.3 中给出. 换言之, 存在目标输入 $u(t,d)$ 及初始状态 $x(0,d)=x_0$ 使得

$$
\begin{aligned}
x(t+1,d) &= A(t)x(t,d) + B(t)u(t,d) \\
y(t,d) &= C(t)x(t,d)
\end{aligned}
\tag{1.16}
$$

此外, 假设输入/输出耦合矩阵 $C(t+1)B(t)$ 为列满秩. 为在不引起混淆的前提下保持符号简洁, 在本章其余部分简记符号 $C^+B = C(t+1)B(t)$. 同时用前置符号 δ 的方式来表示目标值与实际值的差距, 即 $\delta x(t,k) \triangleq x(t,d) - x(t,k)$, $\delta u(t,k) \triangleq (t,d) - u(t,k)$. 以 E 表示期望. 然后, 关于噪声、初始状态及初始批次输入的假设可以明确如下[33]. $w(t,k)$ 与 $v(t,k)$ 均假定为零均值的高斯白噪声, 且

协方差阵 $Q_t = E[w(t,k)w(t,k)^{\mathrm{T}}]$ 为半正定阵, 而 $R_t = E[v(t,k)v(t,k)^{\mathrm{T}}]$ 为正定阵. 同时假定 $w(t,k)$ 与 $v(s,l)$ 不相关, $\forall t, s \in [0,N], k,l \in \mathbb{R}$. 初始状态假定为随机变量, 满足 $\delta x(0,k)$ 为零均值高斯白噪声且协方差阵 $P_{x,0} = E[\delta x(0,k)x(0,k)^{\mathrm{T}}]$ 为半正定阵. 此外, $\delta x(0,k)$ 与各种噪声均不相关. 初始批次输入需要满足初始输入偏差 $\delta u(t,0)$ 为零均值白噪声且其协方差阵 $E[\delta u(t,0)\delta u(t,0)^{\mathrm{T}}] = P_{u,0}$ 为对称正定矩阵.

注记 1.5 上述关于噪声、初始状态及初始批次输入的假设主要来源于卡尔曼滤波方法的要求. 在这里, 我们对初始批次输入假设给出进一步的评论. 文献 [33] 关于初始输入的假设实际上相当于要求初始输入需要在目标输入 $u(t,d)$ 附近按照正态分布产生 (这里按正态分布产生可从重复试验的角度出发理解). 作者还指出, 一种简单的满足上述要求的情形是 $\delta u(t,0) = 0$, $\forall t$. 事实上, 在系统信息未知的情形下, 满足这一要求非常困难. 迭代学习控制的本质思想更希望能够对任意初始输入, 通过不断地迭代学习来得到足够良好的输入信号. 从另一方面而言, $\delta u(t,0) = 0$, $\forall t$ 相当于说明初始输入就已经选择目标输入 $u(t,d)$, 此时显然没有必要再继续更新, 因为从某种意义上而言 (例如, 从 $Ee(t,k) = 0$ 且 $E[e(t,k)e(t,k)^{\mathrm{T}}] = \min$ 角度来看), $u(t,d)$ 已经是足够好的输入信号. Saab 的后续研究文献 [34]~文献 [38] 中同样存在这一限制. 这是一个值得研究的开放性问题.

针对系统 (1.14)、迭代学习控制律 (1.15) 及上述假设条件, 文献 [33] 通过随机最小化轨道误差得到了学习增益矩阵 $K(t,k)$ 在最小二乘意义下的计算算法, 并进而证明了算法的均方收敛性. 为得到这一结果, 作者首先推导得到如下 2D-Roessor 模型

$$X^+ = \varPhi X + \varGamma Z \tag{1.17}$$

其中

$$X^+ = \begin{bmatrix} \delta u(t,k+1) \\ \delta x(t+1,k) \end{bmatrix}, \quad X = \begin{bmatrix} \delta u(t,k) \\ \delta x(t,k) \end{bmatrix}$$

$$Z = \begin{bmatrix} w(t,k) \\ v(t+1,k) - v(t,k) \end{bmatrix}$$

$$\varPhi = \begin{bmatrix} I - K(t,k)C^+B & K(t,k)[C(t) - C(t+1)A(t)] \\ B(t) & A(t) \end{bmatrix}$$

$$\varGamma = \begin{bmatrix} K(t,k)C(t+1) & K(t,k) \\ -I & 0 \end{bmatrix}$$

进而, 对 X^+ 的协方差阵 $P^+ \triangleq E(X^+X^{+^{\mathrm{T}}})$ 的迹关于 $K(t,k)$ 求导, 并令导数为 0,

即可得到关于 $K(t,k)$ 的递推算法如下

$$K(t,k) = P_{u,k}\Xi^{\mathrm{T}}(\Xi P_{u,k}\Xi^{\mathrm{T}} + \Lambda_{D,k})^{-1} \tag{1.18}$$

$$P_{u,k+1} = (I - K(t,k)\Xi)P_{u,k} \tag{1.19}$$

其中, $\Xi \triangleq C(t+1)B(t)$, $\Lambda_{D,k} \triangleq (C(t)-C(t+1)A(t))P_{x,k}(C(t)-C(t+1)A(t))^{\mathrm{T}}+C(t+1)Q_tC(t+1)^{\mathrm{T}} + R_t + R_{t+1}$, $P_{x,t} = E[\delta x(t,k)\delta x(t,k)^{\mathrm{T}}]$, $P_{u,k} = E[\delta u(t,k)\delta u(t,k)^{\mathrm{T}}]$.

注记 1.6　实际上, 在文献 [33] 中, 分析 $K(t,k)$ 对 P^+ 的影响时, 注意到这样一个事实: 学习增益矩阵 $K(t,k)$ 实际上是用来更新得到 $(t,k+1)$ 时的输入, 因此 $K(t,k)$ 对 $(t+1,k)$ 位置的状态 $x(t+1,k)$ 并没有影响, 因此将 P^+ 的迹关于 $K(t,k)$ 求导相当于将 $P_{u,k+1}$ 的迹关于 $K(t,k)$ 求导. 事实上, 在后续研究中, 如文献 [35]~文献 [39] 中, 作者在推导 $K(t,k)$ 的递推公式时, 便使用了后一种思路.

下述定理为文献 [33] 的主要收敛定理.

定理 1.1 [33]　对系统 (1.14) 应用学习律 (1.15) 及递推算法 (式 (1.18)~式 (1.19)), 若 $C(t+1)B(t)$ 列满秩, 则 $\forall k,t$, 存在合适的范数使得 $\|I - K(t,h)C(t+1)B(t)\| < 1$, 从而 $\|P_{u,k+1}\| < \|P_{u,k}\|$. 进而, 当 $k \to \infty$ 时, 在 $[0,N]$ 上一致地有 $P_{u,k} \to 0$, $K(t,h) \to 0$.

Saab 的一系列研究文献 [34]~文献 [37] 均延续了这一研究方法: 首先建立输入差值 $\delta u(t,k)$ 及状态差值 $\delta x(t,k)$ 的 2D-Roessor 模型, 然后对待优化的目标协方差阵 (一般是输入误差协方差阵 $P_{u,k}$) 关于学习增益矩阵 $K(t,k)$ 求导, 并令导数为 0, 得到关于学习增益矩阵的递推算法. 最后, 基于噪声的互不相关性及协方差阵的 (半) 正定性证明均方收敛性.

定理 1.1 建立起了基于卡尔曼滤波的随机迭代学习控制方法框架. 由定理 1.1 可以看出, 在 $C(t+1)B(t)$ 列满秩及其他合适条件下, 作者得到了关于学习增益矩阵的递推算法, 并且该增益矩阵满足类似于式 (1.7) 的压缩映射条件. 此外, 虽然学习更新律 (1.15) 为差分形式, 但定理 1.1 的结果表明算法对量测噪声并不敏感. 不过应当注意到, 为使得学习律 (1.15) 及递推算法 (式 (1.18)~式 (1.19)) 能够良好运行, 需要已知较多的系统信息, 包括系统矩阵 $A(t)$、$B(t)$、$C(t)$, 噪声协方差阵 Q_t、R_t, 以及状态误差协方差阵 $P_{x,t}$ 等 (见 $\Lambda_{D,k}$ 的表达式). 文献 [34]~文献 [36] 在放宽其中的部分信息已知要求上作出了一些改进结果.

针对算法 (1.18) 中需要已知 $P_{x,t}$ 的限制, 文献 [34] 研究了去掉这一项之后系统的收敛性. 具体而言, 将算法改写成

$$\widetilde{K}(t,k) = \widetilde{P}_{u,k}\Xi^{\mathrm{T}}(\Xi\widetilde{P}_{u,k}\Xi^{\mathrm{T}} + \widetilde{\Lambda}_D)^{-1} \tag{1.20}$$

$$\widetilde{P}_{u,k+1} = (I - \widetilde{K}(t,k)\Xi)\widetilde{P}_{u,k} \tag{1.21}$$

其中, $\widetilde{\Lambda}_D = C(t+1)Q_tC(t+1)^{\mathrm{T}} + R_t + R_{t+1}$.

对由算法 (式 (1.20)~式 (1.21)) 得到的递推学习增益矩阵 $\widetilde{K}(t,h)$, 结合 D 型更新律 (1.15), 文献 [34] 证明了当 $C(t+1)B(t)$ 列满秩时, 类似定理 1.1 的所有结果仍然成立.

需要特别指出, 这里 $\widetilde{P}_{u,k}$ 仅是为了算法递推而构造的矩阵, 并非真正的输入误差协方差阵. 记基于学习律 (1.15) 及修订算法 (式 (1.20)~式 (1.21)) 而得到的真实的误差协方差阵为 $\overline{P}_{u,k}$. 一个有趣的结果是, 文献 [34] 证明了 $\widetilde{P}_{u,k}$ 与 $\overline{P}_{u,k}$ 的收敛性是相互等价的, 即 $\widetilde{P}_{u,k} \to 0 \Leftrightarrow \overline{P}_{u,k} \to 0$, 且收敛速率均为迭代次数 k 的反比例函数.

定理 1.2 [34] 若$C(t+1)B(t)$ 列满秩, 对系统 (1.14) 应用学习律 (1.15) 及修订算法 (式 (1.20)~式 (1.21)), 则 $\|\widetilde{P}_{u,k}\| < \dfrac{c_1}{k}$, $\|\widetilde{K}_{t,k}\| < \dfrac{c_2}{k}$, 其中 c_1 和 c_2 为合适常数. 不仅如此, 对真实的输入误差协方差阵 $\overline{P}_{u,k}$ 同样存在合适的常数 c_3 使得 $\|\overline{P}_{u,k}\| < \dfrac{c_3}{k}$, 从而当 $k \to \infty$ 时, $\|\overline{P}_{u,k}\| \to 0$.

至此, 可以看出, 上述学习算法中的状态误差协方差阵的去除并不影响收敛性, 但从某种程度而言, 修正的算法得到的控制输入并不是最优的. 因此为方便表述, 将含有状态误差协方差阵的更新算法 (式 (1.18)~式 (1.19)) 称为最优学习算法, 而将不含有状态误差协方差阵的更新算法 (式 (1.20)~式 (1.21)) 称为次优学习算法. 以下在基于卡尔曼滤波的随机迭代学习控制方法中提到最优算法、次优算法时含义与此类似. 注意到在文献 [33] 和文献 [34] 中均考虑了 D 型算法, 那么对于 P 型算法是否存在类似的结果? 文献 [35] 对这一问题给出了肯定的回答.

考虑如下 P 型迭代学习控制律

$$u(t,k+1) = u(t,k) + K(t,k)e(t+1,k) \tag{1.22}$$

接下来给出关于 $K(t,k)$ 的递推计算方法. 完全类似文献 [33] 和文献 [34] 中的推导过程, 可知对上述 P 型更新律, 学习增益矩阵 $K(t,k)$ 的最优学习算法为

$$K(t,k) = P_{u,k}\Xi^{\mathrm{T}}(\Xi P_{u,k}\Xi^{\mathrm{T}} + \Lambda_{P,k})^{-1} \tag{1.23}$$

$$P_{u,k+1} = (I - K(t,k)\Xi)P_{u,k} \tag{1.24}$$

其中, $\Lambda_{P,k} = C(t+1)A(t)P_{x,k}(C(t+1)A(t))^{\mathrm{T}} + C(t+1)Q_tC(t+1)^{\mathrm{T}} + R_{t+1}$. $K(t,k)$ 的次优学习算法为

$$\widetilde{K}(t,k) = \widetilde{P}_{u,k}\Xi^{\mathrm{T}}(\Xi\widetilde{P}_{u,k}\Xi^{\mathrm{T}} + \widetilde{\Lambda}_P)^{-1} \tag{1.25}$$

$$\widetilde{P}_{u,k+1} = (I - \widetilde{K}(t,k)\Xi)\widetilde{P}_{u,k} \tag{1.26}$$

其中, $\tilde{\Lambda}_P = C(t+1)Q_tC(t+1)^{\mathrm{T}} + R_{t+1}$. 可以证明, 对上述 P 型最优学习算法及次优学习算法, 定理 1.1 与定理 1.2 的结论仍旧成立[35].

有了 P 型算法与 D 型算法之后, 一个自然的问题是: P 型算法与 D 型算法之间是否有所联系? 事实上, 注意到算法 (式 (1.18)~ 式 (1.19))、算法 (式 (1.20)~ 式 (1.21))、算法 (式 (1.23)~ 式 (1.24)) 与算法 (式 (1.25)~ 式 (1.26)) 之间的本质差别实际在于算法中有界正定矩阵 Λ 的选取不同, 分别为 $\Lambda_{D,k}$、$\widetilde{\Lambda}_D$、$\Lambda_{P,k}$ 与 $\widetilde{\Lambda}_P$. 文献 [35] 证明了只要这一矩阵为有界对称正定, 那么在 $C(t+1)B(t)$ 列满秩时, 上述算法均可保证相互等价的收敛性. 这一结果揭示了 Saab 所给出的各类学习算法之间的等价性. 换言之, 当 $C(t+1)B(t)$ 时, 应用 P 型最优算法或次优算法、D 型最优算法或次优算法, 相应的输入误差协方差阵均收敛至 0, 且收敛速度为迭代次数 k 的反比例函数.

到目前为止, 所有的收敛结果均要求 $C(t+1)B(t)$ 列满秩, 这要求系统的输入维数要不多于输出维数. 当系统的输入维数多于输出维数时, 这一列满秩条件便无法继续满足. 文献 [36] 对仅含有量测噪声的情况进行了研究. 考虑如下仅含有量测噪声的系统

$$
\begin{aligned}
x(t+1,k) &= A(t)x(t,k) + Bu(t,k) \\
y(t,k) &= C(t)x(t,k) + v(t,k)
\end{aligned}
\tag{1.27}
$$

注意到式 (1.27) 与式 (1.14) 的区别之处, 一是没有系统噪声 $w(t+1,k)$, 二是输入矩阵 $B(t)=B$, $\forall t \in [0,N]$. 为得到收敛性结果, 还假定系统精确重置, 即 $\delta x(0,k)=0$, $\forall k$.

定理 1.3 [36]　*对系统 (1.27), 应用 P 型控制律 (1.22) 及最优学习算法 (式 (1.23)~ 式 (1.24)) 或 P 型控制律 (1.22) 及次优学习算法 (式 (1.25)~ 式 (1.26)), 若 $C(t+1)B$ 行满秩且 $\delta x(0,k)=0$, 则存在合适的常数 c_4 使得 $\|E[z(t,k)z(t,k)^{\mathrm{T}}]\| < \dfrac{c_4}{k}$, $\lim\limits_{k\to\infty} E[z(t,k)z(t,k)^{\mathrm{T}}]=0$, 其中 $z(t,k)=C(t+1)\delta x(t,k)$.*

注记 1.7　*在文献 [36] 中还允许系统存在任意的相对阶. 所谓相对阶, 直观上相当于系统中一个输入影响到输出的最小 "时延". 例如, 对 SISO 系统, 若相对阶为 μ, 则 t 时刻的输入 $u(t)$ 能够直接影响到的最近输出为 $y(t+\mu)$, 因此在构造迭代学习控制律时, 就需要用 $t+\mu$ 时刻的跟踪误差 $e(t+\mu)$ 来作为修正项. 在文献 [36] 中, 系统的相对阶虽然允许取任意值, 但需要事先已知, 因此相对阶并未起到本质的影响, 从而本章也未展开.*

此外, 在文献 [38] 中, 作者基于文献 [33]~文献 [35] 中的系统模型, 考虑了 P 型学习控制律中遗忘因子的选取问题. 在以往的研究中, 加入遗忘因子被认为是一种较好地消除之前运行过程影响的控制方法. 这里的优化指标仍然为最小化输入误差协方差阵, 在这一指标下, 作者发现最优的遗忘因子矩阵实际为 0. 换言之, 在

传统的迭代学习控制算法中, 对于保持轨道有界与收敛性而言, 遗忘因子矩阵并不需要. 在文献 [39] 中, 作者考虑了迭代学习控制研究中的另一个重要问题, 即高阶迭代学习控制算法. 基于与文献 [38] 相同的模型与分析技巧, 作者研究了高阶迭代学习控制算法对优化系统性能的贡献. 作者证明了从最小化输入误差协方差阵的角度来看, 一阶学习算法在所有阶次学习算法中是最优的. 这是随机迭代学习控制中关于一阶学习算法与高阶学习算法性能比较的第一个结果.

1.2.2 基于随机逼近的方法

在 1.2.1 节中, 基于卡尔曼滤波的方法已经得到了丰富的成果, 但所有收敛性都是均方收敛意义下的结果. Chen 在文献 [40] 中首次给出了几乎必然意义 (概率 1 意义) 下的收敛结果. 其考虑模型仍为式 (1.14), 但仅考虑 $p \leqslant q$ 的情形, 即输入维数不多于输出维数. 控制目标为使得下述平均跟踪误差最小, 即

$$\limsup_{n\to\infty} \frac{1}{n}\sum_{k=1}^{n} \|y(t+1,k)-y(t+1,d)\|^2 = \min, \quad \text{a.s.} \tag{1.28}$$

在文献 [40] 中, 关于噪声及初始状态的假定如下.

噪声 $w(t,k)$ 与 $v(t,k)$ 为相互独立的零均值随机变量, 且具有有限但未知的 $2+\delta$ 阶矩, 其中 $\delta>0$, 协方差阵 Q_t 与 R_t 定义如前但未知. 初始状态 $x(0,k)$ 与所有噪声 $w(t+1,k)$, $v(t,k)$ 相互独立, 且 $Ex(0,k)=x_0$, $E\|x(0,k)\|^{2+\delta}<\infty$, 其协方差阵未知.

与文献 [33] 中的噪声及初始状态条件相比, 文献 [40] 去掉了已知噪声协方差阵的限制.

跟踪目标 $y(t,d)$ 为可实现信号, 即存在输入 $u(t,d)$ 及初始状态 $x(0,d)=x_0$ 使得式 (1.16) 成立. 在 $C(t+1)B(t)$ 列满秩条件下, 通过反解上述目标模型 (1.16) 即可得出目标输入的表达式, $\forall i=0,1,\cdots,N-1$

$$\begin{aligned} u(i,d)=&[(C(i+1)B(i))^{\mathrm{T}}(C(i+1)B(i))]^{-1}(C(i+1)B(i))^{\mathrm{T}} \\ &\times(y(i+1,d)-C(i+1)A(i)x(i,d)) \end{aligned} \tag{1.29}$$

在指标 (1.28) 下, 可以证明, 任何收敛到 $u(t,d)$ 的输入序列 $\{u(t,k)\}$ 均为最优, 即使指标 (1.28) 取到最小值[40].

由于文献 [40] 中对系统矩阵 $A(t)$、$B(t)$、$C(t)$ 均假定为未知, 且噪声协方差阵 Q_t、R_t 也假定为未知, 所以在构造控制算法时就需要对修正方向作出估计, 从而得到一个收敛到 $u(t,d)$ 的输入序列 $\{u(t,k)\}$. 作者基于随机逼近算法提出了一种新型的迭代学习控制算法. 为此, 先构造独立于噪声 $w(t,k)$、$v(t,k)$ 的向量序列 $\{\Delta(t,k)\}$, 其中 $\Delta(t,k)=[\Delta_1(t,k),\cdots,\Delta_p(t,k)]^{\mathrm{T}}$ 为 p 维向量且其每个组成元

$\Delta_j(t,k)$ 为独立同分布的随机变量, 使得 $\forall k=1,2,\cdots,\ t\in[0,N-1],\ j=1,\cdots,p$

$$|\Delta_j(t,k)|<m,\ \left|\frac{1}{\Delta_j(t,k)}\right|<n, E\frac{1}{\Delta_j(t,k)}=0 \tag{1.30}$$

其中, m、n 为正常数, 并记

$$\overline{\Delta}(t,k)=\left[\frac{1}{\Delta_1(t,k)},\cdots,\frac{1}{\Delta_p(t,k)}\right]^{\mathrm{T}} \tag{1.31}$$

令 $\{a_k\}$、$\{c_k\}$、$\{M_k\}$ 为满足如下条件的实数序列

$$a_k>0,\quad a_k\xrightarrow[k\to\infty]{}0,\quad \sum_{k=0}^{\infty}a_k=\infty \tag{1.32}$$

$$c_k>0,\quad c_k\xrightarrow[k\to\infty]{}0,\quad \sum_{k=0}^{\infty}\left(\frac{a_k}{c_k}\right)^{1+\frac{\delta}{2}}<\infty \tag{1.33}$$

$$M_k>0,\quad M_{k+1}>M_k,\quad M_k\xrightarrow[k\to\infty]{}\infty \tag{1.34}$$

其中, δ 在噪声假设条件中给出. 初始输入 $u(t,0),\ t\in[0,N]$ 可以任意给定, 进而迭代学习控制律分奇偶迭代过程分别给出. 对奇数次迭代过程, 控制输入为上一迭代过程中控制输入再加一个微小扰动 $c_k\Delta(t,k)$, 即

$$u(t,2k+1)=u(t,2k)+c_k\Delta(t,k) \tag{1.35}$$

而对于接下来的偶数次迭代过程, 控制律由下式定义

$$\begin{aligned}\overline{u}(t,2(k+1))=&u(t,2k)-a_k\frac{\overline{\Delta}(t,k)}{c_k}(\|e(t+1,2k+1)\|^2\\&-\|e(t+1,2k)\|^2)\end{aligned} \tag{1.36}$$

$$u(t,2(k+1))=\overline{u}(t,2(k+1))\cdot I_{[\|\overline{u}(t,2(k+1))\|\leqslant M_{\sigma_k(t)}]} \tag{1.37}$$

$$\sigma_k(t)=\sum_{l=1}^{k-1}I_{[\|\overline{u}(t,2(l+1))\|>M_{\sigma_l(t)}]},\quad \sigma_0(t)=0 \tag{1.38}$$

其中, $I_{[\cdot]}$ 为示性函数, 若下标方括号内条件成立则取值 1, 否则取值 0.

注意到算法 (式 (1.35)~式 (1.38)) 实际是带扩展截断的随机逼近算法[41]. 上述算法的思想是在奇数次迭代过程中, 对输入增加一个小的扰动, 然后在偶数次迭代过程中, 通过紧邻的前两个迭代过程的跟踪误差来估计输入更新梯度. 这里, a_k 相当于每次更新的步长. 与基于卡尔曼滤波方法的不同之处在于, 基于卡尔曼滤波的方法直接计算学习增益矩阵 $K(t,k)$, 而基于随机逼近的方法则先估计更新梯度, 然后给定更新步长以保证收敛性. 对于算法 (式 (1.35)~式 (1.38)), 有如下收敛结果.

定理 1.4[40] 对系统 (1.14), 应用算法 (式 (1.35)~式 (1.38)), 若 $C(t+1)B(t)$ 列满秩, 则产生的输入序列 $\{u(t,k)\}$ 以概率 1 收敛到目标输入 $u(t,d)$, 从而是指标 (1.28) 意义下的最优控制输入.

文献 [40] 的重要意义在于给出了一种基于随机逼近的迭代学习控制律的构造方法, 这一方法不需要已知系统矩阵及噪声的协方差阵. 在一定意义上契合了迭代学习控制尽量不依赖系统信息的控制思想, 因而系统需要通过学习来估计更新梯度. 估计的方法为随机差分, 这种方法已得到较多研究, 见文献 [42]~文献 [44].

表 1.1 给出了基于卡尔曼滤波的方法[33] 与基于随机逼近的方法[40] 的详细比较. 从表中可以看出, 两种方法的主要不同点如下.

(1) 文献 [33] 与文献 [40] 考虑的优化指标不同. 文献 [33] 考虑的指标为输入误差的协方差阵, 将此协方差阵 (本质上是关于输入的二次函数) 关于输入求导, 从而得到学习矩阵的递推算法; 而文献 [40] 则是优化二次渐近跟踪指标 (1.28). 从概率的角度来看, 前者是对随机信号取期望后的指标, 后者是对实际随机信号的衡量指标. 根据概率论中的大数定律可知, 两个指标的联系在于一定意义上二次渐近指标的极限值, 即协方差阵.

(2) 两者都是对学习增益矩阵进行估计. 不同之处在于, 文献 [33] 直接对增益矩阵基于求导进行估计, 而文献 [40] 则是固定学习增益步长, 而对梯度方向基于随机差分进行估计.

表 1.1 基于卡尔曼滤波的方法与基于随机逼近的方法之比较

	基于卡尔曼滤波的方法	基于随机逼近的方法
指标	输入误差协方差阵	跟踪误差的渐近二次平均指标
系统信息	已知	未知
随机噪声	零均值高斯白噪声	独立零均值随机变量且高阶矩有限
学习增益矩阵	将指标关于输入求导 并令导数为零获得	固定步长, 通过随机差分估计下降梯度
收敛性	均方意义	几乎必然意义 (概率 1 意义)

文献[45] 同样考虑系统 (1.14) 及跟踪指标 (1.28), 构造了基于随机逼近算法的迭代学习控制律. 与文献 [40] 相比, 不同之处在于: 文献 [40] 基于随机逼近中的 Kiefer-Wolfowitz(KW) 算法, 而文献 [45] 则是基于随机逼近中的 Robbins-Monro(RM) 算法. KW 算法通过随机差分来估计梯度, 而 RM 算法中没有相应的项, 因此在系统信息未知的情形下, 需要通过其他方法来估计控制方向. 具体而言, 以 SISO 系统为例, 控制方向由如下算法进行自适应调整

$$u_{k+1}(t) = u_k(t) + a_k S(p_k(t+1))e_k(t+1) \tag{1.39}$$

$$q_{k+1}(t+1) = q_k(t+1) + \frac{1}{k+1}(e_{k+1}^2(t+1) - q_k(t+1)) \tag{1.40}$$

$$p_{k+1}(t+1) = \max\{p_k(t+1), q_{k+1}(t+1)\} \tag{1.41}$$

其中, $q_0(t) = 0$, $a_0 = 1$, $a_k = \dfrac{1}{k}$, $k \geqslant 1$; $S(\cdot)$ 表示方向切换函数, 其值为 $+1$ 或 -1; 而 $p_k(t+1)$ 是此切换函数的变元. 这一方法的具体原理及细节在本书第 5 章中给予详细阐述.

1.2.3 其他方法

针对随机线性系统, 还有部分其他文献也给出了探索. 第一种可以看作基于统计意义下的方法, 即考虑对随机变量取期望转化为确定情形再进行控制算法设计与分析的方法, 如文献 [46]~[49]. 在文献 [46] 中, 作者首先将模型转化为超向量形式

$$Y_k = GU_k + \varepsilon_k \tag{1.42}$$

其中, ε_k 为堆积之后的向量噪声; U_k 和 Y_k 定义方式如式 (1.8) 和式 (1.9). 关于噪声的假设条件如下.

噪声 ε_k 沿迭代过程为白噪声, 且 $E\varepsilon_k = 0$, $E[\varepsilon_k\varepsilon_k^{\mathrm{T}}] = V$, $E[\varepsilon_k\varepsilon_{k+i}^{\mathrm{T}}] = 0$, $i \neq 0$, 其中 V 为正定矩阵.

迭代学习控制算法为

$$U_{k+1} = U_k + LE_k \tag{1.43}$$

其中, L 为学习增益矩阵, E_k 为跟踪误差. 定义 $G_e = I - GL$, 不难得出

$$E_k = G_e E_{k-1} + \varepsilon_{k-1} - \varepsilon_k \tag{1.44}$$

在证明收敛性时, 作者直接对式 (1.44) 左右两端取期望, 于是得到当 G_e 的谱范数 $\rho(G_e) < 1$ 时, E_k 的期望收敛至 0. 进而证明了 $\mathrm{Var}[E_k]$ 收敛至某一个常矩阵. 严格来说, 这种取期望的处理方式实际上并没有反映出随机迭代学习控制的本质. 这是因为在取期望后, 所处理的系统实际是确定性的模型. 从另一个角度而言, 期望收敛至 0 并不一定是一个好的收敛结果, 因为期望为 0 而方差很大的随机变量仍然可能产生很大的跟踪误差. 换言之, 跟踪效果仍然可能很差.

这个方法也被文献 [47] 使用. 在该文中, 作者考虑了由单输入单输出系统所构造得到的形如式 (1.42) 的系统模型, 其中噪声建模为零均值的弱平稳过程. 基于一般化的迭代学习控制律, 该文给出了跟踪误差的数学期望与方差表达式, 进而深入分析了含遗忘因子的算法、含衰减学习增益的算法, 以及含滤波器的算法等三种算法的跟踪性能.

文献 [48] 和文献 [49] 考虑了扰动抑制问题, 其中系统的随机噪声假定为高斯平稳过程. 在文献 [49] 中, 作者证明了迭代不变的滤波器可以渐近地使得受控信号零误差跟踪. 在文献 [48] 中, 作者给出了受控信号误差的协方差阵的表达式.

针对随机线性系统的频域方法由文献 [50] 首先引入. 该文系统考虑了含有平稳噪声的单输入单输出线性时不变系统. 基于闭环 2D 系统及频域分析方法, 作者给出了收敛速率与收敛误差频谱之间的折中点. 有色噪声的情况在该文的仿真算例中进行了尝试.

最后需要指出, 虽然到目前为止还没有相关的文章发表, 但我们认为随机自适应控制方法是一种处理随机迭代学习控制问题的有效方法. 实际上, 随机自适应控制问题已经得到了深入的研究[51]. 这里我们所指的方法是, 首先对系统的参数沿迭代轴方向进行辨识, 并基于辨识的参数给出控制信号. 这一方法或可产生随机迭代学习控制的重要成果. 考虑到自适应控制的着眼点为时间轴, 而迭代学习控制的着眼点为迭代轴, 因此两者之间仍旧存在一个缺口需要填补以得到深刻的结果.

1.3 非线性随机系统

相较于针对线性系统随机迭代学习控制的多方面研究, 针对非线性的相关研究进展要慢一些, 研究成果也较少. 一个可能的原因是, 随机噪声与非线性函数两个因素耦合在一起时, 还缺乏强有力的处理工具. 如果再考虑离散时间系统, 相应的处理难度又会增加. 在这一方面, 还需要进一步深入的研究.

1.3.1 基于卡尔曼滤波的方法

作为一类特殊的非线性系统, 仿射非线性系统通常是我们研究非线性系统的切入点. 它具备了非线性的特点, 同时输出关于输入又呈现线性关系, 在一定程度上可以降低处理的难度. Saab 在文献 [37] 中考虑如下仿射非线性离散时间系统

$$\begin{aligned} x(t+1,k) &= f(x(t,k)) + B(x(t,k))u(t,k) \\ y(t,k) &= C(t)x(t,k) + v(t,k) \end{aligned} \tag{1.45}$$

其中, $f(\cdot)$ 为定义域为 $\mathbb{R}^n$ 的向量函数. 可以看出, 这里的系统方程部分是时不变模型, 也即 $f(\cdot)$、$B(\cdot)$ 均与时间无关. 文献 [37] 中允许系统具有任意相对阶, 但要求相对阶已知并且假定相应输出关于输入为线性关系, 因此相对阶并未引入本质的非线性影响. 为符号简便及方便说明问题本质, 本节仅考虑相对阶为 1 的情形.

基本假设条件如下: 秩方面, 假定输入/输出耦合矩阵 $G(x) = C(t+1)B(x)$ 为列满秩或行满秩. 跟踪目标方面, 假定 $y(t,d)$ 可实现, 即对合适的初始值 $x(0,d)$, 存在输入 $u(t,d)$ 对无噪声的系统模型能够产生输出为 $y(t,d)$. 函数非线性方面, $f(\cdot)$

与 $B(\cdot)$ 可以达到任意多项式增长速度, 但同时要求算子 $B(\cdot)$ 与 $G(\cdot)$ 有界. 噪声、初始状态及初始输入等条件类似于文献 [33].

注记 1.8 非线性函数 $f(\cdot)$ 与 $B(\cdot)$ 可以允许多项式的增长速度, 这一条件放宽了对非线性函数的要求. 在此之前的多数研究中, 均需要非线性函数满足全局 Lipschitz 条件, 而对于多项式增长速度的非线性函数而言, 全局 Lipschitz 条件显然不再成立.

在文献 [37] 中, $y(t,k)$ 为量测输出, 而实际用来跟踪目标 $y(t,d)$ 的输出信号为 $C(t)x(t,k)$. 因此在文献 [37] 中, $e(t,k)=y(t,d)-y(t,k)$ 被称为输出量测误差, 而输出跟踪误差记为 $\delta\psi(t,k)\triangleq C(t)[x(t,d)-x(t,k)]$, 因此控制目标为产生输入序列, 使得输出跟踪误差收敛至零, 且所有轨道有界.

针对仿射非线性系统, 迭代学习控制律仍为 P 型, 即式 (1.22). 通过类似于文献 [35] 和文献 [36] 但更为细致的推导可知, 形如式 (1.25) 和式 (1.26) 的学习增益矩阵 $K(t,k)$ 计算算法, 可以实现输入误差协方差阵渐近收敛到 0, 且收敛速度是迭代次数为 k 的反比例函数.

然而, 文献 [37] 的主要贡献不在于给出相应的算法并证明其收敛性, 而在于给出了一套算法设计与分析的框架. 具体而言, 针对 P 型迭代学习控制律 (1.22) 先给出保证所有轨道有界的充要条件, 进而给出输出跟踪误差收敛至 0 的充要条件. 这些充要条件就为如何选择合适的学习增益矩阵 $K(t,k)$ 提供了指导原则. 为方便说明, 这里仅考虑 $p\leqslant q$ 的情形, 对于 $p>q$ 的情形可参见文献 [37].

记 $G_k\triangleq G(x(t,k))$, $K_k\triangleq K(t,k)$, $\Phi_k\triangleq I-K_kG_k$, 那么对轨道有界, 有如下结果.

定理 1.5 对系统 (1.45) 及更新律 (1.22), $\forall k,t$, 轨道有界当且仅当存在 $c_\Sigma>0$ 使得

$$\left\|\sum_{i=0}^{k-1}\left[\prod_{j=1}^{k-1-i}\Phi_{k-j}\right]K_iK_i^{\mathrm{T}}\left[\prod_{j=1}^{k-1-i}\Phi_{k-j}\right]^{\mathrm{T}}\right\|\leqslant c_\Sigma \tag{1.46}$$

基于这个结果, 为使得产生的轨道有界, 设计学习增益矩阵就需要满足存在常数 $c_5>0$ 及 $c_6>0$, 使得 $\left\|\prod_{i=0}^{k-1}\Phi_{k-i-1}\right\|\leqslant c_5$ 且 $\|K_k\|\leqslant\dfrac{c_6}{k}$.

注记 1.9 需要特别指出, 文献 [37] 中对有界性的理解是基于期望的. 具体而言, $x(t,k)$ 有界指 $E[\delta x(t,k)\delta x(t,k)^{\mathrm{T}}]$ 有界. 严格而言, 协方差阵有界只能反映随机变量的二阶矩有限, 并不代表该随机变量有界.

对于输出跟踪, 有如下充要条件.

定理 1.6 对系统 (1.45) 及更新律 (1.22), 若 $\lim\limits_{k\to\infty}\delta x(0,k)=0$, 则随着迭代批

次 k 增至无穷, 系统的状态误差、输入误差及输出跟踪误差都在均方意义下收敛至零, 当且仅当

$$\lim_{k\to\infty} K_k = 0, \quad \lim_{k\to\infty}\left[\prod_{i=0}^{k-1}\Phi_{k-i-1}\right] = 0$$
$$\lim_{k\to\infty}\sum_{i=0}^{k-1}\left[\prod_{j=1}^{k-1-i}\Phi_{k-j}\right]K_iK_i^{\mathrm{T}}\left[\prod_{j=1}^{k-1-i}\Phi_{k-j}\right]^{\mathrm{T}} = 0$$

基于这一结果可以看出, 要保证输入误差在均方意义下以反比于迭代批次 k 的速率收敛至零, 学习增益矩阵的设计需要满足 $\exists c_7 > 0$ 及 $c_8 > 0$, 使得 $\|K_k\| \leqslant \dfrac{c_7}{k}$ 且 $\left\|\prod_{j=1}^{k-1-i}\Phi_{k-j}\right\| \leqslant c_8\dfrac{i}{k}$. 进而要使得状态误差及跟踪误差收敛, 还需要保证 $\|\delta x(0,k)\|^2 \leqslant \dfrac{c_9}{k}$, $c_9 > 0$.

最后需要指出, 由于增加了非线性函数 $f(\cdot)$ 及 $B(\cdot)$ 的影响, 作者在模型 (1.45) 的状态方程中去掉了噪声项 $w(t,k)$, 仅保留了输出方程中的量测噪声 $v(t,k)$. 因此, 从这一角度出发还有很多工作有待完成. 而为了保证输出跟踪误差渐近趋于 0, 还需要初始状态误差也要满足衰减至零的条件, 换言之, 初始状态随着迭代次数的增加能够逐渐实现精确重置. 从某个角度而言, 由于初始状态不受输入影响, 若其不渐近精确, 则无法实现输出的渐近精确跟踪. 在含有噪声的情形下, 初始状态对跟踪效果的影响如何? 可否通过学习策略使其渐近精确重置? 目前还是未解决的问题.

1.3.2 基于随机逼近的方法

文献 [52] 同样考虑了仿射非线性随机系统的迭代学习控制问题, 基于随机逼近算法构造了学习律并给出了收敛性分析. 具体而言, 其考虑系统如下

$$\begin{aligned} x(t+1,k) &= f(t,x(t,k)) + B(t,x(t,k))u(t,k) + w(t+1,k) \\ y(t,k) &= C(t)x(t,k) + v(t,k) \end{aligned} \tag{1.47}$$

其中, $f(t,x)$ 和 $B(t,x)$ 为时变非线性函数. 不过, 如注记 1.2 所提到的, 时变性并不起主要影响. 对这一模型, 控制目标为使指标 (1.28) 最小.

基本假定为: 函数 $f(t,x)$ 与 $B(t,x)$ 关于 x 连续, 且被一个多项式函数界住, 换言之, 存在 c_{10}、c_{11}、l 使得 $\|f(t,x)\| + \|B(t,x)\| \leqslant c_{10}\|x\|^l + c_{11}$. 输入维数不多于输出维数, 即 $p \leqslant q$, 且 $C(t+1)B(t,x)$ 列满秩, $\forall x \in \mathbb{R}^n$. 噪声条件类似于文献 [40] 中的假定, 但对系统噪声 $w(t,k)$ 及初始状态 $x(0,k)$ 还进一步要求任意阶矩有限, 即 $E\|w(t,k)\|^r < \infty$, $E\|x(0,k)\|^r < \infty$, $\forall r \in \mathbb{Z}^+$. 所有随机变量均假定为沿迭代轴 k 为独立同分布.

记 $P(t,x) \triangleq B^{\mathrm{T}}(t,x)C^{\mathrm{T}}(t+1)C(t+1)B(t,x)$, 则 $P(t,x)$ 正定. 对跟踪目标 $y(t,d)$, 我们首先归纳地给出了使指标 (1.28) 最小的最优输入 $u^0(t)$ 的形式. 令 $x^0(0,k) \equiv x(0,k)$, 沿时间轴 t 可依次交叉地定义 $u^0(t)$ 与 $x^0(t,k)$ 如下

$$\begin{aligned} u^0(t) = & -[EP(t,x^0(t,k))]^{-1} \times \{E[B^{\mathrm{T}}(t,x^0(t,k))C^{\mathrm{T}}(t+1)f(t,x^0(t,k))] \\ & - E[B^{\mathrm{T}}(t,x^0(t,k))]C^{\mathrm{T}}(t+1)y(t+1,d)\} \end{aligned} \tag{1.48}$$

$$x^0(t+1,k) = f(t,x^0(t,k)) + B(t,x^0(t,k))u^0(t) + w(t+1,k) \tag{1.49}$$

文献 [52] 首先证明了上面定义的输入 $u^0(t)$ 使得指标 (1.28) 达到最小值, 进而若输入序列 $\{u(t,k)\}$ 满足 $u^0(t) - u(t,k) \xrightarrow[k\to\infty]{} 0, \forall t$, 则 $\{u(t,k)\}$ 也为最优输入序列, 即使得指标 (1.28) 取到最小值. 注意到这里并没有假设跟踪目标 $y(t,d)$ 可实现, 而是先根据给出的跟踪目标 $y(t,d)$ 构造出一个最优输入 $u^0(t)$. 迭代学习控制算法仍用式 (1.35)~式 (1.38), 其中参数由式 (1.30)~式 (1.34) 给出. 可以证明由此算法得到的输入序列随着迭代次数的增加, 以概率 1 收敛到最优输入 $u^0(t)$, 从而为最优输入序列.

注意到文献 [37] 的研究重点在于保证算法均方收敛, 学习增益矩阵应满足的充要条件; 而文献 [52] 的重点在于构造一个迭代学习控制律, 使得产生的输入序列能以概率 1 收敛到最优输入. 但无论是前者还是后者, 在系统模型中, 都蕴涵了输出关于输入为线性的要求, 这促使我们进一步考虑输出关于输入本质上为非线性关系时的情况. 文献 [53] 研究了一类符合此要求的非线性单输入单输出系统, 如图 1.2 所示. 这里, 输入信号并不直接进入系统, 而是先经过静态非线性函数, 如死区、饱和、预载等, 再进入系统. 具体表达式为

$$\begin{aligned} x(t+1,k) &= f(t,x(t,k)) + b(t,x(t,k))\eta(t,k) \\ \eta(t,k) &= \mathcal{N}(u(t,k)) \\ y(t,k) &= c(t)x(t,k) + v(t,k) \end{aligned} \tag{1.50}$$

其中, $\eta(t,k)$ 为未知的中间信号, 表示输入信号经过非线性函数后的信号; $\mathcal{N}$ 表示非线性环节, 包括死区、预载及饱和等. 这三种非线性环节在现实的各种工程系统中都十分常见, 它们的存在使得输出关于输入本质上为非线性关系.

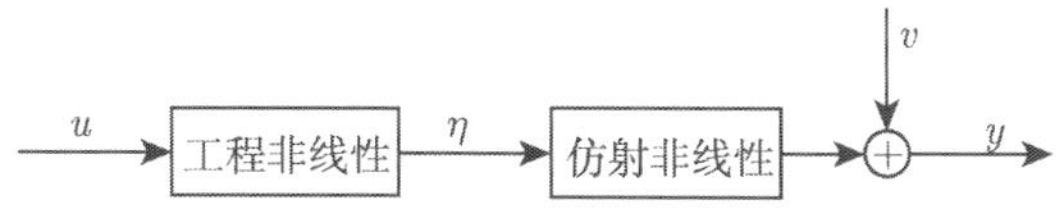

图 1.2　输入端含工程非线性的系统框图

对跟踪目标 $y(t,d)$, 控制目标为使指标 (1.28) 达到最小值.

基本假定为: 跟踪目标 $y(t,d)$ 可实现. 系统输入/输出耦合矩阵 $c(t+1)b(t,x)$ 值未知, 但符号已知且不为零, 记为 $\text{sgn}(c^+b_k(t))$. 非线性函数 $f(t,x)$ 与 $b(t,x)$ 关于第二个变量 x 被一个多项式函数界住. 量测噪声 $v(t,k)$ 为零均值且二阶矩有限的随机变量, 沿迭代轴 k 相互独立. 初始状态渐近精确重置, 即 $\delta x(0,k)\xrightarrow[k\to\infty]{}0$.

注意到三种非线性环节, 即死区、预载及饱和均为非光滑非线性环节. 换言之, 这类非线性函数在某些点上不可导, 且导函数不连续, 因此文献 [40] 和文献 [52] 中通过随机差分来估计梯度方向的算法并不适合. 由于系统模型中仅有量测噪声, 构造如下算法

$$u(t,k+1)=[u(t,k)+a_k\text{sgn}(c^+b_k(t))e(t+1,k)] \times I_{[|u(t,k)+a_k\text{sgn}(c^+b_k(t))e(t+1,k)|\leqslant M_{\sigma_k(t)}]} \tag{1.51}$$

$$\sigma_k(t)=\sum_{i=1}^{k-1}I_{[|u(t,i)+a_i\text{sgn}(c^+b_i(t))e(t+1,i)|>M_{\sigma_i(t)}]} \tag{1.52}$$

$$\sigma_0(t)=0 \tag{1.53}$$

其中, a_k、M_k 由式 (1.32)、式 (1.34) 给出. 上述算法实际上是带扩展截断的 RM 算法[41]. 不难看出, 上述算法中并没有涉及输入端的非线性环节 $\mathcal{N}(\cdot)$, 换言之, 文献 [53] 针对三种非线性环节构造了统一的迭代学习控制算法. 进而证明了上述算法产生的输入序列对三种非线性环节均有界且最优.

在此研究中, 三种非光滑非线性函数的参数未知, 系统参数也未知. 然而, 算法中除了跟踪误差外, 还需要已知 $\text{sgn}(c^+b_k(t))$, 对 SISO 系统而言, 这相当于已知系统的控制方向. 进而仅考虑量测噪声, 即在算法中噪声与非线性函数并未形成耦合, 因而可以通过随机逼近的 RM 算法递推地得到输入序列. 具体细节可参见本书第 2 章.

在上述研究基础上, Shen 与 Chen 进一步将特殊的非线性环节发展为一般的非线性环节, 并且将系统噪声也纳入考虑范围, 研究了一类 Hammerstein-Wiener 系统的迭代学习控制问题[54]. 所谓 Hammerstein-Wiener 系统是指这样一类系统, 其输入先经过一个静态非线性环节, 然后进入线性子系统, 在线性子系统的输出端又含有静态非线性环节, 如图 1.3 所示. 显然这类系统的输出关于输入为非线性关系.

图 1.3　Hammerstein-Wiener 系统模型

具体而言, 系统模型表述如下

$$
\begin{aligned}
\eta(t,k) &= f(t,u(t,k)) \\
x(t+1,k) &= A(t)x(t,k)+B(t)\eta(t,k)+\varepsilon(t+1,k) \\
z(t,k) &= C(t)x(t,k)+\epsilon(t,k) \\
y(t,k) &= g(t,z(t,k))+v(t,k)
\end{aligned}
\tag{1.54}
$$

其中, $\eta(t,k)$ 与 $z(t,k)$ 均为未知的中间信号; 非线性函数 $f(t,\cdot):\mathbb{R}^p\to\mathbb{R}^p$, $g(t,\cdot):\mathbb{R}^q\to\mathbb{R}^q, \forall t\in[0,T]$ 分别表示系统输入端与输出端的静态非线性环节; $\varepsilon(t,k)$、$\epsilon(t,k)$ 为系统噪声; $v(t,k)$ 为量测噪声.

跟踪目标为 $y(t,d)$, 控制目标为使指标 (1.28) 达到最小值. 控制算法仍用带有扩展截断的随机 KW 算法 (式 (1.35)~式 (1.38)). 为保证收敛性, 需要一些基本条件, 这些基本条件可参见本书第 4 章.

需要指出, 记不存在任何噪声的情形下关于跟踪目标 $y(t,d)$ 反解所得的目标输入为 $u(t,d)$. 那么存在噪声时, 每次输入信号均选择 $u(t,d)$, 所得输出跟踪也不能使得指标 (1.28) 达到最小. 而对于无噪声的情形, $u(t,d)$ 恰是最优输入. 这种有噪声与无噪声最优输入不同的原因在于系统噪声与非线性函数耦合, 使得系统的输出信号的期望值偏离目标值. 因此针对指标 (1.28), 需要基于期望来求取最优输入的表达式. 从这一点出发, 文献 [54] 给出了最优控制应满足的条件.

具体而言, 注意到式 (1.54) 中线性子系统部分的噪声 $\varepsilon(t,k)$、$\epsilon(t,k)$ 均为外加性, 故记去除噪声后的系统如下

$$
\begin{aligned}
x'(t+1,k) &= A(t)x'(t,k)+B(t)\eta(t,k) \\
z'(t,k) &= C(t)x'(t,k)
\end{aligned}
\tag{1.55}
$$

其中, $x'(0,k)=x(0,d)$, 则可知 $z(t,k)$ 与 $z'(t,k)$ 之间相差一个零均值且二阶矩有限的噪声项, 记为 $\omega(t,k)$. 该噪声项实际上是系统噪声沿时间轴的加权叠加型, 因此关于 k 独立同分布. 换言之

$$
y(t,k)=g(t,z'(t,k)+\omega(t,k))+v(t,k) \tag{1.56}
$$

令 $P_t(x)\triangleq E\|y(t,d)-g(t,x+\omega_t)\|^2, \forall t$, 其中 w_t 为与 $\omega(t,k)$ 独立同分布的随机变量. 则使得指标 (1.28) 达到最小值的中间信号 $z'(t)$ 为使得 $P_t(x)$ 取最小值时对应的自变量值, 进而可写出最优输入应满足的条件.

在适当的条件下, 文献 [54] 证明由算法 (式 (1.35)~式 (1.38)) 产生的输入序列以概率 1 收敛到最优控制, 从而使得渐近跟踪误差达到最小值. 具体细节可参见本书第 4 章.

1.3.3　其他方法

由于随机非线性系统自身所具有的难度, 相应的随机迭代学习控制成果要远少于随机线性系统的情形. 这里仅指出, 基于随机自适应控制的方法可能可以有效地解决参数化随机非线性系统的相关问题. 一种特定的情形是, 非线性系统是线性参数化的, 即系统关于未知参数为线性关系, 而其中的非线性函数则为已知的. 对于这种情形, 核心的思想为迭代更新其中的参数并进而产生相应的输入信号. 另一个具有潜力的方向为采用神经网络、模糊函数、小波函数等来逼近未知的非线性系统. 因此, 非线性系统被转化为参数线性化的情形. 本节最后将针对线性系统与非线性系统的随机迭代学习控制文献归类至表 1.2 中.

表 1.2　关于线性系统和非线性系统的随机迭代学习控制文献

	线性情形	非线性情形
KF	文献 [33]~[36]、文献 [38]、文献 [39]	文献 [37]
SA	文献 [40]、文献 [45]	文献 [52]~[54]
St	文献 [46]~[49]	
Fr	文献 [50]	

注: KF= 基于卡尔曼滤波的方法, SA= 基于随机逼近的方法, St= 基于统计意义的方法, Fr= 基于频域分析的方法

1.4　针对其他随机信号的迭代学习控制

1.4.1　随机丢包

随着网络技术的不断发展, 网络化控制系统 (networked control system, NCS) 变得日益普遍. 这类控制系统将传感器、执行器和控制器等通过网络串联起来, 增强了系统的灵活性与可靠性. 同时, 由于网络阻塞、链接中断、传输错误以及其他因素, 网络化控制系统中数据丢包是经常发生的事, 这会减弱系统的控制性能. 针对存在数据丢包的网络化控制系统的迭代学习控制问题, 目前已有部分结果. 图 1.4 为含有随机数据丢包通道的网络化控制系统框图.

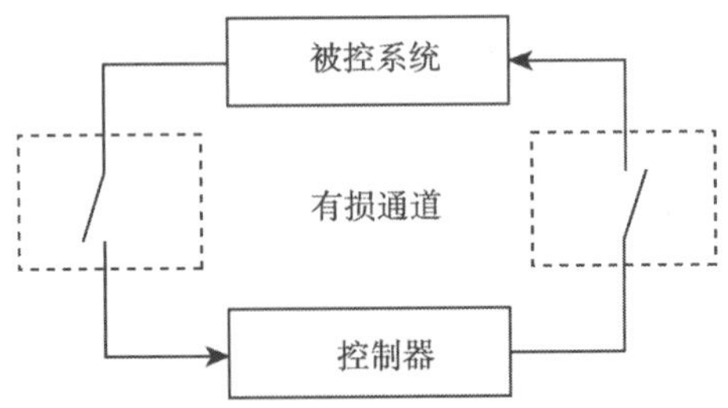

图 1.4　含丢包通道的网络化控制系统框图

这里首先给出刻画随机丢包问题的模型. 考虑系统 (1.1), 若没有随机丢包, 则更新律为式 (1.6). 现在假定数据丢包存在于输出端, 即输出信号 $y(t,k)$ 在回传至控制器的过程中可能存在数据丢包. 记新的跟踪误差为 $\gamma e(t,k)$, 其中 $\gamma\in\{0,1\}$ 是一个服从伯努利分布的二值随机变量, 用以刻画数据丢失与否. 换言之, 若数据丢包发生, 则 $\gamma=0$; 若数据被成功传输至控制器, 则 $\gamma=1$. 令 $\overline{\gamma}=E\gamma$.

Ahn 等针对离散时间系统, 考虑了输出端与/或输入端的随机数据丢包问题, 基于 Saab 所提出的基于卡尔曼滤波的方法给出了部分研究成果[55-57]. 因而, 所有的收敛结果都是均方收敛意义下的.

在文献 [55] 中, 系统如式 (1.1) 所示, 而更新律具有如下形式

$$u(t,k+1)=u(t,k)+K(t,k)\gamma e(t+1,k) \tag{1.57}$$

类似于文献 [33]、文献 [35]、文献 [36] 的推导步骤, 我们可以给出 $K(t,k)$ 的递推计算算法. 可以证明, 只要 $\overline{\gamma}\neq 0$, 输入误差就将均方收敛至 0. 换言之, 只要数据不是 100% 的丢包, 就可以保证类似 Saab 的结果 (如文献 [33]、文献 [35]、文献 [36]) 中的收敛性仍旧成立.

注意到在文献 [55] 中, 数据丢包是针对一个向量整体而言的, 即要么完整传输要么全部丢失. 而在实际系统中, 可能只是这个向量中的一部分数据丢失. 例如, 对 q 维的输出信号 $y(t,k)\in\mathbb{R}^q$, 不妨记 $y(t,k)=[y^1(t,k),y^2(t,k),\cdots,y^q(t,k)]^{\mathrm{T}}$, 可能只有其中的一部分数据发生丢失, 而另一部分数据则被传输过来. 文献 [56] 针对输入/输出维数相同的多输入多输出模型 (即 $p=q$), 修正输入更新律 (1.57) 为

$$u(t,k+1)=u(t,k)+K(t,k)\Gamma e(t+1,k) \tag{1.58}$$

其中, Γ 为对角矩阵

$$\Gamma=\mathrm{diag}\{\gamma_i\}=\begin{pmatrix}\gamma_1 & 0 & \cdots & 0\\ 0 & \gamma_2 & \cdots & 0\\ \vdots & \vdots & & \vdots\\ 0 & 0 & \cdots & \gamma_q\end{pmatrix} \tag{1.59}$$

其中, $\gamma_i\in\{0,1\}$, $i=1,\cdots,p$ 仍为服从伯努利分布的二值随机变量, 且相互独立. 记均值为 $\overline{\gamma_i}=E\gamma_i$, $i=1,\cdots,p$. 在这种情况下, 可以证明 ΓCB 满秩时, 输入误差协方差阵随着迭代次数的增加而趋于 0, 即输入误差在均方意义下收敛. 而 ΓCB 的满秩条件实际蕴涵了 Γ 满秩, 换言之, $\overline{\gamma_i}\neq 0$, $\forall i$ 时能保证均方收敛性.

无论文献 [55] 还是文献 [56], 都是假定输出数据传至控制器的过程中存在数据丢包. 在实际系统中, 从控制器将输入信号传输到系统的过程中也可能存在数据丢

包. 文献 [57] 进一步考虑了这种情形, 系统模型为不含有噪声的堆积超向量形式

$$\begin{aligned} U_{k+1} &= U_k + \varUpsilon \mathcal{N}_k E_k \\ Y_k &= G \mathcal{M}_k U_k \end{aligned} \tag{1.60}$$

其中, $\mathcal{N}_k$ 与 $\mathcal{M}_k$ 分别表示输出端与输入端的数据传输丢包变量, 其对角元为服从伯努利分布的二值变量, 而其余位置元为 0; $\varUpsilon$ 为学习增益矩阵; G 为从输入到输出的传递矩阵. 作者基于系统矩阵信息及随机矩阵 $\mathcal{N}_k$ 与 $\mathcal{M}_k$ 的期望矩阵, 给出了跟踪误差在均方意义下稳定的充分条件. 不过与文献 [55] 和文献 [56] 不同的是, 文献 [57] 只给出了为保证均方稳定的充分条件, 而没有给出一个可计算化的学习增益矩阵表示形式.

Bu 等从另一个角度研究了这个问题, 即通过对随机变量取期望的方法来将随机系统转化为确定系统. 文献 [58] 所考虑的系统形式为线性时不变的单输入单输出系统的超向量模型 (1.11), 其中 $d = 0$. 相应的, 更新律形式为式 (1.57). 类似于文献 [46] 的处理技巧, 作者对迭代误差方程两端取数学期望, 可以得到期望意义下的确定型迭代误差方程, 进而可以基于这一回归方程给出一个典型的稳定性条件. 与之相对, 非线性系统情形在文献 [59] 和文献 [60] 给予了讨论, 其中系统的具体表述形式如下

$$\begin{aligned} x(t+1,k) &= f(x(t,k)) + b(x(t,k))u(t,k) \\ y(t,k) &= g(x(t,k)) + d(x(t,k))u(t,k) \end{aligned} \tag{1.61}$$

在这些非线性系统中, 所有非线性函数满足全局 Lipschitz 条件, 且跟踪目标 $y(t,d)$ 假定可实现. 从而基于传统的压缩映像技巧, 在 $d(x(t,k))$ 的基础上, 可以给出一个类似于文献 [58] 的稳定条件. 其原因在于, 在系统的量测方程中存在一个控制项, 而这个控制项在输出轨迹中起主导作用. 这里需要指出两点. 第一点是当系统为非线性情形时, 用以产生超向量模型的堆积技巧不再适用, 这进一步说明文献 [58] 中的技巧无法应用到文献 [59] 和文献 [60] 中的问题. 第二点是由于使用了压缩映像技巧, 作者取数学期望的对象是随机迭代不等式而不是随机迭代方程, 因而这可能会产生更为严格的稳定性条件. 简言之, Bu 系列工作的主要思想是通过数学期望来将随机过程转化为确定过程, 从而基于转化后的确定过程给出相应的稳定性条件. 进而, 文献 [61] 还针对含随机数据丢包的一类离散时间系统提供了一个 H_∞ 的迭代学习控制器. 借助于超向量模型, 原系统可被转化为沿迭代轴的一类离散时间随机系统, 从而可以在迭代域内定义和讨论 H_∞ 性能问题.

文献 [62] 针对无噪声系统也考虑了存在传输数据丢包的问题, 并且同时考虑了通信延迟的问题. 在该文中, 系统被建模为式 (1.1) 并且系统方程中含有扰动项.

数据丢包用服从伯努利分布的二值随机变量描述, 完全类似于文献 [55], 而通信延迟建模如下

$$y_c(t,k)=\pi y(t,k)+(1-\pi)y(t-1,k) \tag{1.62}$$

其中, π 是取值于 $\{0,1\}$ 的服从伯努利分布的随机变量. 其中通信延迟将在后面讨论. 需要注意到数据丢包与通信延迟之间并不相互独立, 因为通信延迟只能发生在数据没有丢包时. 不过容易证明 $E[\gamma\pi]=\overline{\gamma\pi}$. 对于多维情形, 相应的数据丢包变量与通信延迟变量分别记为 $\Gamma=\mathrm{diag}\{\gamma_i\}$, $\Pi=\mathrm{diag}\{\pi_i\}$.

为处理数据丢包与通信延迟, 文献[62]采用了沿迭代过程进行平均的技巧, 其想法是借助历史数据来减小干扰. 为此定义迭代平均算子A: 对序列 $f_0(\cdot)$, $f_1(\cdot)$, $\cdots$, $f_i(\cdot)$

$$A\{f_i(\cdot)\}=\frac{1}{i+1}\sum_{j=0}^{i}f_j(\cdot) \tag{1.63}$$

设计迭代学习更新律为如下含有平均算子的形式

$$u(t,k+1)=A\{u(t,k)\}+\frac{k+2}{k+1}K\Gamma\sum_{j=0}^{k}\widetilde{e}(t+1,j) \tag{1.64}$$

其中, $\widetilde{e}(t+1,j)=y(t+1,d)-y_c(t+1,j)=\Pi e(t+1,j)+(I-\Pi)e(t,j)+(I-\Pi)\delta(t)$, $\delta(t)=y(t+1,d)-y(t,d)$; K 为学习增益矩阵. 文献 [62] 基于传统的压缩映像技巧证明了: 当学习增益矩阵满足 $\|I-K\overline{\Gamma\Pi}CB\|\leqslant\rho<1$ 时, 学习算法 (1.64) 使得平均化后的跟踪误差期望 $E[A\{e(t,k)\}]$ 收敛到一个有界范围内. 相比较而言, 这一收敛结果还不是足够优秀的, 不过借助平均化历史信号的处理技巧有望得到更好的性能表现, 这个问题还有待进一步深入研究.

针对数据随机丢包问题, 在 NCS 领域已经有很多研究, 然而基于 ILC 的数据随机丢包问题, 目前的研究才刚刚起步. ILC 与 NCS 相比, 有很多独特的优势及特点, 例如, 在 NCS 中为保证系统稳定, 数据丢包率存在一个临界值[63], 但在 ILC 中可能并不存在这样一个值[55]. 因此, 这一方面还有许多有趣的问题等待研究.

1.4.2　随机异步

现实中很多工业系统往往是由多个相互关联的子系统构成的大系统. 对这类系统, 在控制子系统时往往很难获知整个大系统的所有信息, 因此常常需要构造分布式的控制器, 以较低的成本来实现较好的控制效果. 对大系统的分布式迭代学习控制, 由于各子系统的工作效率可能并不一致, 因而不能实现子系统之间输入信号的同步更新, 这就产生了研究异步式信号更新的问题. 文献 [64] 考虑了含有随机异步性的大规模系统的分布式迭代学习控制问题.

考虑由 n 个子系统构成的大规模系统, 其中第 i 个子系统表述为

$$\begin{aligned} x_i(t+1,k) &= f_i(t,x(t,k)) + b_i(t,x(t,k))u_i(t,k) \\ y_i(t,k) &= c_i(t)x_i(t,k) + v_i(t,k) \end{aligned} \tag{1.65}$$

其中, $u_i(t,k) \in \mathbb{R}$, $y_i(t,k) \in \mathbb{R}$, $x_i(t,k) \in \mathbb{R}^{n_i}$, 下标 i 表示子系统的编号.

每个子系统的跟踪目标分别为 $y_i(t,d)$, $i=1,\cdots,n$. 控制目标为对每个子系统, 均使得指标 (1.28) 达到最小值.

对系统的假设条件与研究思路类似于文献 [53], 但这里要考虑到各子系统更新的异步性. 这种异步性可能由子系统之间数据传输时发生丢包导致, 也可能是因为子系统之间运行效率不同导致, 往往是随机的, 无法预知的.这里为方便表述, 在第 k 次更新发生时, 以 $S_k \subset \{1,\cdots,n\}$ 表示发生更新的那些子系统的集合, 以 $\tau(i,k)$ 表示在第 k 次更新发生时第 i 个子系统已发生的更新次数之和, 即 $\tau(i,k) \triangleq \sum_{j=1}^{k} I_{[i\in S_j]}$. 针对具有随机异步性的大规模系统, 第 i 个子系统的迭代学习控制律为

$$u_i(t,k+1) = u_i(t,k) + a(\tau(i,k))I_{[i\in S_k]}e_i(t+1,k) \tag{1.66}$$

其中, $a(k)$ 为步长, 满足

$$a(k) > 0, \quad \sum_{k=0}^{\infty} a(k) = \infty, \quad \sum_{k=0}^{\infty} a(k)^2 < \infty \tag{1.67}$$

$$a(j) = a(k)\big(1 + O(a(k))\big) \tag{1.68}$$

显然 $a(k) = \dfrac{1}{k+1}$ 就满足上述要求.

注记 1.10　这里对随机异步性的描述是通过 S_k 和 $\tau(i,k)$ 构建的. S_k 是所有子系统标号集合 $\{1,\cdots,n\}$ 的子集, 表示在第 k 次更新时发生更新的子系统标号的集合. 注意到 S_k 是随机集合, 体现了更新的随机异步性. $\tau(i,k)$ 表示在整体系统已发生第 k 次更新时, 第 i 个子系统实际发生更新的次数, 且显然 $\tau(i,k) \leqslant k$.

上述算法实际上是基于异步随机逼近算法构造的. 为保证算法能够以概率 1 收敛到最优控制, 并进而使指标 (1.28) 对每个子系统均达到最小值, 需要对异步的随机性给出如下假设.

异步性假设: 存在足够大的整数 L, 使得 $\forall k,i$

$$\tau(i,k+K) - \tau(i,k) > 0 \tag{1.69}$$

通俗地说, 这一条件相当于要求任一子系统在整体系统连续发生 L 次更新的过程中至少要参与一次. 这实际是对子系统更新频率的一个要求. L 的值并不要求已知, 只要存在即可. 如何将这一条件进一步放宽, 目前还缺少相应的研究.

1.4.3　随机时滞

系统中存在时滞时, 往往会对系统性能产生各种影响, 关于这一问题的研究已经是卷帙浩繁. 在 ILC 领域也有不少相关研究, 如文献 [65] 和文献 [66]. 迭代学习控制的本质是充分利用之前迭代过程中的输入与输出信息来不断调整输入信号, 以达到良好跟踪目标的任务, 那么沿迭代过程重复的信息很可能不会对迭代学习控制产生重要的影响. 因为在迭代学习过程中, 优势之一就是很少依赖于系统的具体信息, 未知的但确定的时滞从某种意义上来说可以看作未知系统的一部分. 基于这一认识, 在文献 [67] 中作者考虑了一类状态方程中含有未知时滞的仿射非线性系统, 构造了基于随机逼近算法的迭代学习控制律, 严格证明了在时滞未知的情形下, 不需要对时滞作任何估计, 仍然可以保证算法产生的输入序列以概率 1 收敛到最优控制. 广义来看, 这或许暗示系统中未知但确定的时滞在迭代学习控制方面并不像在其他时滞研究中起到本质的作用. 关于时滞对迭代学习控制的本质影响究竟如何, 目前还是一个开放性课题.

文献 [67] 的结果说明未知的但确定的时滞影响较小, 那么系统中含有随机时滞是否会产生本质的影响? 对于这一问题, 目前尚无相应的回答, 相关的研究也几乎没有. 注意到, 文献 [62] 中的通信延迟本质上就是一种随机时滞, 参见式 (1.62). 此外, 文献 [57] 中也有对随机时滞的少量研究. 在模型 (1.60) 中, $\mathcal{N}_k$ 的对角元为二值随机变量, 而其余位置的值均为 0 时, 这一矩阵度量了系统中随机数据丢包问题. 若 $\mathcal{N}_k$ 表示一个广义的随机矩阵, 则其还可以表示系统的随机时滞性. 文献 [57] 实际是针对一般的随机矩阵 $\mathcal{N}_k$ 给出的结论, 如前所述, 此时仅能给出均方稳定的收敛性表现.

由此可以看出, 随机时滞的出现对系统的迭代学习控制存在着本质性的影响. 这种影响有多大? 如何通过适当的控制方法消除其影响? 这些问题都还需要深入研究.

1.5　潜力研究方向及展望

本节将对三个有潜力的研究方向进行综述. 针对这三个研究方向, 传统的迭代学习控制研究尚未全面揭示其内在规律. 然而需要指出的是, 传统迭代学习控制中的经典问题, 如初始值重置问题、迭代变化的不确定性问题、协同迭代学习控制问题等, 都可以在随机迭代学习控制的框架下进行研究, 本节不对这些问题展开论述.

1.5.1　随机点对点迭代学习控制

典型的迭代学习控制要求系统输出在整个批次运行长度上完整地跟踪指定目标. 然而在很多实际问题中, 仅有部分指定位置需要实现高精度的跟踪效果, 而其余的位置则允许有较为粗糙的跟踪效果. 例如, 一个投篮者进行定点投篮练习, 此投篮者真正关心的是其最终是否能够命中篮筐, 而并不在意篮球是否遵循某个指定的抛物线轨迹. 这类迭代学习控制问题被称为点对点迭代学习控制问题. 显然, 如果强行要求运行过程跟踪某个包含了所有指定位置的完整轨迹, 上述点对点迭代学习控制问题也会随之解决. 然而这可能会浪费控制能力, 且浪费了原本可以恰当利用的控制设计自由度.

在点对点跟踪问题中, 若仅考虑最终的位置实现高精度跟踪, 则被称为终端迭代学习控制 (terminal iterative learning control, TILC) 问题, 是一类特殊的点对点迭代学习控制问题. 在文献 [68] 中, 终端迭代学习控制被应用到晶圆制造行业中的快热化学气相沉积处理问题. 作者考虑了一类离散时间线性系统, 并且将控制输入参数化为恰当基函数的线性组合. 因此, 终端迭代学习控制针对组合系数的更新进行设计. 这一思想在文献 [69] 和文献 [70] 也有运用, 后者的不同之处在于考虑连续时间系统且基函数选择了 Legendre 正交多项式. 另一个应用研究由文献 [71] 和文献 [72] 给出, 其中终端迭代学习控制被应用到热成型及其塑料薄膜表面温度控制问题. 文献 [73] 给出了相应的高阶情形. 文献 [74] 针对一般的运行系统讨论了基于初始状态学习的终端状态控制, 提出了一种新的几何方法来证明算法的收敛性. 文献 [75] 将文献 [74] 的理论结果应用到列车到站控制, 其中使用最终停车位置误差来校正输入信号. 进而, 文献 [76] 针对线性时变多输入多输出离散系统基于输入/输出数据来构造估计和控制算法. 其中算法通过最优化二次指标函数给出. 这一得到算法的技巧同样为文献 [77] 所采用. 需要指出的是, 文献 [77] 与文献 [76] 在输入信号上有所不同, 前者在整个批次内是常值输入信号, 而后者为连续输入信号.

作为一般情形, 点对点运动控制问题已被多篇文章进行研究. 广义的点对点迭代学习控制可以根据输入与输出的位置关系划分为两类. 第一类情形是, 整个批次运行区间可以被划分为前后相连的两部分, 分别称为执行区间与观测区间. 换言之, 系统的输入信号在执行区间内起作用, 而输出轨迹的跟踪效果观测则在观测区间内完成, 彼此之间呈分离状态. 残差抑制问题即是属于此情形的一类典型点对点问题, 在文献 [78]~[80] 中有诸多研究. 在这些文章中, 使用的是传统的迭代学习控制方法, 因此未作要求的跟踪位置的自由度没有得到充分利用, 以进一步改善跟踪性能. 另一类情形是, 输入信号和输出信号是相互交错在一起的. 对于这种情形, 文献 [81] 和文献 [82] 研究了多点的点对点跟踪问题, 其控制策略为沿迭代轴方向迭代更新跟踪目标而不是输入信号, 从而有效地利用了跟踪轨迹的自由度, 而且展示了一种独特的处理点对点迭代学习控制问题的新思路. 文献 [81] 和文献 [82] 的区别之处在于, 前者使用了频域中的离散傅里叶变换技巧, 而后者使用了与前者对应的时域分析技巧. 另一种颇具潜力的处理方法为基于指定位置的跟踪信息和性能指标直接迭代更新系统的输入信号[77, 82]. 在文献 [77] 中, 作者针对多点跟踪问题提出了一类新的迭代学习控制算法, 其中性能指标为一类仅包含指定位置跟踪误差和全部输入信号的二次指标函数, 换言之, 其指标并不是针对整个批次运行轨迹给出的. 在文献 [82] 中, 作者采取了线性参数化其控制输入信号的技巧, 其中基函数是通过系统信息矩阵进行构造的, 而性能指标则是包含了跟踪误差、控制能量和控制总量变分的广义损失函数. 此外, 文献 [83] 进一步研究了连续时间点对点跟踪问题, 给出了一种范数最优的迭代学习控制方案, 并在实验表现与理论结果之间进行了对比分析.

对多输入多输出系统而言, 上述研究都要求指定位置的输出向量信号是完整的, 即该位置的整个输出向量的每个维度都要给出其跟踪目标值, 而在实际应用中, 我们可能仅需要输出向量中的某个维度满足一定限制, 而对其他维度则可以放宽. 例如, 考虑一个三维空间中的运动问题, 此时刻画运动体位置的是一个三维向量. 在一个指定的时刻, 我们可能只会对运动体的高度有要求, 而对其水平面上的两个维度则是完全自由. 对这一类更广泛的点对点跟踪问题也有少量研究, 其中文献 [84] 针对线性系统、文献 [85] 针对非线性系统分别给出了初步尝试的结果. 文献 [84] 还深入地探索了基于梯度下降和牛顿迭代的两种迭代学习控制算法, 及其进一步向含有混合限制情形的延伸. 对这些研究, 读者还可以在文献 [86] 中阅读相关的理论结果和实验验证.

然而, 在上述文献中没有考虑随机噪声. 关于随机点对点跟踪问题的随机情形首先在文献 [87] 中给予研究. 在该文中, 作者考虑了含有系统噪声和量测噪声的线性随机系统, 其随机点对点跟踪问题的表述通过文献 [84] 的变形形式给出. 该文提出了含有衰减增益的 P 型迭代学习控制更新算法, 并且针对修正的跟踪误差给出了几乎必然收敛性的分析与证明. 可以看出, 关于随机点对点迭代学习控制的研究还处于起步阶段, 尚有许多工作有待完成.

1.5.2　变跟踪目标的迭代学习控制

由于任何学习策略都需要一个内在要求, 即重复性, 所以在传统迭代学习控制中, 跟踪目标在各个批次内保持不变是一个基本前提. 然而, 这可能在一定程度上限制了迭代学习控制的广泛应用, 因为当跟踪目标发生变化时, 迭代学习控制算法需要从头开始学起, 因而浪费了此前已经学习到的经验. 这一点驱动学术界进一步考虑针对变跟踪目标的学习跟踪目标, 换言之, 当跟踪目标沿迭代轴发生变化时, 学习控制算法如何充分利用已有的信息进行调整, 但是相关的研究进展到目前为止还很有限. 其原因在于对跟踪目标发生变化时, 已经获得的信息该如何利用还没有深刻的理解.

针对变跟踪目标跟踪问题, 文献 [88] 是一个早期的研究结果. 具体而言, 文献 [88] 针对连续时间非线性系统, 考虑了缓变化的跟踪目标对迭代学习控制的影响及其解决方案. 这里, "缓变化" 是指跟踪目标轨迹在前一批次与当前批次的差值存在一个小的上界. 对于这一问题, 该文提出了含有遗忘因子的更新律, 并且证明了算法的鲁棒性及有界收敛性. Xu 等对一类迭代变跟踪目标的跟踪问题给出了一种直接学习控制的方法[89-91]. 这里的变跟踪目标具体是指所有跟踪目标具有相同的形状, 但具有不同的尺度[89, 91] 或具有不同的时间长度[90]. 可以看出, 相同的跟踪目标形状给直接迭代更新律提供了成功的基础. 此外, 文献 [92] 和文献 [93] 针对大尺度工业系统同样考虑了跟踪目标不重复的问题, 给出了一类分散式学习算法, 并证明了算法在 L_p 范数意义下的收敛性. 上述所有结果都着眼于直接型的迭代学习控制算法.

处理变跟踪目标的跟踪问题的另一条可行的途径是, 通过迭代学习系统中的不变因素, 如系统参数等, 而不是直接迭代更新控制信号. 基于这一思想同样有少量研究结果. 文献 [94] 研究了一类参数化的非线性系统, 基于等价原则给出了一个参数化的控制律, 其中参数沿批次轴进行迭代更新. 这一方法的收敛性和有效性可以通过复合能量函数 (composite energy function, CEF) 方法进行证明. Chi 等也讨论了一类参数化高阶系统的学习跟踪问题[95], 其采用自适应迭代学习控制算法来进行参数估计及设计控制算法. 这一结果被进一步推广至系统参数为迭代变化的情形, 不过假定参数符合二阶内模原理[96]. 在该文中, 作者同样使用复合能量函数方法来给出算法的收敛性分析. 对非参数化的非线性系统, 一个直观的想法是引入全局逼近器来逼近非线性函数. 这一想法为文献 [97] 所采用, 其采用模糊系统来逼近系统的非线性, 并进而基于这一模糊系统来设计自适应迭代学习控制. 广义而言, 在运行过程中学习系统的不变因素而不是更新控制信息, 将会对变跟踪目标的跟踪问题有着重要意义.

然而, 针对变跟踪目标的跟踪问题还没有关于随机迭代学习控制方面的结果. 而在这一点上, 需要同时考虑变跟踪目标与随机噪声相耦合的情形. 针对这一开放性问题, 前述随机迭代学习控制方法, 无论是面向线性系统还是面向非线性系统的方法, 还需要作出相应的调整.

1.5.3 分散式/分布式协同随机迭代学习控制

多系统是指由多个子系统按照固定或者变化的拓扑关系关联在一起的大系统. 这类系统的控制和跟踪已经成为控制界的重要方向. 巡航卫星、大规模工业系统以及多智能体系统 (multi-agent system, MAS) 都是典型的多系统. 由于每个子系统往往跟踪各自的特定目标, 因而多系统往往意味着多目标跟踪问题[98-106].

文献 [98] 和文献 [99] 研究了状态估计问题. 在文献 [98] 中, 针对多智能体系统, 作者综合比较了系统状态的联合估计和独立估计的性能, 证明联合估计仅在一些特定的条件下优于独立估计的结果. 更进一步, 联合估计的性能依赖于多智能体系统中各个体之间的相似性. 而联合估计的敏感性问题在文献 [99] 中给出.

Meng 等在文献 [100] 中给出了多智能体系统的有限时间一致性问题. 在该文中, 每个子系统为线性模型且基于终端迭代学习控制给出了一类分布式协同算法. 作者证明了随着批次数增至无穷, 所有个体可以实现有限时间一致性. 进而, 上述结果被进一步推广至两个角度: 其一是个体模型被拓展至一类非线性系统[101], 另一个角度是跟踪目标被拓展至广义轨迹[102].

文献 [103] 讨论了多智能体系统的编队问题. 其中每个个体的跟踪目标并不要求相同. 该文提出了一类分布式协同算法, 并且基于传统的压缩映像技巧证明了算法的收敛性. 不仅如此, 文献 [104]~文献 [106] 同样考虑了编队控制问题. 在文献 [104] 中, 每个个体用连续时间仿射非线性系统刻画, 并且跟踪目标为个体之间的相对距离. 在文献 [106] 中, 每个个体用一个单积分模型刻画, 且跟踪目标为个体之间的绝对欧氏距离. 在文献 [105] 中, 作者进一步讨论了卫星的编队控制问题, 其中每颗卫星的跟踪目标为一个给定的轨迹.

注意到上述研究结果多数都是基于连续时间确定模型给出的, 这就说明还有很多有趣的问题尚未解决. 在传统的迭代学习控制问题中, 系统的运行长度要求在有限时间区间内完成并且不断重复, 这使得迭代学习控制应用于多智能体系统不同于传统的一致性问题. 所以, 到目前为止, 如何从理论分析和实际应用的角度定义分散式/分布式协同随机迭代学习控制, 还没有完善的回答. 此外, 子系统之间的传输还会引出更多有趣的问题. 这些都需要进一步研究.

1.6 本章小结

迭代学习控制是一种优秀的基于数据的控制方法, 具有广泛的工业应用背景. 这种方法可以较少地依赖于系统信息, 但仍能实现良好的控制性能, 自提出以来得到了深入的研究. 不过, 对含有随机信号的系统相关研究结果较少. 本章综述了近几年来在随机迭代学习控制方面已有的文献, 分如下三方面展开: 含系统噪声与/或量测噪声的线性系统的随机迭代学习控制、含系统噪声与/或量测噪声的非线性系统的随机迭代学习控制, 以及对含有其他随机信号的系统的迭代学习控制. 本章着重指出了相关研究的基本假设与研究方法, 并在比较相关研究的基础上给出了一些有待解决的公开问题和一些继续研究的切入点, 希望能促进控制界在这一方向上更大的突破.

针对含有系统噪声与/或量测噪声的线性系统或非线性系统的随机迭代学习控制, 目前已有的研究主要分为两类, 以 Saab 为代表的研究中得到均方收敛的结果, 但算法收敛速度较快; 而以 Chen 为代表的研究得到了概率 1 的结果, 但算法收敛速度较慢. 如何充分结合两种思路的优势, 给出新的随机迭代学习控制算法是一个很有意义的研究点.

本章还进一步综述了针对其他随机信号的相关文献, 并对一些潜在的研究方向进行了分析. 在本章最后指出, 关于随机迭代学习控制的应用研究到目前还十分有限, 绝大多数还停留在数值仿真的层面上. 换言之, 这一点还有很大的研究空间.

第 2 章　输入端含工程非线性环节的学习控制

本章研究一类输入端带死区、预载、饱和三种工程非线性环节且有量测噪声的仿射非线性系统的迭代学习控制. 给出最优控制的表达形式, 针对三种工程非线性环节基于扩张截断随机逼近算法给出统一的迭代学习控制律, 并证明控制序列有界且最优.

2.1 引　　言

本章考虑一类输入端带死区、预载、饱和三种工程非线性环节且有量测噪声的仿射非线性系统, 假定系统非线性动态对状态的增长不快于多项式. 这三类工程非线性环节的一个共同特点是其具有非光滑性. 非光滑非线性特性是普遍存在于各种工程系统中的一类重要非线性, 特别是在执行器中经常遇到, 如液压与气动伺服阀、电动伺服系统及其他装置. 这类非线性会导致系统性能受限. 在自适应控制方面, 研究人员提出了多种自适应补偿算法以消除这些非光滑非线性的影响, 其中多数算法依赖于具体非线性逆函数来构造. 在迭代学习控制方面, 到目前为止研究还不够全面.

下面依次给出死区、预载、饱和三种工程非线性环节的介绍.

1. 死区非线性

非对称的死区非线性定义为

$$v = \mathrm{DZ}(u) = \begin{cases} m_r(u-b_r), & u \in I_r \triangleq [b_r, \infty) \\ 0, & u \in I_m \triangleq [b_l, b_r] \\ m_l(u-b_l), & u \in I_l \triangleq (-\infty, b_l] \end{cases} \tag{2.1}$$

其中, 参数未知但符号已知, 不妨假定 $b_r \geqslant 0, b_l \leqslant 0, m_r > 0, m_l > 0$ (图 2.1).

死区是工业过程中一种重要的非光滑非线性, 引起控制界长期的研究, 如文献 [107]~[109]. 死区容易导致系统不稳定, 为此, 文献 [107]~[109] 提出自适应死区逆来处理未知死区. 在迭代学习控制中, 因过程可以不断重复, 可以不需要构造死区的逆函数, 而直接设计控制律来实现系统良好的跟踪性能. 这从后面给出的迭代学习控制律可以看到.

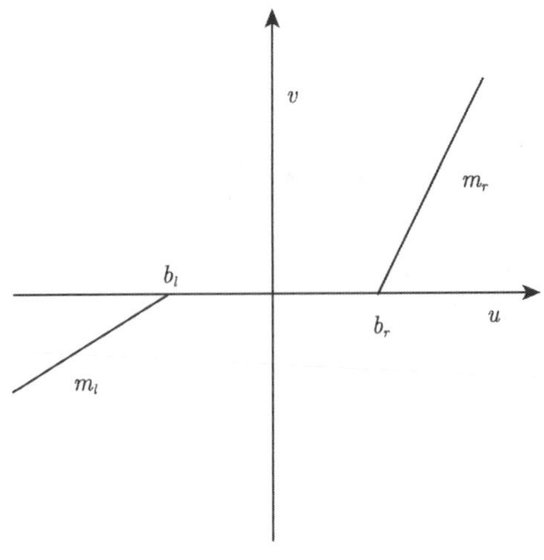

图 2.1　死区非线性

2. 预载非线性

非对称的预载非线性定义为

$$v = \mathrm{Pr}(u) = \begin{cases} b_r + m_r u, & u > 0 \\ 0, & u = 0 \\ b_l + m_l u, & u < 0 \end{cases} \tag{2.2}$$

这里及后面为符号简洁起见, 使用与死区相同的参数符号. 在不同的情形下, 它们分别指不同的量. 参数未知但符号已知, 不妨设 $b_r \geqslant 0$, $b_l \leqslant 0$, $m_r > 0$, $m_l > 0$ (图 2.2).

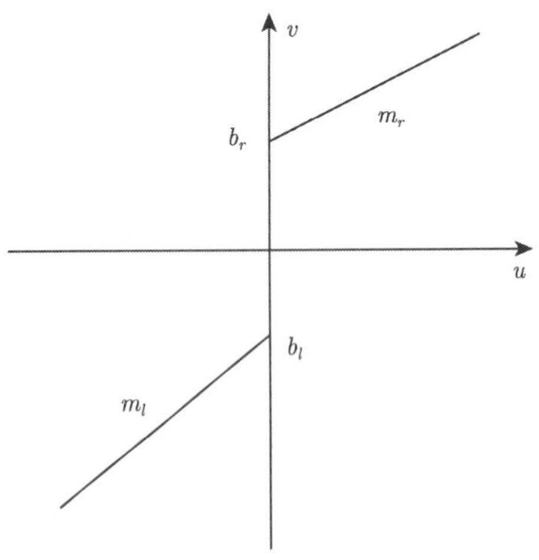

图 2.2　预载非线性

预载也是一种重要的非光滑非线性, 且不连续. 文献 [110] 讨论了输入端带预载的离散时间线性系统的自适应控制问题. 文献 [111] 研究了输入端带多种非线性包括预载的线性系统辨识问题.

3. 饱和非线性

非对称的饱和非线性定义为

$$v = \mathrm{Sat}(u) = \begin{cases} m_r b_r, & u \in I_r \triangleq [b_r, \infty) \\ m_r u, & u \in I_{mr} \triangleq [0, b_r] \\ m_l u, & u \in I_{ml} \triangleq [b_l, 0] \\ m_l b_l, & u \in I_l \triangleq (-\infty, b_l] \end{cases} \tag{2.3}$$

其中, 参数未知但符号已知, 不妨假定 $b_r \geqslant 0, b_l \leqslant 0, m_r > 0, m_l > 0$. 这里 $I_m \triangleq I_{mr} \bigcup I_{ml}$ (图 2.3). 饱和非线性和前两种非线性不同, 死区和预载非线性无界, 但饱和非线性是有界的.

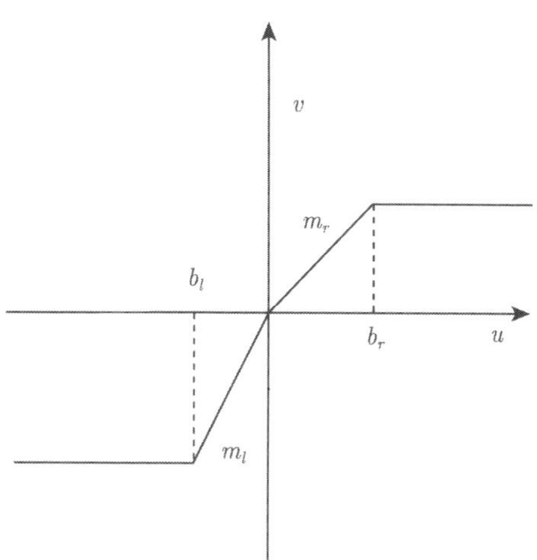

图 2.3　饱和非线性

由于执行器的动作受到机械的限制以及控制生产过程的要求等, 饱和非线性在实际工程应用中十分常见, 引起了研究人员的广泛关注[112, 113].

2.2　问题描述

考虑 SISO 系统

$$
\begin{aligned}
x_k(t+1) &= f(t, x_k(t)) + \boldsymbol{b}(t, x_k(t))v_k(t) \\
v_k(t) &= \mathcal{N}(u_k(t)) \\
y_k(t) &= \boldsymbol{c}(t)x_k(t) + w_k(t)
\end{aligned} \tag{2.4}
$$

其中, $\mathcal{N}$ 表示 DZ 或 Pr 或 Sat; 下标 k 表示周期序号; t 表示同一周期中的不同时刻, $t \in [0, N]$; $x_k(t) \in \mathbb{R}^n$, $y_k(t) \in \mathbb{R}$, $u_k(t) \in \mathbb{R}$ 分别表示系统的状态、输出和输入; $w_k(t)$ 为量测噪声, $f: \mathbb{R} \times \mathbb{R}^n \to \mathbb{R}^n$; $\boldsymbol{b}(\cdot,\cdot)$ 与 $\boldsymbol{c}(\cdot)$ 分别为列向量和行向量.

对上述系统, 假定如下条件.

A2.1　跟踪目标 $y_d(t)$ 可实现, 即对合适的初始值 $x_d(0)$, 存在控制信号 $u_d(t)$ 使 $y_d(t)$ 为下述系统的输出

$$
\begin{aligned}
x_d(t+1) &= f(t, x_d(t)) + \boldsymbol{b}(t, x_d(t))v_d(t) \\
v_d(t) &= \mathcal{N}(u_d(t)) \\
y_d(t) &= \boldsymbol{c}(t)x_d(t)
\end{aligned} \tag{2.5}
$$

A2.2　耦合矩阵 $\boldsymbol{c}(t+1)\boldsymbol{b}(t,x)$ 的值未知, 但符号已知且不为 0, 记为 $\operatorname{sgn}(\boldsymbol{c}(t+1)\boldsymbol{b}(t,x))$.

A2.3　函数 $f(\cdot,\cdot)$ 与 $\boldsymbol{b}(\cdot,\cdot)$ 对第二个变量满足

$$
\|f(t,x') - f(t,x'')\| \leqslant \sum_{i=1}^{l} m_i \|x' - x''\|^i \tag{2.6}
$$

$$
\|\boldsymbol{b}(t,x') - \boldsymbol{b}(t,x'')\| \leqslant \sum_{i=1}^{l} n_i \|x' - x''\|^i \tag{2.7}
$$

其中, l 为未知正整数; $m_i, n_i, i = 1, \cdots, l$ 为未知正常数.

A2.4　噪声 $\{w_k(t)\}$ 对每一时刻 t 沿迭代序号 k 为相互独立的随机变量且 $Ew_k(t) = 0$, $\sup_k Ew_k(t)^2 < \infty$, 及

$$
\lim_{n\to\infty} \frac{1}{n} \sum_{k=1}^{n} w_k(t)^2 = R_t < \infty \quad \text{a.s.} \quad \forall t \in [0, N] \tag{2.8}
$$

其中, R_t 未知.

A2.5　初始状态渐近精确, 即 $x_k(0) - x_d(0) \xrightarrow[k\to\infty]{} 0$.

用 $\mathcal{F}_k \triangleq \sigma(y_i(t), x_i(t), w_i(t), 0 \leqslant i \leqslant k, t \in [0, N])$ 表示非减的 σ 域. 定义容许控制集合

$$
U = \{u_k(t) \in \mathcal{F}_k, \sup_k u_k(t) < \infty \quad \text{a.s.} \quad t \in [0, N-1], k = 0, 1, 2, \cdots\} \tag{2.9}
$$

控制目标是找到 $\{u_k(t), k=0,1,2,\cdots\} \in U$, 使下述指标达到最小

$$V_t(\{u_k(t)\}) = \limsup_{n\to\infty} \frac{1}{n}\sum_{k=1}^{n} |y_k(t) - y_d(t)|^2, \quad \forall t \in [0, N] \tag{2.10}$$

为表述方便, 记 $f_k(t) \triangleq f(t, x_k(t)), f_d(t) \triangleq f(t, x_d(t))$, $\boldsymbol{b}_k(t) \triangleq \boldsymbol{b}(t, x_k(t))$, $\boldsymbol{b}_d(t) \triangleq \boldsymbol{b}(t, x_d(t))$, $\delta x_k(t) \triangleq x_d(t) - x_k(t)$, $\delta v_k(t) \triangleq v_d(t) - v_k(t)$, $\delta u_k(t) \triangleq u_d(t) - u_k(t)$, $e_k(t) \triangleq y_d(t) - y_k(t)$, $\delta f_k(t) \triangleq f_d(t) - f_k(t)$, $\delta \boldsymbol{b}_k(t) \triangleq \boldsymbol{b}_d(t) - \boldsymbol{b}_k(t)$, $\boldsymbol{c}^+\boldsymbol{b}_k(t) \triangleq \boldsymbol{c}(t+1)\boldsymbol{b}(t, x_k(t))$, $\boldsymbol{c}^+ f_k(t) \triangleq \boldsymbol{c}(t+1) f(t, x_k(t))$.

2.3 最优控制

首先给出式 (2.10) 所定义指标的最优值, 并指出如何达到这个最优值. 为此, 我们首先给出以下引理.

引理 2.1　对系统 (2.4), 设 A2.1~A2.5 成立, 若 $\lim\limits_{k\to\infty} \mid \delta v_k(s) \mid = 0$, $s = 0, 1, \cdots, t$, 则对 $t+1$ 时刻有

$$\|\delta x_k(t+1)\| \xrightarrow[k\to\infty]{} 0, \quad \|\delta f_k(t+1)\| \xrightarrow[k\to\infty]{} 0, \quad \|\delta \boldsymbol{b}_k(t+1)\| \xrightarrow[k\to\infty]{} 0$$

证明: 我们归纳地证明这个结论. 由系统状态方程得

$$\begin{aligned} \delta x_k(t+1) &= f_d(t) - f_k(t) + \boldsymbol{b}_d(t) v_d(t) - \boldsymbol{b}_k(t) v_k(t) \\ &= \delta f_k(t) + \delta \boldsymbol{b}_k(t) v_d(t) + \boldsymbol{b}_k(t) \delta v_k(t) \end{aligned} \tag{2.11}$$

首先考虑 $t = 0$ 时刻, 由 A2.3 及 A2.5 可知

$$\|f_d(0) - f_k(0)\| \leqslant \sum_{i=1}^{l} m_i \|x_d(0) - x_k(0)\|^i \xrightarrow[k\to\infty]{} 0$$

$$\|\boldsymbol{b}_d(0) - \boldsymbol{b}_k(0)\| \leqslant \sum_{i=1}^{l} n_i \|x_d(0) - x_k(0)\|^i \xrightarrow[k\to\infty]{} 0$$

从而可知式 (2.11) 右端前两项都趋于 0. 又由

$$\|\boldsymbol{b}_k(0)\| \leqslant \|\boldsymbol{b}_d(0)\| + \|\delta \boldsymbol{b}_k(0)\|$$

知 $\boldsymbol{b}_k(0)$ 有界, 结合 $\lim\limits_{k\to\infty} |\delta v_k(0)| = 0$ 可知式 (2.11) 右端第三项也趋于 0. 从而 $\|\delta x_k(1)\| \xrightarrow[k\to\infty]{} 0$, 结合 A2.3 知 $\|\delta f_k(1)\| \xrightarrow[k\to\infty]{} 0$, $\|\delta \boldsymbol{b}_k(1)\| \xrightarrow[k\to\infty]{} 0$, 即结论对 $t = 0$ 时刻成立.

假设结论对 $t-1$ 时刻成立, 即有 $\|\delta x_k(t)\| \xrightarrow[k\to\infty]{} 0$, $\|\delta f_k(t)\| \xrightarrow[k\to\infty]{} 0$, $\|\delta \boldsymbol{b}_k(t)\| \xrightarrow[k\to\infty]{} 0$, 类似上面的证明, 可知结论对 t 时刻也成立. 引理得证. ■

定理 2.1 对系统 (2.4) 及指标 (2.10), 设 A2.1~A2.5 成立, 在任意控制序列 $\{u_k(t)\}$ 下有

$$V_t(\{u_k(t)\}) \geqslant R_t \quad \text{a.s.} \quad \forall t$$

进而, 若控制序列 $\{u_k^0(t)\}$ 使

$$\delta v_k^0(t) \triangleq v_d(t) - v_k^0(t) \xrightarrow[k\to\infty]{} 0, \quad v_k^0(t) = \mathcal{N}(u_k^0(t)), \quad t = 0, 1, \cdots, N-1$$

则 $\{u_k^0(t)\}$ 为最优控制序列, 即

$$V_t(\{u_k^0(t)\}) = R_t \quad \text{a.s.} \quad \forall t$$

证明: 由 A2.4 及 $\mathcal{F}_k$ 的定义知, $\mathcal{F}_k$ 与 $\{w_l(t), l = k+i, i = 1, 2, \cdots, \forall t \in [0, N]\}$ 相互独立, $\{w_k(t), \mathcal{F}_k\}$ 为鞅差列, 且 $\sup_k E\left[|w_k(t)|^2 \mid \mathcal{F}_{k-1}\right] < \infty$ a.s. 同时, 输入/输出信号及状态变量关于 $\mathcal{F}_k$ 均为适应信号. 于是由式 (2.4) 可知

$$\begin{aligned}
&\limsup_{n\to\infty} \frac{1}{n} \sum_{k=1}^{n} |y_k(t) - y_d(t)|^2 \\
&= \limsup_{n\to\infty} \frac{1}{n} \sum_{k=1}^{n} |\boldsymbol{c}(t)(x_k(t) - x_d(t)) - w_k(t)|^2 \\
&= \limsup_{n\to\infty} \frac{1}{n} \sum_{k=1}^{n} |\boldsymbol{c}(t)\delta x_k(t)|^2 (1 + o(1)) + \limsup_{n\to\infty} \frac{1}{n} \sum_{k=1}^{n} |w_k(t)|^2 \\
&\geqslant \limsup_{n\to\infty} \frac{1}{n} \sum_{k=1}^{n} |w_k(t)|^2 \\
&= R_t
\end{aligned}$$

其中, 第二个等号成立是由鞅差估计定理得到的, 其中 $o(1) \xrightarrow[n\to\infty]{} 0$. 上面的不等号变为等号的充要条件是

$$\limsup_{n\to\infty} \frac{1}{n} \sum_{k=1}^{n} |\boldsymbol{c}(t)\delta x_k(t)|^2 = 0$$

若控制序列 $\{u_k^0(t)\}$ 使 $\delta v_k^0(t) \xrightarrow[k\to\infty]{} 0$, 由引理 2.1 知 $\|\delta x_k(t)\| \xrightarrow[k\to\infty]{} 0$, 则上式成立. 即

$$V_t(\{u_k^0(t)\}) = R_t \quad \text{a.s.} \quad \forall t$$

定理得证. ■

2.4 迭代学习控制及其收敛性

我们先定义迭代学习控制. 取 M_k 为满足 $M_{k+1} > M_k$ 且 $M_k \xrightarrow[k\to\infty]{} \infty$ 的正数序列. 定义学习控制律如下

$$\begin{aligned} u_{k+1}(t) = &[u_k(t) + a_k \mathrm{sgn}(\boldsymbol{c}^+\boldsymbol{b}_k(t))e_k(t+1)] \\ &\times I_{[|u_k(t)+a_k\mathrm{sgn}(\boldsymbol{c}^+\boldsymbol{b}_k(t))e_k(t+1)|\leqslant M_{\sigma_k(t)}]} \end{aligned} \tag{2.12}$$

$$\sigma_k(t) = \sum_{i=1}^{k-1} I_{[|u_i(t)+a_i\mathrm{sgn}(\boldsymbol{c}^+\boldsymbol{b}_i(t))e_i(t+1)|>M_{\sigma_i(t)}]}, \quad \sigma_0(t) = 0 \tag{2.13}$$

其中, $a_k = \dfrac{1}{k}$ 为学习增益; I_A 为随机事件 A 的示性函数; $\mathrm{sgn}(\cdot)$ 为符号函数, 分别定义为下

$$I_A = \begin{cases} 1, & \text{事件 } A \text{ 成立} \\ 0, & \text{其他} \end{cases}; \quad \mathrm{sgn}(x) = \begin{cases} 1, & x > 0 \\ 0, & 0 \\ -1, & x < 0 \end{cases}$$

上述算法是带扩展截断的随机逼近算法[41], 这里根据定义有 $e_k(t) = y_d(t) - y_k(t)$.

对任意固定的 t, 式 (2.12) 可改写为

$$\begin{aligned} u_{k+1}(t) = &\big[u_k(t) + a_k\mathrm{sgn}(\boldsymbol{c}^+\boldsymbol{b}_k(t))\boldsymbol{c}^+\boldsymbol{b}_k(t)(v_d(t) - v_k(t)) \\ &- a_k\mathrm{sgn}(\boldsymbol{c}^+\boldsymbol{b}_k(t))w_k(t+1) + a_k\varphi_k(t)\big] \\ &\times I_{[|u_k(t)+a_k\mathrm{sgn}(\boldsymbol{c}^+\boldsymbol{b}_k(t))\boldsymbol{c}^+\boldsymbol{b}_k(t)(v_d(t)-v_k(t))} \\ &\quad {}_{-a_k\mathrm{sgn}(\boldsymbol{c}^+\boldsymbol{b}_k(t))w_k(t+1)+a_k\varphi_k(t)|\leqslant M_{\sigma_k(t)}]} \end{aligned} \tag{2.14}$$

其中

$$\varphi_k(t) = \mathrm{sgn}(\boldsymbol{c}^+\boldsymbol{b}_k(t))(\boldsymbol{c}^+\delta f_k(t) + \boldsymbol{c}^+\delta\boldsymbol{b}_k(t)v_d(t))$$

在此算法中, 由 A2.2 知 $\mathrm{sgn}(\boldsymbol{c}^+\boldsymbol{b}_k(t))\boldsymbol{c}^+\boldsymbol{b}_k(t) > 0$ 恒成立. 噪声可分为两部分, 其中 $\mathrm{sgn}(\boldsymbol{c}^+\boldsymbol{b}_k(t))w_k(t+1)$ 为量测噪声, 而 $\varphi_k(t)$ 为结构噪声. 回归函数为

$$\begin{aligned} g_{t,k}(u) &\triangleq \mathrm{sgn}(\boldsymbol{c}^+\boldsymbol{b}_k(t))\boldsymbol{c}^+\boldsymbol{b}_k(t)(v_d(t) - v) \\ &= \mathrm{sgn}(\boldsymbol{c}^+\boldsymbol{b}_k(t))\boldsymbol{c}^+\boldsymbol{b}_k(t)(\mathcal{N}(u_d(t)) - \mathcal{N}(u)) \end{aligned}$$

注意到上述回归函数对固定的 t 虽依赖于 k, 但零点不依赖于 k.

对算法 (2.14) 的收敛性, 我们要用附录中的定理 A.2. 为此, 我们需验证 AA.1、AA.3、AA.5、AA.6 成立. 由 $a_k = \dfrac{1}{k}$ 可知 AA.1 显然成立.

引理 2.2　对系统 (2.4) 及指标 (2.10), 假定 A2.1∼A2.5 及 AA.5 成立, 则由式 (2.13) 和式 (2.14) 给出的控制序列 $\{u_k(t)\}$ 有 $d(u_k(t), J_t) \xrightarrow[k\to\infty]{} 0$.

证明: 我们只要证明在引理 2.2 的条件下, 条件 AA.3、AA.6 成立即可.

由 A2.4 得 $\sum\limits_{k=1}^{\infty} a_k^2 w_k^2(t) < \infty$, 故 $\sum\limits_{k=1}^{\infty} a_k \mathrm{sgn}(\boldsymbol{c}^+\boldsymbol{b}_k(t))w_k(t+1) < \infty$ a.s., 因此可知

$$\lim_{T\to 0}\limsup_{k\to\infty}\frac{1}{T}\left|\sum_{i=n_k}^{m(n_k,T)} a_i \mathrm{sgn}(\boldsymbol{c}^+\boldsymbol{b}_k(t))w_i(t+1)\right| = 0 \tag{2.15}$$

现在沿时间轴 t 归纳地证明

$$\lim_{T\to 0}\limsup_{k\to\infty}\frac{1}{T}\left|\sum_{i=n_k}^{m(n_k,T)} a_i \varphi_i(t)\right| = 0 \tag{2.16}$$

$t=0$ 时, 由 A2.3 及 A2.5 知 $\|\delta f_k(0)\| \xrightarrow[k\to\infty]{} 0$, $\|\delta \boldsymbol{b}_k(0)\| \xrightarrow[k\to\infty]{} 0$, 故 $\varphi_k(0) \xrightarrow[k\to\infty]{} 0$, 故 $t=0$ 时, 式 (2.16) 成立. 假设式 (2.16) 对 $0,\cdots,t-1$ 时刻均成立, 若 AA.5 成立, 则由定理 A.2 知 $\delta v_k(s) \xrightarrow[k\to\infty]{} 0, s=0,\cdots,t-1$. 由引理 2.1 可知, $\|\delta f_k(t)\| \xrightarrow[k\to\infty]{} 0$, $\|\delta \boldsymbol{b}_k(t)\| \xrightarrow[k\to\infty]{} 0$, 故 $\varphi_k(t) \xrightarrow[k\to\infty]{} 0$, 即式 (2.16) 对 t 时刻也成立. 故 AA.3 成立.

类似上面的推导及引理 2.1, $\mathrm{sgn}(\boldsymbol{c}^+\boldsymbol{b}_k(t))\boldsymbol{c}^+\boldsymbol{b}_k(t)$ 有界. 又 $\mathcal{N}(u_d(t)) - \mathcal{N}(u)$ 可测且局部有界, 故 AA.6 成立. 引理得证. ■

下面针对三种非光滑非线性分别证明由式 (2.12) ∼ 式 (2.13) 组成的迭代学习算法所给出的控制序列最优.

定理 2.2　对系统 (2.4) 及指标 (2.10), 设 $\mathcal{N} = \mathrm{DZ}$, 假定 A2.1∼A2.5 成立, 则由式 (2.12) 和式 (2.13) 给出的控制序列 $\{u_k(t)\}$ 有界且最优.

证明: 根据定理 2.1, 只要证明 $\{u_k(t)\}$ 有界且 $\delta v_k(t) \xrightarrow[k\to\infty]{} 0$. 而根据引理 2.2, 只需验证存在合适的 Lyapunov 函数使得 AA.5 成立.

定义 Lyapunov 函数 $\zeta(u) \triangleq (u_d(t)-u)^2$. $\zeta_u(\cdot)$ 和 $\mathrm{DZ}(\cdot)$ 的零点集为

$$J_t = \begin{cases} u_d(t), & u_d(t) \notin I_m \\ I_m, & u_d(t) \in I_m \end{cases}$$

现在来证明定理 A.2 的条件 AA.5 成立. 若 $u_d(t) \notin I_m$, 以 $u_d(t) \in I_r$ 为例证明. 用归纳法证明, 即讨论 t 时刻的收敛性时, 总假定对时刻 $s=0,\cdots,t-1$ 均有 $\delta v_k(s) \xrightarrow[k\to\infty]{} 0$. 易知式 (A.4) 左端即

$$\begin{aligned}&\sup_{k}\sup_{\delta\leqslant d(u,J_t)\leqslant\Delta}\zeta_u(u)\mathrm{sgn}(\boldsymbol{c}^+\boldsymbol{b}_k(t))\boldsymbol{c}^+\boldsymbol{b}_k(t)[\mathcal{N}(u_d(t))-\mathcal{N}(u)]\\&=\sup_{k}\sup_{\delta\leqslant d(u,J_t)\leqslant\Delta}-2\mathrm{sgn}(\boldsymbol{c}^+\boldsymbol{b}_k(t))\boldsymbol{c}^+\boldsymbol{b}_k(t)\cdot[u_d(t)-u][\mathcal{N}(u_d(t))-\mathcal{N}(u)]\end{aligned}$$

当 $u\neq u_d(t)$ 时

$$[u_d(t)-u][\mathcal{N}(u_d(t))-\mathcal{N}(u)]>0$$

恒成立. 对任意 k, 由归纳法假设知 $\mathrm{sgn}(\boldsymbol{c}^+\boldsymbol{b}_k(t))\boldsymbol{c}^+\boldsymbol{b}_k(t)$ 恒正且收敛到某正数, 故式 (A.4) 成立. 由于 $\zeta(0)=(u_d(t))^2$, 而随着 $u\to\pm\infty$ 有 $\zeta(u)\to\infty$, 故存在适当大的 c_0 使得 AA.5 成立. 根据引理 2.2 知 $d(u_k(t),J_t)\xrightarrow[k\to\infty]{}0$, 由于这时 $J_t=\{u_d(t)\}$, 所以 $u_k(t)\xrightarrow[k\to\infty]{}u_d(t)$, 因此 $\{u_k(t)\}$ 有界. 由于 $\mathrm{DZ}(\cdot)$ 连续, 所以 $\delta v_k(t)\xrightarrow[k\to\infty]{}0$.

若 $u_d(t)\in I_m$, $\mathrm{DZ}(u_d(t))=0$. 此时

$$\zeta_u(u)g_k(u)=\begin{cases}2\mathrm{sgn}(\boldsymbol{c}^+\boldsymbol{b}_k(t))\boldsymbol{c}^+\boldsymbol{b}_k(t)\cdot m_r u(u_d(t)-u), & u\in I_r\\ 0, & u\in I_m\\ 2\mathrm{sgn}(\boldsymbol{c}^+\boldsymbol{b}_k(t))\boldsymbol{c}^+\boldsymbol{b}_k(t)\cdot m_l u(u_d(t)-u), & u\in I_l\end{cases}$$

所以 $u\notin J_t$ 时, 式 (A.4) 成立. 类似 $u_d(t)\notin I_m$ 情形, 知 AA.5 成立. 根据引理 2.2, 知 $d(u_k(t),J_t)\xrightarrow[k\to\infty]{}0$, a.s. 由于这时 $J_t=I_m$, 所以由 $d(u_k(t),J_t)\xrightarrow[k\to\infty]{}0$ 知 $\{u_k(t)\}$ 有界且 $\delta v_k(t)\xrightarrow[k\to\infty]{}0$. 定理得证. ■

定理 2.3　对系统 (2.4) 及指标 (2.10), $\mathcal{N}=\mathrm{Pr}$, 假定 A2.1~A2.5 成立, 则由式 (2.12) 和式 (2.13) 所给出的控制序列 $\{u_k(t)\}$ 使

$$\lim_{k\to\infty}(u_d(t)-u_k(t))=0,\quad\forall t\in[0,N]$$

并且 $V_t(\{u_k(t)\})=R_t$.

证明: 注意到预载非线性函数严格单调. 取 Lyapunov 函数为

$$\zeta(u)=(u_d(t)-u)^2$$

由 $\zeta_u(u)=-2(u_d(t)-u)$ 可知, $\zeta_u(\cdot)$ 与回归函数零点重合, 故 $J_t=\{u_d(t)\}$ 是单点集. $\zeta(J_t)$ 无处稠密.

$\zeta_u(\cdot)$ 与回归函数 $\mathrm{sgn}(\boldsymbol{c}^+\boldsymbol{b}_k(t))\boldsymbol{c}^+\boldsymbol{b}_k(t)(\mathrm{Pr}(u_d(t))-\mathrm{Pr}(u))$ 单调性相反, 又注意到 $\mathrm{sgn}(\boldsymbol{c}^+\boldsymbol{b}_k(t))\boldsymbol{c}^+\boldsymbol{b}_k(t)$ 恒正且收敛到某正数, 从而式 (A.4) 成立. 取 c_0 足够大便知 AA.5 其余要求成立.

于是由引理 2.2 知由式 (2.12) 和式 (2.13) 所定义的控制序列收敛, 且输出在指标 (2.10) 意义下达到最优. ■

在给出饱和情形的定理之前, 加强 A2.5 为 A2.6.

A2.6 初始状态满足 $x_k(0)-x_d(0)\xrightarrow[k\to\infty]{}0$, 且收敛速度为 $o(k^{-\delta})$, $\delta>0$.

定理 2.4 对系统 (2.4) 及指标 (2.10), $\mathcal{N}=\mathrm{Sat}$, 假定 A2.1~A2.4 及 A2.6 成立, 则由式 (2.12) 和式 (2.13) 所给出的控制序列 $\{u_k(t)\}$ 有界且最优.

证明: 根据定理 2.1, 只要证明 $\delta v_k(t)\xrightarrow[k\to\infty]{}0$ 即可得最优性.

首先考虑 $t=0$, 分 $u_d(0)\in I_m$ 和 $u_d(0)\notin I_m$ 两种情形证明.

$u_d(0)\in I_m$ 情形. 回归函数为

$$g_{0,k}(u)\triangleq \mathrm{sgn}(\boldsymbol{c}^+\boldsymbol{b}_k(0))\boldsymbol{c}^+\boldsymbol{b}_k(0)(\mathrm{Sat}(u_d(0))-\mathrm{Sat}(u)) \tag{2.17}$$

取 Lyapunov 函数

$$\zeta(u)=-\int_0^u(\mathrm{Sat}(u_d(0))-\mathrm{Sat}(x))\mathrm{d}x \tag{2.18}$$

$\zeta_u(\cdot)$ 与 $g_{0,k}(u)$ 的根集为 $J_0=u_d(0)$, $\zeta(J_0)$ 无处稠密. 下面分别验证 AA.5 的其余两点成立.

由于

$$\zeta_u(u)g_{0,k}(u)=-\mathrm{sgn}(\boldsymbol{c}^+\boldsymbol{b}_k(0))\boldsymbol{c}^+\boldsymbol{b}_k(0)(\mathrm{Sat}(u_d(0))-\mathrm{Sat}(u))^2$$

故 $u\neq u_d(0)$ 时, 恒有 $\zeta_u(u)g_{0,k}(u)<0$, 类似定理 2.2 中分析, 知式 (A.4) 成立.

因为 $\zeta(0)=0$, 所以要证明存在 c_0 使得 $\zeta(0)<\inf_{\|x\|=c_0}\zeta(x)$ 成立, 只需证明存在适当正数 c_0 使得

$$\int_0^{c_0}(\mathrm{Sat}(u_d(0))-\mathrm{Sat}(x))\mathrm{d}x<0 \tag{2.19}$$

$$\int_{-c_0}^{0}(\mathrm{Sat}(u_d(0))-\mathrm{Sat}(x))\mathrm{d}x>0 \tag{2.20}$$

以 $u_d(0)\in I_{mr}$ 为例, 经简单的计算可知

$$\int_0^{c_0}(\mathrm{Sat}(u_d(0))-\mathrm{Sat}(x))\mathrm{d}x=\begin{cases} m_r u_d(0)c_0-\dfrac{m_r}{2}c_0^2, & 0\leqslant c_0\leqslant b_r\\[2ex] -m_r(b_r-u_d(0))c_0+\dfrac{m_r}{2}b_r^2, & c_0\geqslant b_r\end{cases}$$

$$\int_{-c_0}^{0}(\mathrm{Sat}(u_d(0))-\mathrm{Sat}(x))\mathrm{d}x=\begin{cases} m_r u_d(0)c_0+\dfrac{m_l}{2}c_0^2, & 0\leqslant c_0\leqslant -b_l\\[2ex] (m_r u_d(0)-m_l b_l)c_0-\dfrac{m_l}{2}b_l^2, & c_0>-b_l\end{cases}$$

只要取 $c_0>\max\{b_r,-b_l\}$ 且适当大即可使式 (2.19) 和式 (2.20) 成立, 从而 AA.5 成立. 根据引理 2.2 知 $d(u_k(0),J_0)\xrightarrow[k\to\infty]{}0$, 此时 $J_0=\{u_d(0)\}$, 所以 $\{u_k(0)\}$ 有界, 且 $\delta v_k(0)\xrightarrow[k\to\infty]{}0$.

$u_d(0) \notin I_m$ 情形. 我们直接证明控制序列 $\{u_k(0)\}$ 的有界性和最优性, 而不再借助于引理 2.2. 我们只需针对 $u_d(0) \in I_r$ 情形证明, $u_d(0) \in I_l$ 情形证明完全类似. 由 A2.3 及 A2.6 知 $\delta f_k(0) \xrightarrow[k\to\infty]{} 0$, $\delta \boldsymbol{b}_k(0) \xrightarrow[k\to\infty]{} 0$ 且速度为 $o(k^{-\delta})$, δ 由 A2.6 定义, 从而 $\varphi_k(0) = o(k^{-\delta})$.

先证明 $\{u_k(0)\}$ 有界, 即算法仅截断有限次. 反设算法截断无穷多次, 则必然存在子列 $u_{n_k}(0) \xrightarrow[k\to\infty]{} \infty$ 或 $u_{n_k}(0) \xrightarrow[k\to\infty]{} -\infty$. 下面分别证明两者均不可能.

由 $\varphi_k(0) = o(k^{-\delta})$ 知 $\sum\limits_{k=1}^{\infty} a_k\varphi_k(0) < \infty$. 由 A2.4 知

$$\sum_{k=1}^{\infty} a_k \text{sgn}(\boldsymbol{c}^+\boldsymbol{b}_k(0))w_k(1) < \infty$$

若存在子列 $u_{n_k}(0) \xrightarrow[k\to\infty]{} \infty$, 则必存在足够大的正整数 k_0 及正数 p, 记 $n_0 = n_{k_0}$, 使得

$$u_{n_0}(0) > b_r + p, \quad M_{\sigma_{n_0}(0)} \geqslant u_{n_0}(0) + p$$

$$\|\sum_{k=n_0}^{m} a_k\varphi_k(0)\| + \|\sum_{k=n_0}^{m} a_k \text{sgn}(\boldsymbol{c}^+\boldsymbol{b}_k(0))w_k(1)\| < p, \quad \forall m \geqslant n_0$$

由此据式 (2.14) 知下式对 $i = 1$ 成立

$$u_{n_0+i}(0) = u_{n_0}(0) + \sum_{k=n_0}^{n_0+i-1} a_k\varphi_k(0) - \sum_{k=n_0}^{n_0+i-1} a_k \text{sgn}(\boldsymbol{c}^+\boldsymbol{b}_k(0))w_k(1) \tag{2.21}$$

用归纳法, 假定上式对 $i = 1, \cdots, l$ 成立, 则

$$\begin{aligned} u_{n_0+l}(0) &= u_{n_0}(0) + \sum_{k=n_0}^{n_0+l-1} a_k\varphi_k(0) - \sum_{k=n_0}^{n_0+l-1} a_k \text{sgn}(\boldsymbol{c}^+\boldsymbol{b}_k(0))w_k(1) \\ &\geqslant u_{n_0}(0) - \left\|\sum_{k=n_0}^{n_0+l-1} a_k\varphi_k(0)\right\| - \left\|\sum_{k=n_0}^{n_0+l-1} a_k \text{sgn}(\boldsymbol{c}^+\boldsymbol{b}_k(0))w_k(1)\right\| \\ &> b_r + p - p = b_r \end{aligned}$$

于是 $a_{n_0+l}\text{sgn}(\boldsymbol{c}^+\boldsymbol{b}_{n_0+l}(0))\boldsymbol{c}^+\boldsymbol{b}_{n_0+l}(0)(m_r b_r - Sat(u_{n_0+l}(0))) = 0$. 而

$$\begin{aligned} &u_{n_0+l}(0) + a_{n_0+l}\varphi_{n_0+l}(0) - a_{n_0+l}\text{sgn}(\boldsymbol{c}^+\boldsymbol{b}_{n_0+l}(0))w_{n_0+l}(1) \\ &= u_{n_0}(0) + \sum_{k=n_0}^{n_0+l} a_k\varphi_k(0) - \sum_{k=n_0}^{n_0+l} a_k \text{sgn}(\boldsymbol{c}^+\boldsymbol{b}_k(0))w_k(1) \end{aligned}$$

$$\leqslant u_{n_0}(0) + \left\| \sum_{k=n_0}^{n_0+l} a_k \varphi_k(0) \right\| + \left\| \sum_{k=n_0}^{n_0+l} a_k \mathrm{sgn}(\boldsymbol{c}^+ \boldsymbol{b}_k(0)) w_k(1) \right\|$$

$$\leqslant u_{n_0}(0) + p \leqslant M_{\sigma_{n_0}(0)}$$

所以式 (2.14) 对 $k = n_0 + l$ 没有截断, 由此可知式 (2.21) 对 $i = l + 1$ 也成立. 即对 $i = 1, 2, \cdots$, 式 (2.21) 总成立. 结合上式知 $\forall i \geqslant 1$, $u_{n_0+i} \leqslant M_{\sigma_{n_0}(0)}$ 恒成立, 与假设矛盾, 所以不可能存在子列 $u_{n_k}(0) \xrightarrow[k\to\infty]{} \infty$.

再证也不可能存在子列 $u_{n_k}(0) \xrightarrow[k\to\infty]{} -\infty$. 回归函数与 Lyapunov 函数仍如式 (2.17) 和式 (2.18) 所示. 此时 $\zeta_u(\cdot)$ 与 $g_{0,k}(u)$ 的根集为 $J_0 = I_r$, $\zeta(J_0)$ 为单值.

若 $\zeta(u_{n_k}(0)), \cdots, \zeta(u_{m_k}(0))$ 满足 $\zeta(u_{n_k}(0)) \leqslant \xi_1, \zeta(u_{m_k}(0)) \geqslant \xi_2$, $\xi_1 < \zeta(u_i(0)) < \xi_2$, $\forall i : n_k < i < m_k$, 则称 $\zeta(u_{n_k}(0)), \cdots, \zeta(u_{m_k}(0))$ 穿越区间 $[\xi_1, \xi_2]$. 因此, 将文献 [41] 中定理 2.2.1 的 x_k 对应于式 (2.12) 中的 $u_k(0)$, 则该定理步骤 1 ~ 步骤 3 照样成立, 所以若 $\xi_1 < \xi_2$ 且 $d([\xi_1, \xi_2], \zeta(J_0)) > 0$, 则序列 $\{\zeta(u_k(0))\}$ 不可能无穷多次穿越 $[\xi_1, \xi_2]$.

若存在子列 $u_{n_k}(0) \xrightarrow[k\to\infty]{} -\infty$, 则显然存在区间 $[\xi_1, \xi_2]$ 被 $\{\zeta(u_k(0))\}$ 穿越无穷多次, 如 $[\xi_1, \xi_2] \triangleq \left[\zeta\left(\frac{b_l}{2}\right), \zeta\left(\frac{2b_l}{3}\right)\right]$. 这与上面的结论矛盾, 所以不可能存在子列 $u_{n_k}(0) \xrightarrow[k\to\infty]{} -\infty$.

因此 $u_d(0) \in I_r$ 时, 算法仅截断有限次, $\{u_k(0)\}$ 有界性得证. 同时对充分大的 k, 算法 (2.12) 变成无截断算法, 因此可以应用定理 A.2, 由此可得出 $d(u_k(0), I_r) \xrightarrow[k\to\infty]{} 0$, 进而可得 $\delta v_k(0) \xrightarrow[k\to\infty]{} 0$. $\{u_k(0)\}$ 的最优性得证.

为了对 t 用归纳法, 需要证明 $\delta x_k(1) = x_d(1) - x_k(1) = o(k^{-\delta_1})$, $\delta_1 > 0$.

注意到

$$\delta x_k(1) = \delta f_k(0) + \delta \boldsymbol{b}_k(0) v_d(0) + b_k(0) \delta v_k(0) \tag{2.22}$$

由 A2.3 及 A2.6 知上式右端前两项满足 $\delta f_k(0) = o(k^{-\delta})$, $\delta \boldsymbol{b}_k(0) v_d(0) = o(k^{-\delta})$.

设 $u_d(0) \in I_m$, 由定理 A.4 可知 $u_k(0) - u_d(0) = o(k^{-\delta_0})$, $\delta_0 > 0$. 于是 $\delta v_k(0) = o(k^{-\delta_0})$, 由式 (2.22) 知 $\delta x_k(1) = o(k^{-\delta_1})$, $\delta_1 = \min\{\delta, \delta_0\}$.

设 $u_d(0) \in I_r$, 若 $u_k(0) \in I_r$, 则 $\delta v_k(0) = 0$; 若 $u_k(0) \notin I_r$, 则由定理 A.4 可知 $d(u_k(0), I_r) = o(k^{-\delta_0})$, 从而 $\delta v_k(0) = o(k^{-\delta_0})$. 由式 (2.22) 知 $\delta x_k(1) = o(k^{-\delta_1})$. 若 $u_d(0) \in I_l$, 与 $u_d(0) \in I_r$ 情形完全类似.

对 t 用归纳法, 定理得证. ■

2.5 本章小结

本章对带死区、预载、饱和三种输入端非线性及量测噪声的仿射非线性系统给出了统一的迭代学习控制律, 在适当的条件下证明了控制序列的有界性及最优性. 本章所考虑三种非光滑非线性函数的参数未知, 系统参数也未知, 系统的动态非线性函数可以任意阶次地多项式增长. 考虑状态方程带有随机噪声的情形是值得进一步研究的.

第3章　固定时滞非线性系统的学习控制

本章研究一类输入端含有死区的时滞非线性系统的迭代学习控制问题, 其中死区非线性由一般的非线性函数描述且所有参数均未知. 状态非线性函数允许任意阶的多项式速度增长, 因而全局 Lipschitz 条件不再适用. 本章的时滞可为时变情形, 且允许存在多重时滞. 本章结果说明沿迭代轴方向保持不变的未知时滞不影响迭代学习控制的性能.

3.1　引　　言

已有迭代学习控制文献中, 考虑时滞系统 (time-delay system, TDS) 的文章较少. 然而, 实际应用中, 时滞系统却十分普遍, 这推动了相关的研究[25, 65, 66, 114-120]. 文献 [114] 考虑了系统方程含有外加状态时滞项的连续时间线性定常模型, 针对状态跟踪问题给出了收敛性分析, 其在算法中添加了延迟的跟踪误差项来抵消时滞状态的影响. 作者对两个时滞项给出了较严格的条件, 以保证算法的 l_2 范数意义下的收敛性. 然而, 如何在实际应用中满足文中的假定条件, 该文献并没有给出清晰的答案. 文献 [115] 研究了高阶 ILC 在非线性时变连续时间系统中的应用, 并且给出了保证跟踪误差被初始重置误差、不确定性和系统扰动界住的充分条件. 相似的系统在文献 [116] 和文献 [117] 中也有研究. 其中文献 [116] 考虑了任意输入/输出可以为任意相对阶, 并且 ILC 控制律基于相应的微分阶次构造, 而文献 [117] 则给出了相对阶为 1 时的 D 型迭代学习更新算法. 基于传统的压缩映像技巧, 文献 [115] ~ 文献 [117] 在若干严格的假设下证明了算法的收敛性, 其中假设之一就是要求所有非线性函数都满足全局 Lipschitz 条件 (globally Lipschitz condition, GLC).

进而, 基于 2D 系统理论, 含有多重时滞的线性连续时间系统也有相关研究[65, 66, 118, 119]. 在文献 [65] 中, 作者分别考虑了系统含有状态时滞与输入时滞两种情形, 给出了算法及其收敛的充分必要条件. 文献 [66] 和文献 [118] 考虑了类似的且带有初始偏移的模型, 其中文献 [118] 构造的输入更新律为外加一个纯误差项或一个初始校正项的 D 型学习律, 而文献 [66] 则为含状态信息的 PD 型学习律. 此外, 文献 [65]、文献 [66]、文献 [118] 中所得收敛结果均给予 2D 线性连续-离散系统模型的收敛结论. 在文献 [119] 中, 作者主要考虑带有时滞的不确定系统, 基于类 Lyapunov 方法构造了鲁棒 ILC 算法. 此外, 值得注意的是, 从频域角度出发关于时滞系统的迭代学习控制及稳定性条件也有相关讨论[25, 120]. 然而, 在所有前述文献中均未涉及随机量测噪声, 并且输出关于输入在本质上仍然为线性关系.

本章将为含有死区输入和未知状态时滞的非线性系统设计迭代学习控制算法, 进而基于随机逼近算法严格证明算法的收敛性. 这里随机逼近算法的重要作用在于去除传统研究中非线性函数需满足 GLC 要求的限定. 考虑到本章的死区非线性为非光滑非线性, 因此本章将基于 Robbins-Monro 算法进行收敛性分析. 本章的主要贡献在于: ① 本章所考虑死区非线性由一般非线性死区模型刻画, 从而不宜构造死区逆; ② 未知状态时滞可为时变情形, 且可推广至多重时滞情形; ③ 非线性函数允许增长速度达到任意阶的多项式增长速度.

3.2 问 题 描 述

考虑一类带死区输入的 SISO 非线性时变 TDS 如下

$$\begin{cases} x_k(t+1) = f(t, x_k(t-\tau_t)) + \boldsymbol{b}(t, x_k(t-\varsigma_t))v_k(t) \\ v_k(t) = \mathcal{D}(u_k(t)) \\ y_k(t) = \boldsymbol{c}(t)x_k(t) + w_k(t) \end{cases} \tag{3.1}$$

其中, $\mathcal{D}(\cdot)$ 表示死区函数, 稍后定义; 下标 $k = 0, 1, 2, \cdots$ 表示不同的运行过程; $t \in [0, T]$ 表示一个运行过程中的任意时刻; $u_k(t) \in \mathbb{R}$, $y_k(t) \in \mathbb{R}$ 分别为系统的输入与输出; $x_k(t) \in \mathbb{R}^n$ 为系统状态向量; $w_k(t)$ 为量测噪声; $v_k(t)$ 表示未知的中间信号; τ_t 与 ς_t 表示未知时变的时滞变量; $f(\cdot, \cdot): \mathbb{R} \times \mathbb{R}^n \to \mathbb{R}^n$ 为系统非线性函数; $\boldsymbol{b}(\cdot, \cdot)$ 与 $\boldsymbol{c}(\cdot)$ 为列向量与行向量.

死区函数 $\mathcal{D}(\cdot)$ 为关于输入 u 的函数, 如图 3.1 所示, 定义如下

$$v = \mathcal{D}(u) = \begin{cases} g_r(u), & u \in I_r \triangleq [b_r, \infty) \\ 0, & u \in I_m \triangleq [b_l, b_r] \\ g_l(u), & u \in I_l \triangleq (-\infty, b_l] \end{cases} \tag{3.2}$$

简洁起见, 我们需要如下关于死区函数的假设.

A3.1　死区函数参数 b_l 与 b_r 为未知常数, 但符号已知, 即 $b_r > 0$ 且 $b_l < 0$. 死区左侧函数 $g_l(\cdot)$ 与右侧函数 $g_r(\cdot)$ 均连续且严格单调递增.

注记 3.1　注意到文献 [121] 和文献 [122] 也讨论了上述死区函数, 但要求 $g_l(\cdot)$ 与 $g_r(\cdot)$ 可微, 而本章并无这一要求.

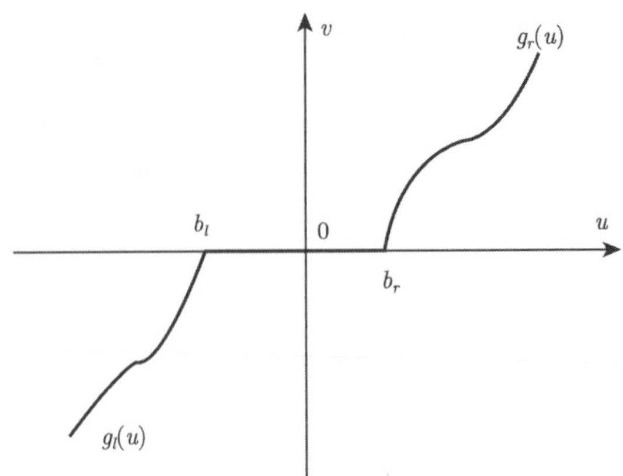

图 3.1　非对称的非线性死区函数

令 $\{\mathcal{F}_k\}$ 为非降的 σ-代数, 定义为

$$\mathcal{F}_k \triangleq \sigma(y_i(t), x_i(t), w_i(t), \quad 0 \leqslant i \leqslant k, t \in [0,T])$$

容许控制集合定义如下

$$U = \{u_{k+1}(t) \in \mathcal{F}_k, \sup_k |u_k(t)| < \infty \text{ a.s.}, t \in [0, T-1], k = 0, 1, 2, \cdots\} \tag{3.3}$$

控制目标为找到控制序列 $\{u_k(t), k = 0, 1, 2, \cdots\} \in U$, 使得如下跟踪性能指标最小

$$V_t(u_k(t)) = \limsup_{n\to\infty} \frac{1}{n} \sum_{k=1}^{n} |y_k(t) - y_d(t)|^2, \quad \text{a.s.} \tag{3.4}$$

其中, $y_d(t)$, $t \in [0,T]$ 为系统跟踪目标.

为给出 ILC 算法, 需要下述条件.

A3.2　跟踪目标 $y_d(t)$ 可实现, 即对合适的初始值 $x_d(0)$, 存在合适的控制输入 $\{u_d(t)\}$ 使得标称系统的输出为目标输出. 换言之, 下述差分方程成立

$$\begin{cases} x_d(t+1) = f(t, x_d(t-\tau_t)) + \boldsymbol{b}(t, x_d(t-\varsigma_t))v_d(t) \\ v_d(t) = \mathcal{D}(u_d(t)) \\ y_d(t) = \boldsymbol{c}(t)x_d(t) \end{cases} \tag{3.5}$$

A3.3　参数 $\boldsymbol{c}(t+1)\boldsymbol{b}(t, x(t-\varsigma_t))$ 的值未知, 但符号已知且不为 0. 不失一般性, 假定 $\boldsymbol{c}(t+1)\boldsymbol{b}(t, x(t-\varsigma_t)) > 0$.

A3.4　非线性函数 $f(\cdot,\cdot)$ 与 $\boldsymbol{b}(\cdot,\cdot)$ 关于第二个变量满足如下增长条件

$$\|f(t,x)-f(t,y)\|\leqslant\sum_{i=1}^{l}m_i\|x-y\|^i \tag{3.6}$$

$$\|\boldsymbol{b}(t,x)-\boldsymbol{b}(t,y)\|\leqslant\sum_{i=1}^{l}n_i\|x-y\|^i \tag{3.7}$$

其中, l 为未知正整数; m_i, n_i, $i=1,2,\cdots,l$ 为未知正常数.

注意到全局 Lipschitz 条件可以看作 A3.4 在 $l=1$ 时的特殊情形. 然而, 当 A3.4 成立时, 全局 Lipschitz 条件不再满足, 因此文献 [115]~[117] 的方法结果无法应用到本章中.

A3.5　对任意 $t\in[0,T]$, 量测噪声 $\{w_k(t),t\in[0,T],k=1,2,\cdots\}$ 沿迭代轴为相互独立的零均值二阶矩有限的随机变量

$$Ew_k(t)=0,\quad \forall t\in[0,T],\quad \forall k=1,2,\cdots$$
$$Ew_k^2(t)=R_t,\quad \forall k=1,2,\cdots \tag{3.8}$$

注意到关于噪声的性质是针对不同运行过程中的同一时刻给出的, 而不是针对一次运行过程的不同运行时刻, 因此 A3.5 是一个较为宽松的条件. 量测噪声有可能是依赖于时间的, 即关于同一运行过程的不同时刻, 噪声可能不是相互独立的. 容易看出, 零均值的高斯白噪声显然满足上述条件.

A3.6　初始值渐近精确重置, 即 $x_k(0)-x_d(0)\xrightarrow[k\to\infty]{}0$.

A3.7　未知时变状态时滞 τ_t 与 ς_t 满足

$$0\leqslant\tau_t\leqslant t,\quad 0\leqslant\varsigma_t\leqslant t \tag{3.9}$$

由 A3.7 可知, 在 t 时刻的状态仅依赖于此前的状态, 即仅依赖于 t', $0\leqslant t'\leqslant t-1$ 时刻的状态. 换言之, t 时刻的状态仅依赖于同一运行过程中系统方程已产生的状态. 既然对 0 时刻以前的状态毫无了解, 条件 A3.7 是合适的, 且使得后面内容容易理解. 粗略地说, 如果假定 $x_k(-m)=x_d(-m)$, $\forall m>0$, 那么 A3.7 可以去除.

为表述方便, 记如下符号

$$f_k(t)\triangleq f(t,x_k(t-\tau_t)),\quad f_d(t)\triangleq f(t,x_d(t-\tau_t))$$
$$\boldsymbol{b}_k(t)\triangleq\boldsymbol{b}(t,x_k(t-\varsigma_t)),\quad \boldsymbol{b}_d(t)\triangleq\boldsymbol{b}(t,x_d(t-\varsigma_t))$$
$$\delta x_k(t)\triangleq x_d(t)-x_k(t),\quad \delta v_k(t)\triangleq v_d(t)-v_k(t),\quad \delta u_k(t)\triangleq u_d(t)-u_k(t)$$
$$e_k(t)\triangleq y_d(t)-y_k(t),\quad \delta f_k(t)\triangleq f_d(t)-f_k(t),\quad \delta\boldsymbol{b}_k(t)\triangleq\boldsymbol{b}_d(t)-\boldsymbol{b}_k(t)$$
$$\boldsymbol{c}^+\boldsymbol{b}_k(t)\triangleq\boldsymbol{c}(t+1)\boldsymbol{b}(t,x_k(t-\varsigma_t)),\quad \boldsymbol{c}^+f_k(t)\triangleq\boldsymbol{c}(t+1)f(t,x_k(t-\tau_t)$$

3.3　最优控制序列

本节将给出跟踪性能指标 (3.4) 的最小值, 以及取得此最小值的条件.

我们首先明确最优中间信号 $v_d(t)$ 的唯一性.

由 A3.2、A3.3 及 A3.7 容易看出, 下述中间信号是唯一确定的, 虽然它不可直接获得

$$v_d(i) = (\boldsymbol{c}(i+1)\boldsymbol{b}(i, x(i-\varsigma_t)))^{-1}(y_d(i+1) - \boldsymbol{c}(i+1)f(i, x_d(i-\tau_t)))$$

其初始值由下式给出

$$v_d(0) = (\boldsymbol{c}(1)\boldsymbol{b}(0, x(0)))^{-1}(y_d(1) - \boldsymbol{c}(i+1)f(i, x_d(0)))$$

注意到式 (3.1) 及 A3.1、A3.2, 易知当 $v_d(i) = 0$ 时, 可能存在不止一个控制输入 $u_d(i)$, 使得 $v_d(i) = \mathcal{D}(u_d(i))$. 但这并不影响下面的相关推导过程 (参见定理 3.1).

为给出最优控制序列需要满足的条件, 我们需要如下两个引理, 其中引理 3.1 来自文献 [51].

引理 3.1　令 $\{X(t), \mathcal{F}_t\}$ 表示鞅差序列, $\{M(t), \mathcal{F}_t\}$ 为适应序列, $\|M(t)\| < \infty$, $\forall t \geqslant 0$. 如果 $\sup_{t\geqslant 0} E[\|X(t)\|^2|\mathcal{F}_{t-1}] < \infty$, a.s., 则随着 $n \to \infty$

$$\sum_{t=0}^{n} M(t)X(t+1) = O\left(\left(\sum_{t=0}^{n}\|M(t)\|^2\right)^{\frac{1}{2}+\eta}\right) \quad \text{a.s.}$$

其中, η 为任意正实数.

关于鞅差序列 (martingale difference sequence, MDS) 的概念及适应序列的概念, 读者可参见文献 [41] 和文献 [123].

引理 3.2　考虑系统 (3.1), 假定 A3.2~A3.7 成立. 若 $\lim_{k\to\infty} \mid \delta v_k(s) \mid = 0$, $s = 0, 1, \cdots, t$, 则对时刻 $t+1$

$$\|\delta x_k(t+1)\| \xrightarrow[k\to\infty]{} 0, \quad \|\delta f_k(t+1)\| \xrightarrow[k\to\infty]{} 0, \quad \|\delta \boldsymbol{b}_k(t+1)\| \xrightarrow[k\to\infty]{} 0$$

证明: 证明步骤与引理 2.1 相同. ■

定理 3.1　考虑系统 (3.1) 及跟踪性能指标 (3.4), 假定 A3.1~A3.7 成立, 则对任意控制序列 $\{u_k(t)\}$ 有

$$V_t(\{u_k(t)\}) \geqslant R_t, \quad \text{a.s.} \quad \forall t$$

进而, 若控制序列 $\{u_k^0(t)\}$ 满足

$$\delta v_k^0(t) \triangleq v_d(t) - v_k^0(t) \xrightarrow[k\to\infty]{} 0, \quad v_k^0(t) = \mathcal{D}(u_k^0(t)), \quad t = 0, 1, \cdots, T-1 \tag{3.10}$$

则 $\{u_k^0(t)\}$ 最优, 即

$$V_t(\{u_k^0(t)\}) = R_t \quad \text{a.s.} \quad \forall t$$

证明: 证明步骤与定理 2.1 相同. ■

3.4　迭代学习控制及其收敛性

我们首先给出迭代学习控制算法. 令 M_k 为满足 $M_{k+1} > M_k$, $M_k \xrightarrow[k\to\infty]{} \infty$ 的正实数列. 定义迭代学习控制算法如下

$$u_{k+1}(t) = [u_k(t) + a_k e_k(t+1)] I_{[|u_k(t)+a_k e_k(t+1)| \leqslant M_{\sigma_k(t)}]} \tag{3.11}$$

$$\sigma_k(t) = \sum_{i=1}^{k-1} I_{[|u_i(t)+a_i e_i(t+1)| > M_{\sigma_i(t)}]}, \quad \sigma_0(t) = 0 \tag{3.12}$$

其中, $a_k = \dfrac{1}{k}$ 为学习增益; I_A 表示随机事件 A 的示性函数, 定义为

$$I_A = \begin{cases} 1, & \text{随机事件 } A \text{ 成立} \\ 0, & \text{其他} \end{cases}$$

在上述算法中, $e_k(t) = y_d(t) - y_k(t)$.

注记 3.2　上述算法在本质上为带扩张截断的随机逼近算法[41]. a_k 同时起到迭代学习增益和消除噪声影响的双重作用. 若 $\boldsymbol{c}^+\boldsymbol{b}_k(t)$ 的符号已知为负, 可以直接用 $u_k(t) - a_k e_k(t+1)$ 替换 $u_k(t) + a_k e_k(t+1)$.

对任意固定时刻 t, 式 (3.11) 可以改写成

$$\begin{aligned} u_{k+1}(t) = & \left[u_k(t) + a_k \boldsymbol{c}^+\boldsymbol{b}_k(t)(v_d(t) - v_k(t)) - a_k w_k(t+1) + a_k \varphi_k(t)\right] \\ & \times I_{[|u_k(t)+a_k\boldsymbol{c}^+\boldsymbol{b}_k(t)(v_d(t)-v_k(t))-a_k w_k(t+1)+a_k\varphi_k(t)| \leqslant M_{\sigma_k(t)}]} \end{aligned} \tag{3.13}$$

其中

$$\varphi_k(t) = \boldsymbol{c}^+\delta f_k(t) + \boldsymbol{c}^+\delta\boldsymbol{b}_k(t) v_d(t)$$

注意到由 A3.3 知 $\boldsymbol{c}^+\boldsymbol{b}_k(t) > 0$. 噪声项包含两部分, 其中之一为 $w_k(t+1)$, 称为量测噪声; 而另一部分为 $\varphi_k(t)$, 称为系统噪声. 定义回归函数如下

$$\begin{aligned} L_{t,k}(u) &\triangleq \boldsymbol{c}^+\boldsymbol{b}_k(t)(v_d(t) - v) \\ &= \boldsymbol{c}^+\boldsymbol{b}_k(t)(\mathcal{D}(u_d(t)) - \mathcal{D}(u)) \end{aligned} \tag{3.14}$$

值得指出的是, 对任意固定的时刻, 回归函数依赖于迭代指标 k, 但它们的根集却是相同的, 且与 k 无关.

注记 3.3　现在我们简单解释下为什么上述方法可以有效地处理一般的非线性. 压缩映像方法 (contraction mapping method, CMM) 是早期研究中最常用的方法之一, 用以保证控制序列的收敛性, 其在本质上是要得到一个关于 $\|\delta u_k(t)\|$ 的压缩不等式. 因此全局 Lipschitz 条件是一个技术性的要求 (具体的细节可参见文献 [115]~[117] 中的推导). 而我们的方法是基于随机逼近算法, 后者主要用于递推地寻找一个未知函数的零点. 因此全局 Lipschitz 条件就不再需要了, 因为回归函数 (式 (3.14)) 并不依赖于非线性函数 $\|\delta f_k(t)\|$. 此外, 式 (3.11) 中的学习增益 a_k 本质上对应于压缩映像方法中的压缩系数, 可以保证算法的收敛性.

为分析算法 (3.13) 的收敛性, 需要用到定理 A.2, 为表述方便, 结合本章内容将其改写为引理 3.3.

引理 3.3　对任意固定时刻 $t\in[0,T]$, 假定式 (3.12) 及式 (3.13) 满足如下条件.

(i) 存在连续可微的 Lyapunov 函数 (并不要求必须非负) $\zeta(\cdot):\mathbb{R}\to\mathbb{R}$ 使得对任意 $\Delta>\delta>0$

$$\sup_{k}\sup_{\delta\leqslant d(u,J_t)\leqslant\Delta}\zeta_u(u)L_{t,k}(u)<0 \tag{3.15}$$

其中, $d(x,J_t)=\inf_y\{\|x-y\|,y\in J_t\}$; $\zeta_u(\cdot)$ 表示 $\zeta(\cdot)$ 的梯度; J_t 为回归函数与 $\zeta_u(\cdot)$ 的零点集. 进而, $\zeta(J_t)\triangleq\{\zeta(x):x\in J_t\}$ 无处稠密, 并且存在常数 $c_0>0$ 使得 $\zeta(0)<\inf_{\|u\|=c_0}\zeta(u)$.

(ii) 沿 $\{u_{n_k}\}$ 的任意收敛子序列的下标 $\{n_k\}$

$$\lim_{T\to0}\limsup_{k\to\infty}\frac{1}{T}\left|\sum_{i=n_k}^{m(n_k,T)}a_iw_i(t)\right|=0,\quad \text{a.s.} \tag{3.16}$$

$$\lim_{T\to0}\limsup_{k\to\infty}\frac{1}{T}\left|\sum_{i=n_k}^{m(n_k,T)}a_i\varphi_i(t)\right|=0,\quad \text{a.s.} \tag{3.17}$$

其中, $m(k,T)\triangleq\max\left\{m:\sum\limits_{i=k}^{m}a_i\leqslant T\right\},T>0$.

(iii) 回归函数 $L_{t,k}(u)$ 可测, 且局部一致有界, 即

$$\sup_{k}\sup_{\|u\|<c}\|L_{t,k}(u)\|<\infty,\quad\forall c>0$$

那么 $d(u_k(t),J_t)\xrightarrow[k\to\infty]{}0$, a.s.

注记 3.4　需要专门指出, 引理 3.3 中的 (i) 仅要求 Lyapunov 函数 $\zeta(\cdot)$ 的存在性. 换言之, 其精确表达式并不需要在算法中给出. 此外, 对所有的时刻 t, $\zeta(\cdot)$ 也不需要唯一且相同. 为表述简洁, 在不引起歧义的情况下, 我们将一直用 $\zeta(\cdot)$ 来表示相应的 Lyapunov 函数.

引理 3.4　假定 A3.5 成立, 则对所有 $t \in [0,T]$, 式 (3.16) 成立.

证明: 由 A3.5 易知, $\sum\limits_{k=1}^{\infty} E(a_k w_k(t))^2 = R_t \sum\limits_{k=1}^{\infty} a_k^2 < \infty$ a.s., $\forall t \in [0,T]$. 基于此有限加和结果, 进而由 Khintchine-Kolmogorov 收敛定理[123] 进一步可知, $\sum\limits_{k=1}^{\infty} a_k w_k(t) < \infty$ a.s.

由 Kronecker 引理可知

$$a_n \sum_{k=1}^{n} w_k(t) \xrightarrow[n\to\infty]{} 0, \quad \text{a.s.} \tag{3.18}$$

为证明式 (3.16), 只需说明 $\forall T > 0$, $\delta > 0$, 存在足够大的 $N > 0$ 使得对任意 $k \geqslant N$ 及任意 $m : n_k \leqslant m \leqslant m(n_k, T) + 1$ 有

$$\left\| \sum_{i=n_k}^{m} a_i w_i(t) \right\| \leqslant \delta T \quad \text{a.s.} \tag{3.19}$$

注意到 $a_k = 1/k$, 因此显然有 $a_k - a_{k+1} = a_k a_{k+1}$. 由部分和公式及式 (3.18) 可知, 存在 N 使得对任意 $k \geqslant N$ 及对任意 $m : n_k \leqslant m \leqslant m(n_k, T) + 1$, 有

$$\begin{aligned}
\left\| \sum_{i=n_k}^{m} a_i w_i(t) \right\| &= \left\| a_m \sum_{i=1}^{m} w_i(t) - a_{n_k} \sum_{i=1}^{n_k - 1} w_i(t) + \sum_{i=n_k}^{m-1} (a_i - a_{i+1}) \sum_{j=1}^{i} w_i(t) \right\| \\
&\leqslant \frac{1}{2}\delta T + \sum_{i=n_k}^{m-1} a_{i+1} \left\| a_i \sum_{j=1}^{i} w_i(t) \right\| \\
&\leqslant \frac{1}{2}\delta T + \frac{1}{2}\delta T = \delta T
\end{aligned}$$

结论得证. ■

定理 3.2　考虑系统 (3.1) 及跟踪性能指标 (3.4), 假定 A3.1~A3.7 成立. 那么由算法 (式 (3.11) ~ 式 (3.12)) 给出的控制序列 $\{u_k(t)\}$ 有界且最优.

证明: 要证明定理 3.2, 只需证明 $\{u_k(t)\}$ 有界且满足 $\delta v_k(t) \xrightarrow[k\to\infty]{} 0$. 我们沿时刻 t 应用数学归纳法来证明这一结论.

首先考虑 $t = 0$ 的情形来验证引理 3.3 的条件.

由引理 3.2 及 A3.6、A3.7 可知, $\boldsymbol{c}^{+}\boldsymbol{b}_k(0)$ 有界. 注意到 $\mathcal{D}(u_d(0)) - \mathcal{D}(u)$ 可测且局部有界, 因此引理 3.3 的 (iii) 成立.

由 A3.5 及引理 3.4 可知式 (3.16) 成立. 由 A3.7 知, τ_0 与 ς_0 均为 0. 因此由 A3.4 与 A3.6 知, $\|\delta f_k(0)\| \xrightarrow[k\to\infty]{} 0$, $\|\delta \boldsymbol{b}_k(0)\| \xrightarrow[k\to\infty]{} 0$, 从而 $\varphi_k(0) \xrightarrow[k\to\infty]{} 0$. 换言之,

式 (3.17) 对 $t=0$ 成立, 从而引理 3.3 的 (ii) 同样成立.

现在只剩引理 3.3 的 (i) 有待验证. 定义 Lyapunov 函数 $\zeta(u) \triangleq (u_d(0)-u)^2$, 那么函数 $\zeta_u(\cdot)$ 与 $L_{0,k}(\cdot)$ 的零点集为

$$J_0=\begin{cases}u_d(0), & u_d(0)\notin I_m\\ I_m, & u_d(0)\in I_m\end{cases}$$

对此, 分两种情形: $u_d(0)\notin I_m$ 与 $u_d(0)\in I_m$ 分别考虑.

若 $u_d(0)\notin I_m$, 不失一般性, 令 $u_d(0)\in I_r$. 从而式 (3.15) 的左侧变为

$$\begin{aligned}&\sup_k \sup_{\delta\leqslant d(x,J_t)\leqslant\Delta} \zeta_u(u)L_{t,k}(u)\\ =&\sup_k \sup_{\delta\leqslant d(x,J_t)\leqslant\Delta} -2\boldsymbol{c}^+\boldsymbol{b}_k(t)[u_d(0)-u][\mathcal{D}(u_d(t))-\mathcal{D}(u)]\end{aligned}$$

显然只要 $u\neq u_d(0)$, $[u_d(0)-u][\mathcal{D}(u_d(t))-\mathcal{D}(u)]>0$, 而随着 $k\to\infty$, $\boldsymbol{c}^+\boldsymbol{b}_k(0)$ 为正且趋于某个正常数. 因此式 (3.15) 正确. 此外, 因为 $\zeta(0)=(u_d(0))^2$ 且随着 $k\to\infty$, $\zeta(u)\to\infty$, 因而存在适当的常数 c_0 使得 $\zeta(0)<\inf_{\|u\|=c_0}\zeta(u)$. 那么, 根据引理 3.3, 有 $d(u_k(0),J_0)\xrightarrow[k\to\infty]{}0$. 结合 $J_0=\{u_d(0)\}$, 进一步可知 $u_k(0)\xrightarrow[k\to\infty]{}u_d(0)$. 根据死区函数 $\mathcal{D}(\cdot)$ 的连续性, 至此容易看出 $\{u_k(t)\}$ 有界, 且 $\delta v_k(0)\xrightarrow[k\to\infty]{}0$.

若 $u_d(0)\in I_m$, 那么 $\mathcal{D}(u_d(0))=0$. 注意到

$$\zeta_u(u)L_{t,k}(u)=\begin{cases}2\boldsymbol{c}^+\boldsymbol{b}_k(0)g_r(u)(u_d(0)-u), & u\in I_r\\ 0, & u\in I_m\\ 2\boldsymbol{c}^+\boldsymbol{b}_k(0)g_l(u)(u_d(0)-u), & u\in I_l\end{cases}$$

由此可知当 $u\notin J_0$ 时, 式 (3.15) 仍旧成立. 类似 $u_d(0)\notin I_m$ 情形的相同步骤, 容易验证引理 3.3 中 (i) 的剩余部分. 再次由引理 3.3 知, $d(u_k(0),I_m)\xrightarrow[k\to\infty]{}0$, 从而 $\{u_k(0)\}$ 的有界性成立且 $\delta v_k(0)\xrightarrow[k\to\infty]{}0$. 由上述推导可知, 对 $t=0$ 定理结论成立.

接下来用数学归纳法完成证明. 假定定理结论对 $s=0,1,\cdots,t-1$ 均成立, 由归纳假设及引理 3.2 知, $\|\delta f_k(s)\|\xrightarrow[k\to\infty]{}0$, $\|\delta\boldsymbol{b}_k(s)\|\xrightarrow[k\to\infty]{}0$, $s=0,1,\cdots,t$, 因此 $\varphi_k(t)\xrightarrow[k\to\infty]{}0$ a.s., 即式 (3.17) 成立. 完全类似于 $t=0$ 时的推导过程, 结论成立. 由归纳法原理可知定理成立. ■

容易看出, 下述推论显然成立.

推论 3.1　考虑系统 (3.1), 但 $w_k(t)=0,\ t\in[0,T],\ k=1,2,\cdots$, 跟踪性能指标为式 (3.4). 假定除 A3.5 外, A3.1～A3.4 及 A3.6、A3.7 成立, 那么 $y_k(t)\xrightarrow[k\to\infty]{}y_d(t)$, $\forall t\in[0,T]$, a.s.

注记 3.5　由定理 3.2 可以看出, 虽然状态时滞不确定且为时变, 但 ILC 算法 (式 (3.11) ～ 式 (3.12)) 的收敛性仍旧成立. 一般而言, 上述 ILC 算法可以跟踪任意给定的输出, 而不受状态时滞的影响. 这或许说明, 在 ILC 中状态时滞并不起到本质性的影响.

注记 3.6　由注记 3.5 及定理 3.2 的证明过程, 上述结果可以很容易地推广至如下含多重时滞的一类非线性系统

$$\begin{cases}x_k(t+1)=f(t,x_k(t-\tau_{t1}),\cdots,x_k(t-\tau_{tn}))\\ \qquad\qquad +\boldsymbol{b}(t,x_k(t-\varsigma_{t1}),\cdots,x_k(t-\varsigma_{tm}))u_k(t)\\ y_k(t)=\boldsymbol{c}(t)x_k(t)+w_k(t)\end{cases}\tag{3.20}$$

相应的连续系统情形在文献 [116] 和文献 [117] 中有所讨论, 但那里对非线性函数要求全局 Lipschitz 条件. 作为式 (3.20) 的一个特例, 文献 [66] 和文献 [118] 讨论了下述系统的连续系统情形

$$\begin{cases}x_k(t+1)=\displaystyle\sum_{i=1}^{l}A_ix_k(t-\tau_{ti})+Bu_k(t)\\ y_k(t)=Cx_k(t)\end{cases}\tag{3.21}$$

注记 3.7　由定理 3.2 的证明过程, 我们可以看出 $g_l(\cdot)$ 与 $g_r(\cdot)$ 的严格单调递增要求可以进一步放宽. 粗略地说, 死区非线性可以替换为任一单调增长且发散至无穷的函数.

3.5 仿真算例

考虑如下随机非线性系统

$$v_k(t)=\mathcal{D}(u_k(t))$$

$$x_k^{(1)}(t+1)=0.3x_k^{(1)}(t-\tau_t)+0.2\sin(x_k^{(2)}(t-\zeta_t))-0.75v_k(t)$$

$$x_k^{(2)}(t+1)=0.2\cos(x_k^{(1)}(t-\tau_t))+0.3x_k^{(2)}(t-\zeta_t)+1.3v_k(t)$$

$$y_k(t)=x_k^{(1)}(t)+x_k^{(2)}(t)+w_k(t)$$

其中, $w_k(t), k=1,2,\cdots$ 为随机变量, 符合正态分布 $\mathcal{N}(0,0.1^2)$, $t=[1,\cdots,9]$. 时滞变量 τ_t 与 ζ_t 假定为 $\tau_1=\zeta_1=0$, $\tau_t=\zeta_t=1, t=2,\cdots,9$. 死区函数如下

$$\mathcal{D}(u)=\begin{cases}2x+\sin\left(\dfrac{x-1}{10}\right)-2, & x>1\\ 0, & -1\leqslant x\leqslant 1\\ 2x+\sin\left(\dfrac{x+1}{10}\right)+2, & x<-1\end{cases}$$

系统的跟踪目标为 $y_d(t)=\dfrac{1}{3}t(6-0.01t)$, $t=[1,\cdots,9]$, 初始控制假定为 0, 即 $u_0(t)\equiv 0, \forall t\in[0,10]$.

算法中, 参数设定为

$$a_k=\frac{1}{k+1},\quad M_k=3^k$$

对每一个时刻 $t\in[1,\ 9]$, 让算法运行 500 次. 图 3.2 展示了最后一次运行过程 (即第 500 次运行过程) 的输出轨迹与跟踪目标的对比, 分别用带圆圈的实线与单纯实线表示.

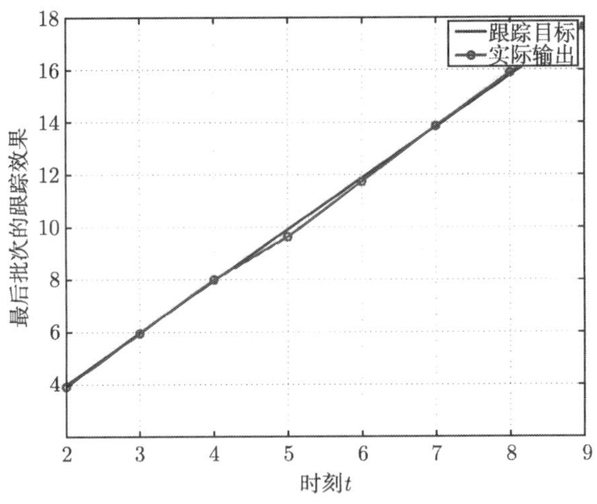

图 3.2 $y_{500}(t)$ 跟踪 $y_d(t)$ 的表现

时刻 $t=1,\cdots,8$ 的输入信号如图 3.3 所示, 容易看出其收敛性. 相应地, 时刻 $t=2,\cdots,9$ 的输出跟踪误差如图 3.4 所示.

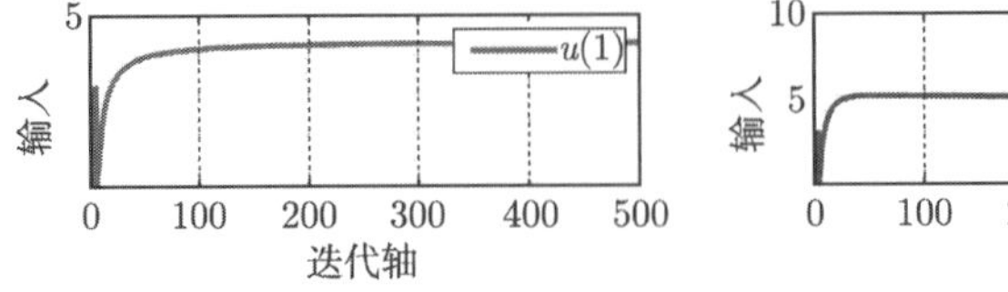

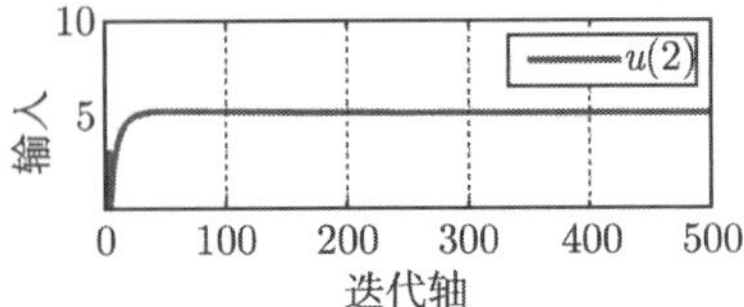

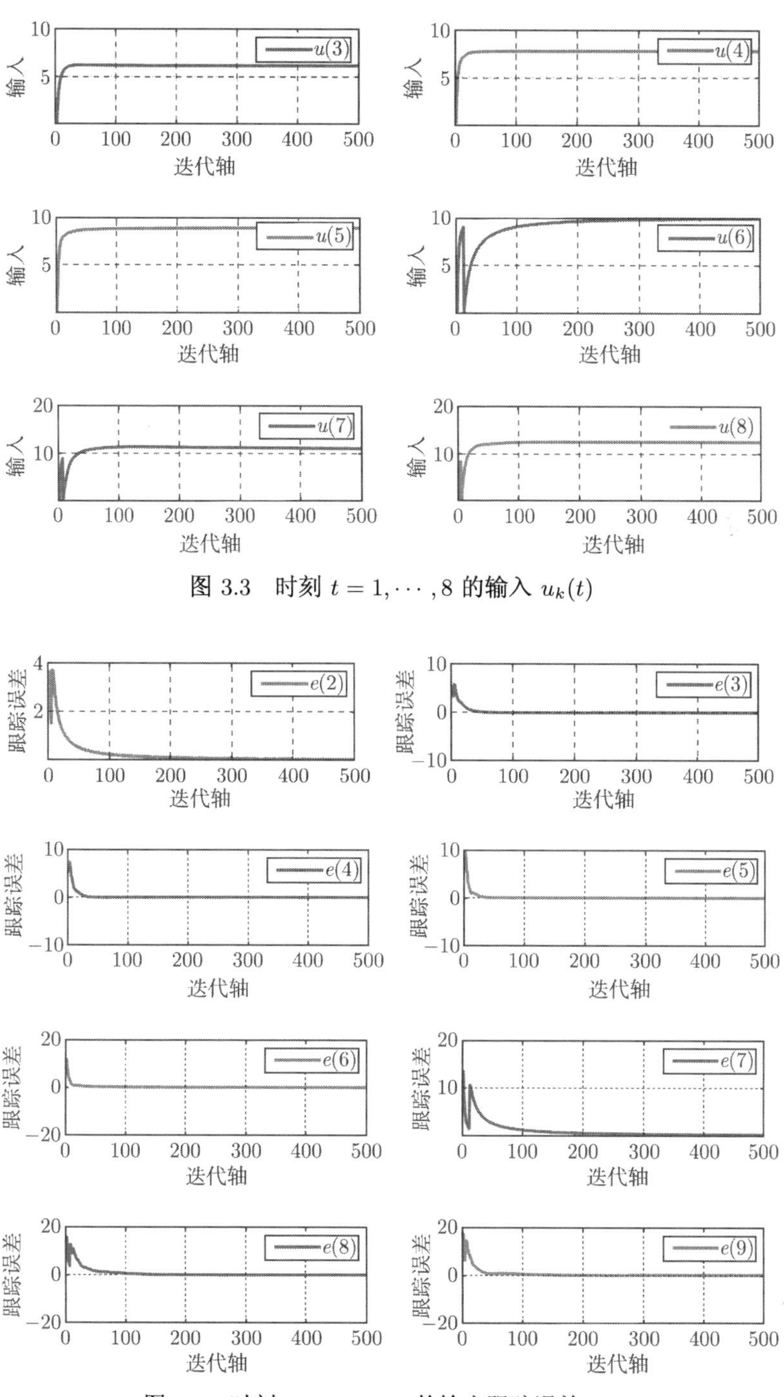

图 3.3　时刻 $t=1,\cdots,8$ 的输入 $u_k(t)$

图 3.4　时刻 $t=2,\cdots,9$ 的输出跟踪误差 $e_k(t)$

3.6 本章小结

对含有量测噪声与死区输入的非线性时滞系统, 本章基于随机逼近算法构造了一种迭代学习控制算法, 并证明了算法产生的控制序列有界且最优. 本章工作在几方面不同于已有工作, 首先对非线性函数不再要求全局 Lipschitz 条件, 其次本章所考虑的死区函数为一般形式, 最后时滞可以为时变并且系统含有量测噪声.

第 4 章　Hammerstein-Wiener 系统的学习控制

本章研究 Hammerstein-Wiener 系统的迭代学习控制问题. 首先给出跟踪指标下最优控制序列的表达式, 根据系统输出及跟踪目标基于随机逼近算法构造迭代学习控制律, 证明算法以概率 1 收敛到最优控制, 跟踪误差趋于最小值.

4.1 引　言

在第 2 章和第 3 章中, 所考虑的非线性系统为仿射非线性系统且输入端含有工程非线性, 如死区和饱和等. 值得注意的是, 为了构造迭代学习控制算法, 需要已知系统的控制方向信息, 以利于 Robbins-Monro 算法的应用. 对于离散随机系统, 一个自然的问题是, 是否可以放宽这一要求? Chen 等在文献 [40] 和文献 [52] 中基于随机逼近中的 Kiefer-Wolfowitz 算法考虑了线性系统与仿射非线性系统的迭代学习控制问题, 证明了算法产生的控制序列以概率 1 收敛到最优控制. 然而无论是线性系统还是仿射非线性系统, 其输出关于输入为线性关系. 因此, 本章将讨论是否可以考虑输出关于输入为一般的非线性关系情形.

在本章中所考虑的非线性系统同时包含输入与输出非线性, 换言之, 非线性函数同时存在于输入端与输出端. 这类系统常被称为 Hammerstein-Wiener 系统. 此外, 非线性函数为一般形式, 而不是如死区或饱和等特殊的形式. 系统噪声与量测噪声也考虑在内, 因此系统自身由于噪声和非线性的耦合而变得十分复杂. 本章基于 Kiefer-Wolfowitz 算法对控制方向进行估计, 并基于此估计构造迭代学习控制算法.

4.2 问 题 描 述

考虑如图 4.1 所示的 Hammerstein-Wiener 系统.

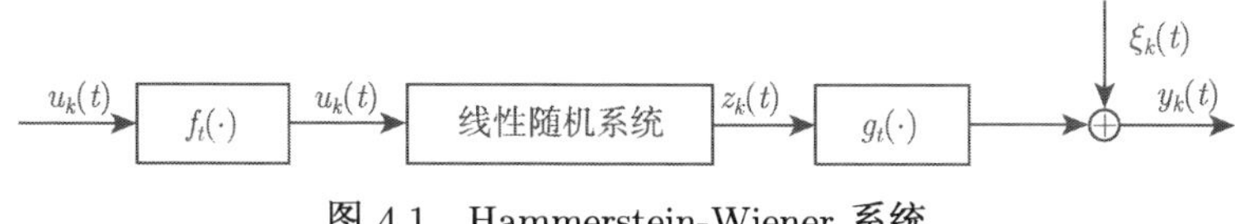

图 4.1　Hammerstein-Wiener 系统

$$
\begin{aligned}
v_k(t) &= f_t(u_k(t)) \\
x_k(t+1) &= A(t)x_k(t) + B(t)v_k(t) + \epsilon_k(t+1) \\
z_k(t) &= C(t)x_k(t) + \varepsilon_k(t) \\
y_k(t) &= g_t(z_k(t)) + \xi_k(t)
\end{aligned}
\tag{4.1}
$$

其中, $t \in [0, T]$ 表示系统一次运行过程中的任意时刻; 下标 $k = 0, 1, 2, \cdots$ 表示不同的运行过程; $u_k(t) \in \mathbb{R}^p$, $y_k(t) \in \mathbb{R}^q$ 分别表示系统的输入与输出, $x_k(t) \in \mathbb{R}^n$ 为线性子系统的状态向量, $v_k(t)$、$z_k(t)$ 为中间信号, $\epsilon_k(t)$ 与 $\varepsilon_k(t)$ 表示系统噪声, $\xi_k(t)$ 表示系统输出的量测误差; $f_t(\cdot) : \mathbb{R}^p \to \mathbb{R}^p$, $g_t(\cdot) : \mathbb{R}^q \to \mathbb{R}^q$ 分别表示 t 时刻系统输入端与输出端的静态非线性环节; $A(t)$、$B(t)$、$C(t)$ 分别为线性子系统的相应维数的系数矩阵.

用 $\mathcal{F}_k \triangleq \sigma(\epsilon_i(t), \varepsilon_i(t), \xi_i(t), 0 \leqslant i \leqslant k, t \in [0, T])$ 表示非减 σ 域, 定义容许控制集合

$$
U = \{u_{k+1}(t) \in \mathcal{F}_k, \sup_k \|u_k(t)\| < \infty, \text{a.s. } t \in [0, T-1], k = 0, 1, 2, \cdots\}
$$

控制目标是找到 $\{u_k(t), k = 0, 1, 2, \cdots\} \in U$, 使得下述指标达到最小

$$
V_t(\{u_k(t)\}) = \limsup_{n \to \infty} \frac{1}{n} \sum_{k=1}^{n} \|y_d(t) - y_k(t)\|^2, \quad \forall t \in [0, T] \tag{4.2}
$$

其中, $y_d(t), t \in [0, T]$ 为跟踪目标.

对系统 (4.1), 有如下条件.

A4.1 对任一 $t \in [0, T]$, 系统噪声序列 $\{\epsilon_k(t), k = 1, 2, \cdots\}$ 与 $\{\varepsilon_k(t), k = 1, 2, \cdots\}$ 相互独立, 且都是独立同分布的零均值随机变量, 且对任意整数 $m > 0$, 有

$$
E\|\epsilon_k(t)\|^m < \infty, E\|\varepsilon_k(t)\|^m < \infty
$$

A4.2 量测噪声 $\{\xi_k(t)\}$ 对任一时刻 t 沿迭代轴 k 为相互独立的随机变量且 $E\xi_k(t) = 0$, $\sup_k E\xi_k^2(t) < \infty$, 及

$$
\lim_{n \to \infty} \frac{1}{n} \sum_{k=1}^{n} \xi_k^2(t) = R_t < \infty \quad \text{a.s.} \quad \forall t \in [0, N] \tag{4.3}
$$

其中, R_t 未知.

A4.3 初始状态 $\{x_k(0), k = 1, 2, \cdots\}$ 为独立同分布随机变量序列, 与 $\{\epsilon_k(t), k = 1, 2, \cdots\}$, $\{\varepsilon_k(t), k = 1, 2, \cdots\}$ 及 $\{\xi_k(t), k = 1, 2, \cdots\}$ 相互独立, 且 $Ex_k(0) = x_d(0)$, 其中 $x_d(0)$ 为系统的目标初始位置. 对任意整数 $m > 0$, $E\|x_k(0)\|^m < \infty$.

A4.4　对任一时刻 t, $F_t(\cdot) \triangleq \nabla f_t(\cdot)$, $G_t(\cdot) \triangleq \nabla g_t(\cdot)$ 均为连续.

A4.5　对任一时刻 t, $g_t(\cdot)$ 增长速度不快于多项式.

A4.6　对任一时刻 t, $C(t+1)B(t)$ 为列满秩.

注记 4.1　对满足 A4.3 的初始状态 $x_k(0)$, 为表述方便, 记 $\epsilon_k(0)=x_k(0)-x_d(0)$. $\epsilon_k(0)$ 为独立同分布零均值的随机变量.

注记 4.2　对任意固定时刻 t, 由 A4.5 知存在适当的 $\alpha>0$, $\beta>0$ 使得

$$g_t(x) \leqslant \alpha(1+\|x\|^{\beta}), \quad x \in \mathbb{R}^q$$

线性子系统的解为

$$x_k(t+1) = \Phi(t,0)x_d(0) + \sum_{i=0}^{t} \Phi(t,i+1)B(i)v_k(i) + \sum_{i=0}^{t+1} \Phi(t,i)\epsilon_k(i) \tag{4.4}$$

其中, $\Phi(j,i)$ 满足

$$\Phi(j,i) = A(j)\Phi(j-1,i), \quad j \geqslant i, \quad \Phi(i-1,i) = I$$

记

$$r_k(t+1) = C(t+1)\left(\Phi(t,0)x_d(0) + \sum_{i=0}^{t-1} \Phi(t,i+1)B(i)v_k(i)\right) \tag{4.5}$$

$$w_k(t+1) = C(t+1)\left(\sum_{i=0}^{t+1} \Phi(t,i)\epsilon_k(i)\right) + \varepsilon_k(t+1) \tag{4.6}$$

则

$$\begin{aligned} z_k(t+1) &= C(t+1)x_k(t+1) + \varepsilon_k(t+1) \\ &= C(t+1)B(t)f_t(u_k(t)) + r_k(t+1) + w_k(t+1) \end{aligned} \tag{4.7}$$

由 A4.1、A4.3 及注记 4.1 可知 $\{w_k(t), k=1,2,\cdots\}$ 为独立同分布零均值随机变量序列, 任意阶矩有穷.

注记 4.3　由式 (4.4) ~ 式 (4.6) 可知, 系统 (4.1) 可以改写成

$$\begin{aligned} v_k(t) &= f_t(u_k(t)) \\ x_k^0(t+1) &= A(t)x_k^0(t) + B(t)v_k(t) \\ x_k^0(0) &= x_d(0) \\ z_k^0(t) &= C(t)x_k^0(t) \\ y_k(t) &= g_t(z_k^0(t) + w_k(t)) + \xi_k(t) \end{aligned} \tag{4.8}$$

对任一 t, 记 $P_t(x)\triangleq E\|y_d(t)-g_t(x+w_t)\|^2$, 其中 w_t 为与 $w_k(t)$ 同分布的任意随机矢量. 显然 $P_t(x)\geqslant 0$. 记

$$p_t(x)\triangleq \nabla P_t(x),\quad \mathcal{M}_t\triangleq\{x_{\min}:P_t(x_{\min})=\min_x P_t(x)\} \tag{4.9}$$

注意到 $\mathcal{M}_t$ 可能含有不止一个点.

4.3　最优控制的存在性

本节将证明存在使得指标 (4.2) 达到最小的最优控制, 并给出最优控制序列应满足的条件. 为此, 我们首先递推地给出最优中间信号 $v_d(t),t\in[0,T]$ 的表达式.

记 $z_d(i)$ 为使得 $P_i(x)$ 取到最小值的自变量, 即 $z_d(i)\in\mathcal{M}_i$, $i=0,1,\cdots,t-1$

$$P_i(z_d(i))=\min_x P_i(x)$$

并将随机线性子系统的对应输入记为 $v_d(i-1)$, 其中下标 d 表示期望值. 类似于式 (4.5), 可给出下述表达式

$$r_d(t+1)\triangleq C(t+1)\left(\varPhi(t,0)x_d(0)+\sum_{i=0}^{t-1}\varPhi(t,i+1)B(i)v_d(i)\right) \tag{4.10}$$

注意到 $v_d(t)$ 满足

$$z_d(t+1)-r_d(t+1)=C(t+1)B(t)v_d(t) \tag{4.11}$$

进而, 基于 A4.6 可得

$$\begin{aligned}v_d(t)\triangleq&\left[(C(t+1)B(t))^{\mathrm{T}}C(t+1)B(t)\right]^{-1}\\&\times(C(t+1)B(t))^{\mathrm{T}}\left(z_d(t+1)-r_d(t+1)\right)\end{aligned} \tag{4.12}$$

其初始值为

$$v_d(0)=\left[(C(1)B(0))^{\mathrm{T}}C(1)B(0)\right]^{-1}\times(C(1)B(0))^{\mathrm{T}}\left(z_d(1)-C(1)A(0)x_d(0)\right)$$

注记 4.4　上面定义的 $v_d(t)$ 仅是在已知 $z_d(t)$, $t\in[0,T]$ 时的表达式, 在实际控制中并不能直接得到.

注意到

$$x_d(t+1)=\varPhi(t,0)x_d(0)+\sum_{i=0}^{t}\varPhi(t,i+1)B(i)v_d(i)$$

可知

$$z_k^0(t+1) = r_k(t+1) + C(t+1)B(t)v_k(t) \tag{4.13}$$

$$z_d(t+1) = r_d(t+1) + C(t+1)B(t)v_d(t) \tag{4.14}$$

则有

$$\begin{aligned} y_d(t) - y_k(t) &= y_d(t) - g_t(z_k^0(t) + w_k(t)) - \xi_k(t) \\ &= \phi(t,k) + \varphi(t,k) - \xi_k(t) \end{aligned}$$

其中, $\phi(t,k)$ 与 $\varphi(t,k)$ 为

$$\phi(t,k) = y_d(t) - g_t(z_d(t) + w_k(t)) \tag{4.15}$$

$$\varphi(t,k) = g_t(z_d(t) + w_k(t)) - g_t(z_k^0(t) + w_k(t)) \tag{4.16}$$

记 $\delta v_k(t) = v_d(t) - v_k(t)$. 在给出最优性定理之前, 先证明如下引理.

引理 4.1　假定 A4.1 ~ A4.5 成立, 对任意时刻 t, 若 $\delta v_k(s) \xrightarrow[k\to\infty]{} 0$, 且 $\sup_k \|v_k(s)\| < \infty$, $s = 0,1,\cdots,t-1$, 则

$$E(\|\varphi(t,k)\|^m|\mathcal{F}_{k-1}) \xrightarrow[k\to\infty]{} 0 \quad \text{a.s.} \quad \forall m > 0 \tag{4.17}$$

证明: 由式 (4.5)、式 (4.10)、式 (4.13)、式 (4.14) 可知, 若 $\delta v_k(s) \xrightarrow[k\to\infty]{} 0$, $s = 0,1,\cdots,t-1$, 则

$$z_d(t) - z_k^0(t) \xrightarrow[k\to\infty]{} 0$$

注意到 $\delta v_k(t) \in \mathcal{F}_{k-1}$,

$$E(\|\varphi(t,k)\|^m|\mathcal{F}_{k-1}) = E(\|g_t(z_d(t) + w_k(t)) - g_t(z_k^0(t) + w_k(t))\|^m|\mathcal{F}_{k-1}) \tag{4.18}$$

由 A4.1 和 A4.5 知 $E\|g_t(x + w_k(t))\|^m < \infty$, 并且它对 x 连续. 注意到 $z_k^0(t) \in \mathcal{F}_{k-1}$, 而 $w_k(t) \in \mathcal{F}_k$, 且与 $z_k^0(t)$ 独立, 所以

$$E\left(\|g_t(z_k^0(t) + w_k(t))\|^m \mid \mathcal{F}_{k-1}\right) = E\left(\|g_t(x + w_k(t))\|^m \mid \mathcal{F}_{k-1}\right)|_{x=z_k^0(t)} \tag{4.19}$$

因此, 式 (4.18) 右端趋于 0. 引理得证. ■

定理 4.1　对系统 (4.1) 及跟踪指标 (4.2), 设 A4.1~A4.6 成立, 则满足 $f_t(u_d(t)) = v_d(t)$ 的输入序列 $\{u_d(t), t \in [0,T]\}$ 为最优控制. 进而, 任意满足 $\delta v_k(t) = v_d(t) - v_k(t) \to 0, \forall t \in [0, T-1]$ a.s. 的输入序列 $\{u_k(t)\} \in U$ 均为最优控制序列, 使指标 (4.2) 渐近达到最优.

证明: 我们归纳地证明 $u_d(t)$ 的最优性.

由 $\mathcal{F}_k$ 的定义知, $\mathcal{F}_k$ 与 $\{\xi_l(t),\epsilon_l(t),\varepsilon_l(t),l=k+i,i=1,2,\cdots,\forall t\in[0,T]\}$ 相互独立. 显然 $\{\xi_k(t),\mathcal{F}_k\}$ 为鞅差列.

为证明最优性, 只需证明当 $\delta v_k(k)\xrightarrow[k\to\infty]{}0$ 时, 指标 (4.2) 达到最小.

对 $t=0$ 有

$$
\begin{aligned}
y_d(1)-y_k(1)&=y_d(1)-g_1(z_k^0(1)+w_k(1))-\xi_k(1)\\
&=\phi(1,k)+\varphi(1,k)-\xi_k(1)
\end{aligned}
$$

其中, $\phi(1,k)$ 与 $\varphi(1,k)$ 分别为式 (4.15) 和式 (4.16) 在 $t=1$ 时的取值. 于是

$$
\begin{aligned}
&\limsup_{n\to\infty}\frac{1}{n}\sum_{k=1}^{n}\|y_d(1)-y_k(1)\|^2\\
=&\limsup_{n\to\infty}\frac{1}{n}\sum_{k=1}^{n}\|\phi(1,k)\|^2+\limsup_{n\to\infty}\frac{1}{n}\sum_{k=1}^{n}\|\xi_k(1)\|^2+\limsup_{n\to\infty}\frac{1}{n}\sum_{k=1}^{n}\|\varphi(1,k)\|^2\\
&+2\left(\limsup_{n\to\infty}\frac{1}{n}\sum_{k=1}^{n}\phi^{\mathrm{T}}(1,k)\varphi(1,k)-\limsup_{n\to\infty}\frac{1}{n}\sum_{k=1}^{n}\phi^{\mathrm{T}}(1,k)\xi_k(1)\right.\\
&\left.-\limsup_{n\to\infty}\frac{1}{n}\sum_{k=1}^{n}\varphi^{\mathrm{T}}(1,k)\xi_k(1)\right)
\end{aligned}\tag{4.20}
$$

由 $\phi(1,k)$ 的表达式知其与输入序列无关, 且关于 k 为独立同分布的随机变量, 由大数定律知

$$
\begin{aligned}
\limsup_{n\to\infty}\frac{1}{n}\sum_{k=1}^{n}\|\phi(1,k)\|^2&=E\|y_d(1)-g_1(z_d(1)+w_1)\|^2\\
&=\min_x E\|y_d(1)-g_1(x+w_1)\|^2
\end{aligned}
$$

而对式 (4.20) 右端第二项

$$
\limsup_{n\to\infty}\frac{1}{n}\sum_{k=1}^{n}\|\xi_k(1)\|^2=R_1
$$

另一方面, 当 $\delta v_k(0)\xrightarrow[k\to\infty]{}0$ 时, 由引理 4.1 知

$$
E(\|\varphi(1,k)\|^m|\mathcal{F}_{k-1})\xrightarrow[k\to\infty]{}0\quad \text{a.s.}\quad \forall m>0\tag{4.21}
$$

由鞅差收敛定理可知

$$\sum_{k=1}^{\infty}\frac{1}{k}\{\|\varphi(1,k)\|^2-E(\|\varphi(1,k)\|^2|\mathcal{F}_{k-1})\}<\infty$$

结合式 (4.21) 及 Kronecker 引理可知

$$\limsup_{n\to\infty}\frac{1}{n}\sum_{k=1}^{n}\|\varphi(1,k)\|^2=0,\quad \text{a.s.} \tag{4.22}$$

现来看式 (4.20) 右端三个交叉项. 显然, $\phi^{\mathrm{T}}(1,k)\xi_k(1)$ 关于 k 为相互独立的随机变量序列, 且 $\phi(1,k)$ 与 $\xi_k(1)$ 相互独立, 而 $E\xi_k(1)=0$, 由大数定律得

$$\limsup_{n\to\infty}\frac{1}{n}\sum_{k=1}^{n}\phi^{\mathrm{T}}(1,k)\xi_k(1)=0,\quad \text{a.s.} \tag{4.23}$$

注意到 $\xi_k(1)$ 与 $\mathcal{F}_{k-1}$ 及 $w_k(1)$ 相互独立, 可知

$$\begin{aligned}
&E(\varphi^{\mathrm{T}}(1,k)\xi_k(1)|\mathcal{F}_{k-1})\\
=&E(E(\varphi^{\mathrm{T}}(1,k)\xi_k(1)|\sigma\{\mathcal{F}_{k-1},w_k(1)\})|\mathcal{F}_{k-1})\\
=&E(\varphi^{\mathrm{T}}(1,k)E(\xi_k(1)|\sigma\{\mathcal{F}_{k-1},w_k(1)\})|\mathcal{F}_{k-1})\\
=&0
\end{aligned}$$

从而 $\{\varphi^{\mathrm{T}}(1,k)\xi_k(1),\mathcal{F}_k\}$ 为鞅差列, 由鞅差收敛定理知

$$\sum_{k=1}^{\infty}\frac{1}{k}\varphi^{\mathrm{T}}(1,k)\xi_k(1)<\infty$$

所以

$$\limsup_{n\to\infty}\frac{1}{n}\sum_{k=1}^{n}\varphi^{\mathrm{T}}(1,k)\xi_k(1)=0,\quad \text{a.s.} \tag{4.24}$$

$\phi(1,k)$ 与 $\varphi(1,k)$ 并不独立, 但由类似式 (4.22) 的证明知以下两式成立

$$\limsup_{n\to\infty}\frac{1}{n}\sum_{k=1}^{n}y_d^{\mathrm{T}}(1)\varphi(1,k)=0,\quad \text{a.s.}$$

$$\limsup_{n\to\infty}\frac{1}{n}\sum_{k=1}^{n}g_1^{\mathrm{T}}(z_d(1)+w_k(1))\varphi(1,k)=0,\quad \text{a.s.}$$

因此

$$\limsup_{n\to\infty}\frac{1}{n}\sum_{k=1}^{n}\phi^{\mathrm{T}}(1,k)\varphi(1,k)=0,\quad \text{a.s.} \tag{4.25}$$

从而由式 (4.20) ~ 式 (4.25) 知指标 (4.2) 在 $t=1$ 时刻取到最小值

$$\limsup_{n\to\infty}\frac{1}{n}\sum_{k=1}^{n}\|y_d(1)-y_k(1)\|^2=\min_x E\|y_d(1)-g_1(x+w_1)\|^2+R_1$$

$t=0$ 时刻输入序列的最优性得证.

假设 $v_d(s), s=0,1,2,\cdots,t-1$ 均为最优中间信号, 往证 $v_d(t)$ 为最优中间信号.

由归纳假设知 $r_k(t+1)-r_d(t+1)\xrightarrow[k\to\infty]{}0$, 因此当 $v_k(t)-v_d(t)\xrightarrow[k\to\infty]{}0$ 时, $z_k^0(t+1)-z_d(t+1)\xrightarrow[k\to\infty]{}0$, 从而

$$E(\|\varphi(t+1,k)\|^m|\mathcal{F}_{k-1})\xrightarrow[k\to\infty]{}0,\quad \text{a.s.}$$

完全类似 $t=0$ 情形, 可知此时指标取到最小值, 故 $v_d(t)$ 为最优中间信号. 由归纳原理知定理成立. ■

注记 4.5 定理 4.1 通过 $v_k(t)$ 或 $f_t(u_k(t))$ 的数值刻画了最优控制信号. 然而, 不论是最优化跟踪误差 $P_{t+1}(x)$ 的 $z_d(t+1)$, 还是其对应的 $v_d(t)$ 与 $u_d(t)$ 都无法直接计算, 这个最优控制无法直接求得. 即使 $z_d(t+1)$ 已知, 由于系统信息 $C(t+1)B(t)$ 和 $f_t(\cdot)$ 均未知, 所以 $v_d(t)$ 与 $u_d(t)$ 都无法计算. 因此, 在 4.4 节, 我们将利用可获取的误差信息 $e_k(t)\triangleq y_d(t)-y_k(t)$ 来设计算法产生控制信号, 以渐近收敛至最优控制.

为了给出最小化均方跟踪误差的控制信号 $\|e_k(t)\|^2$, 记

$$\overline{z}_k^0(t+1)=r_d(t+1)+C(t+1)B(t)f_t(u_k(t)) \tag{4.26}$$

由此可记

$$\begin{aligned}L_t(u)&\triangleq E(\|y_d(t+1)-g_{t+1}(\overline{z}_k^0(t+1)+w_k(t+1))\|^2|u_k(t)=u)\\&=E\|y_d(t+1)-g_{t+1}(r_d(t+1)+C(t+1)B(t)f_t(u)+w_{t+1})\|^2\end{aligned} \tag{4.27}$$

注记 4.6 注意到前面所定义的 $P_{t+1}(\cdot)$ 是关于 $z_k^0(t+1)$ 的函数, 而由式 (4.27) 所定义的 $L_t(\cdot)$ 是输入 $u_k(t)$ 的函数. 因此

$$\min_x P_{t+1}(x)\leqslant\min_u L_t(u)$$

进而, 根据定理 4.1 可知, 当 $f_t(u)=v_d(t)$ 关于 u 可求解时, 上述不等式中的等号成立. 由此可知, $P_{t+1}(\cdot)$ 的最小值与 $L_t(\cdot)$ 的最小值是一致的.

为直观呈现函数 $P_{t+1}(x)$ 与 $L_t(u)$ 之间的关系, 我们考虑如下例子.

考虑一维系统, 其中 $A(t)=B(t)=C(t)=1$ 且 $g_t(x)=x^3$. 假定随机噪声 $\epsilon_k(t)$、$\zeta_k(t)$ 均为独立同分布的随机变量. 为表述简洁, 假定 $w_k(t+1)(=\sum_{i=0}^{t+1}\epsilon_k(i)+\zeta_k(t+1))$ 服从高斯分布 $\mathcal{N}(0,1^2)$. 换言之, $w_{t+1}\sim\mathcal{N}(0,1^2)$, 其中 w_{t+1} 由 $P_{t+1}(x)$ 的定义给出. 从而 $Ew_{t+1}^2=1, Ew_{t+1}^4=3, Ew_{t+1}^6=15$.

对一给定时刻 t, 假定 $y_d(t+1)=3$, 我们可得到

$$\begin{aligned}P_{t+1}(x)&=E\|y_d(t+1)-g_{t+1}(x+w_{t+1})\|^2\\&=E(3-(x+w_{t+1})^3)^2\\&=9+E(x+w_{t+1})^6-6E(x+w_{t+1})^3\\&=x^6+15x^4-6x^3+45x^2-18x+24\end{aligned}$$

此函数 $P_{t+1}(\cdot)$ 在 $x=0.2026$ 时取到最小值, 即

$$\min_x P_{t+1}(x)=P_{t+1}(0.2026)=22.1757$$

另一方面, 对给定的时刻 t, $r_d(t+1)$ 基于 $y_d(i)$, $i\in[0,t]$ 定义, 从而独立于 $y_d(t+1)$. 因此, 不失一般性, 假定 $r_d(t+1)=1$. 在输入端的非线性函数是可逆函数 $f_t(u)=ue^{|u|}$. 从而有

$$\begin{aligned}L_t(u)&=E(3-(1+ue^{|u|}+w_k(t+1))^3)^2\\&=u^6e^{6|u|}+6u^5e^{5|u|}+30u^4e^{4|u|}+74u^3e^{3|u|}\\&\quad+132u^2e^{2|u|}+120ue^{|u|}+61\end{aligned}$$

此函数在 $u=-0.4890$ 时取到最小值, 即

$$\min_u L_t(u)=L_t(-0.4890)=22.1757$$

由此可以看出, 函数 $P_{t+1}(x)$ 和 $L_t(u)$ 具有相同的最小值.

4.4 迭代学习控制及其收敛性

4.3 节给出了最优控制的表达式, 但因为系统矩阵 A、B、C 及非线性环节 $f_t(\cdot)$、$g_t(\cdot)$ 均未知, 因而不能实际上求得最优控制. 对给定时刻 t, 现在基于可获取的误差信息 $\|e_k(t+1)\|^2$ 来定义最小化 $L_t(u)$ 的控制序列. 我们基于随机逼近中的 KW 算法来构造迭代学习控制律 $\{u_k(t)\}$, 使它满足 $\delta v_k(t)\xrightarrow[k\to\infty]{}0$.

为产生 $u_k(t)$, 我们将使用辅助向量序列 $\{\Delta_k(t), k=1,2,\cdots\}$, $t=0,\cdots,T$, 其中 $\Delta_k(t)=(\Delta_k^1(t),\cdots,\Delta_k^m(t))^{\mathrm{T}}$ 为 m 维随机矢量, 且满足如下要求.

(1) $\Delta_k(t)$ 的所有分量 $\Delta_k^i(t)$, $k=1,2,\cdots$, $t=0,1,\cdots,T$, $i=1,\cdots,m$ 为独立同分布随机变量, 且对任意 $k=1,2,\cdots$, $t=0,1,\cdots,T$, $i=1,\cdots,m$ 满足

$$|\Delta_k^i(t)|<d_1, \quad \left|\frac{1}{\Delta_k^i(t)}\right|<d_2, \quad E\left\{\frac{1}{\Delta_k^i(t)}\right\}=0 \tag{4.28}$$

其中, d_1 和 d_2 为正常数.

(2) 序列 $\{\Delta_k(t)\}$ 与 $\{\epsilon_k(t),\varepsilon_k(t),x_k(0),\xi_k(t),t\in[0,T],k=0,1,2,\cdots\}$ 相互独立.

定义 m 维向量

$$\overline{\Delta}_k(t)=\left(\frac{1}{\Delta_k^1(t)},\cdots,\frac{1}{\Delta_k^m(t)}\right)^{\mathrm{T}}, \quad t=0,\cdots,T; \quad k=0,1,2,\cdots \tag{4.29}$$

令 $\{a_k\}$、$\{c_k\}$ 及 $\{M_k\}$ 分别为满足如下要求的正实数序列

$$a_k \xrightarrow[k\to\infty]{} 0, \quad \sum_{k=0}^{\infty}a_k=\infty, \quad c_k \xrightarrow[k\to\infty]{} 0, \quad \sum_{k=0}^{\infty}\left(\frac{a_k}{c_k}\right)^2<\infty$$

$$M_{k+1}>M_k, \quad M_k \xrightarrow[k\to\infty]{} \infty$$

其中, $\{a_k\}$ 为算法的步长; $\{c_k\}$ 用来产生随机差分; $\{M_k\}$ 为扩张截断界, 以避免算法发散至无穷. 跟踪误差 $e_k(t)=y_d(t)-y_k(t)$.

对任意时刻 $t\in[0,T]$, 初始值 $u_0(t)$ 任意给定. 奇数运行过程的控制信号定义为

$$u_{2k+1}(t)=u_{2k}(t)+c_k\Delta_k(t) \tag{4.30}$$

而偶数运行过程的控制信号 $u_{2k}(t)$ 则由下式递推定义

$$\overline{u}_{2(k+1)}(t)=u_{2k}(t)-a_k\frac{\overline{\Delta}_k(t)}{c_k}\left(\|e_{2k+1}(t+1)\|^2-\|e_{2k}(t+1)\|^2\right) \tag{4.31}$$

$$u_{2(k+1)}(t)=\overline{u}_{2(k+1)}\cdot I_{[\|\overline{u}_{2(k+1)}\|\leqslant M_{\sigma_k(t)}]} \tag{4.32}$$

$$\sigma_k(t)=\sum_{l=1}^{k-1}I_{[\|\overline{u}_{2(l+1)}\|>M_{\sigma_l(t)}]}, \quad \sigma_0(t)=0 \tag{4.33}$$

其中, $I_{[\text{inequality}]}$ 为示性函数, 即其下标所示的不等式成立时为 1, 否则为 0. 式 (4.30) ~ 式 (4.33) 定义了应用到系统 (4.1) 的迭代学习控制律.

注记 4.7　式 (4.30) ~ 式 (4.33) 所定义的迭代学习控制律实际上是采用随机差分的办法估计梯度方向, 即控制方向. KW 算法中应用随机差分估计梯度的方法

在很多文献中都有所涉及, 如文献 [42]、文献 [43]、文献 [124]、文献 [125] 等. 此处的估计思想来自于文献 [40]、文献 [43] 和文献 [52].

我们将沿时间 t 归纳地完成对上述算法的收敛性分析. 而对每一个固定时刻 t, 证明的主要思路是将上述 KW 算法转化为 RM 算法, 然后利用定理 A.1 完成. 因此在算法转化后, 主要证明步骤为验证定理 A.1 的条件 AA.1~AA.4 成立.

需要指出, 对任意 t, 函数 $L_t(\cdot)$ 独立于系统输入, 换言之, $L_t(\cdot)$ 是与系统 (4.1) 和系统 (4.2) 相关的客观存在的函数. 我们需要如下条件.

A4.7　*存在常数 c_0 使得 $L_t(0) < \inf_{\|u\|=c_0} L_t(u)$.*

记

$$N_k(t) = \|e_k(t+1)\|^2 - L_t(u_k(t)) \tag{4.34}$$

并记 $L_t(\cdot)$ 关于输入 u 的导函数为 $h_t(\cdot)$, 则

$$h_t(u_k(t)) = 2F_t^{\mathrm{T}}(u_k(t))[C(t+1)B(t)]^{\mathrm{T}} p_{t+1}(\overline{z}_k^0(t+1)) \tag{4.35}$$

记 $J_t \triangleq \{u : h_t(u) = 0\}$, 则 $L_t(\cdot)$ 在 J_t 内的某些点上取到最小值.

于是算法 (式 (4.30)~(4.33)) 可改写成

$$\overline{u}_{2(k+1)}(t) = u_{2k}(t) - a_k h_t(u_{2k}(t)) + a_k(\theta_{k+1}(t) + \vartheta_{k+1}(t)) \tag{4.36}$$

$$u_{2(k+1)}(t) = \overline{u}_{2(k+1)} \cdot I_{[\|\overline{u}_{2(k+1)}\| \leqslant M_{\sigma_k(t)}]} \tag{4.37}$$

$$\sigma_k(t) = \sum_{l=1}^{k-1} I_{[\|\overline{u}_{2(l+1)}\| > M_{\sigma_l(t)}]}, \quad \sigma_0(t) = 0 \tag{4.38}$$

其中

$$\theta_{k+1}(t) = \frac{L_t(u_{2k}(t) + c_k\Delta_k(t)) - L_t(u_{2k}(t))}{c_k}\overline{\Delta}_k(t) - h_t(u_{2k}(t)) \tag{4.39}$$

$$\vartheta_{k+1}(t) = \frac{\overline{\Delta}_k(t)}{c_k}(N_{2k+1}(t) - N_{2k}(t)) \tag{4.40}$$

定理 4.2　*对系统 (4.1) 及指标 (4.2), 假定 A4.1~A4.7 成立, 则 ① 由式 (4.30)~式 (4.33) 给出的控制序列 $\{u_k(t)\}$ 满足 $d(u_k(t), J_t) \xrightarrow[k\to\infty]{} 0$; ②若 $L_t(\cdot)$ 在 $J_t(\cdot)$ 上为常值 (特别地, 若 J_t 为单点集), 则 $\{u_k(t)\}$ 为最优控制.*

证明: 为分析上述算法的收敛性, 我们需要验证定理 A.1 的条件 AA.1~AA.4. 注意到 $-h_t(\cdot)$、$\theta_{k+1}(t) + \vartheta_{k+1}(t)$ 分别对应式 (A.2) 中的 $f(\cdot)$ 和 ϵ_{k+1}, 而式 (A.1) 中的 x^* 在上述算法中为 0.

首先, 由 a_k 的选取知条件 AA.1 显然成立. 其次, 由 A4.4~A4.6 结合式 (4.35) 知条件 AA.4 成立. 取 $v(\cdot)=L_t(\cdot)$, 则条件 AA.2 成立. 故为证明 $\delta v_k(t)\xrightarrow[k\to\infty]{}0$, $\forall t\in[0,T-1]$, 只需说明条件 AA.3 成立.

我们将沿时间 t 归纳地证明这一点.

注意在 4.2 节已经给出了 $\mathcal{F}_k$ 的定义, 而在算法 (式 (4.30) ~ 式 (4.33)) 中又引入了新的随机变量 $\Delta_k(t)$, 为此, 我们重新定义 $\mathcal{F}_k$ 为

$$\mathcal{F}_{2k}=\sigma\{\epsilon_l(t),\varepsilon_l(t),x_l(0),\xi_l(t),l\leqslant 2k,\Delta_m(t),m\leqslant k,t=0,\cdots,T\} \tag{4.41}$$

$$\mathcal{F}_{2k+1}=\sigma\{\epsilon_l(t),\varepsilon_l(t),x_l(0),\xi_l(t),l\leqslant 2k+1,\Delta_m(t),m\leqslant k,t=0,\cdots,T\} \tag{4.42}$$

显然 $u_k(t)\in\mathcal{F}_{k-1}$. 进而, 记 $\mathcal{G}_{k+1}=\mathcal{F}_{2k+1}$, 则 $u_{2k}(t)$ 为 $\mathcal{G}_k$ 可测.

首先考虑 $t=0$ 的情形. 类似文献 [43] 中定理 1 的证明, 可知沿收敛子列 $\{u_{2n_k}(0)\}$ 的下标 $\{2n_k\}$ 下式成立

$$\lim_{T\to 0}\limsup_{k\to\infty}\frac{1}{T}\left\|\sum_{i=2n_k}^{m(2n_k,T_k)}a_i\theta_{i+1}(0)I_{[\|u_{2k}(0)\|\leqslant K]}\right\|=0,\quad \forall T_k\in[0,T] \tag{4.43}$$

其中, $m(k,T)\triangleq\max\left\{m:\sum\limits_{i=k}^{m}a_i\leqslant T\right\}$.

再证沿收敛子列 $\{u_{2n_k}(0)\}$ 的下标 $\{2n_k\}$, 有

$$\lim_{T\to 0}\limsup_{k\to\infty}\frac{1}{T}\left\|\sum_{i=2n_k}^{m(2n_k,T_k)}a_i\vartheta_{i+1}(0)I_{[\|u_{2i}(0)\|\leqslant K]}\right\|=0,\quad \forall T_k\in[0,T] \tag{4.44}$$

注意到 $z_k^0(1)=\overline{z}_k^0(1)$, 故

$$\begin{aligned}N_k(0)&=\|e_k(1)\|^2-L_0(u_k(0))\\&=\|y_d(1)-g_1(z_k^0(1)+w_k(1))-\xi_k(1)\|^2-L_0(u_k(0))\\&=\eta_k(1)+\|\xi_k(1)\|^2-2[y_d(1)-g_1(z_k^0(1)+w_k(1))]^T\xi_k(1)\end{aligned}$$

其中

$$\eta_k(1)=\|y_d(1)-g_1(z_k^0(1)+w_k(1))\|^2-L_0(u_k(0))$$

则

$$\vartheta_{k+1}(0)=\frac{\overline{\Delta}_k(0)}{c_k}(N_{2k+1}(0)-N_{2k}(0))=\pi_{k1}+\pi_{k2}+\pi_{k3}$$

其中

$$\pi_{k1} = \frac{\eta_{2k+1}(1) - \eta_{2k}(1)}{c_k}\overline{\Delta}_k(0) \tag{4.45}$$

$$\pi_{k2} = \frac{\|\xi_{2k+1}(1)\|^2 - \|\xi_{2k}(1)\|^2}{c_k}\overline{\Delta}_k(0) \tag{4.46}$$

$$\begin{aligned}\pi_{k3} = {} & 2\frac{[y_d(1) - g_1(z_{2k}^0(1) + w_{2k}(1))]^T\xi_{2k}(1)}{c_k}\overline{\Delta}_k(0) \\ & - 2\frac{[y_d(1) - g_1(z_{2k+1}^0(1) + w_{2k+1}(1))]^T\xi_{2k+1}(1)}{c_k}\overline{\Delta}_k(0)\end{aligned} \tag{4.47}$$

由 $\xi_k(1)$ 与 $\overline{\Delta}_k(0)$ 的独立性, 及 $E\overline{\Delta}_k(0) = 0$, 可知

$$E\{\pi_{k2}|\mathcal{G}_k\} = 0 \tag{4.48}$$

由鞅差收敛定理知

$$\sum_{k=1}^{\infty}\frac{a_k}{c_k}\left(\|\xi_{2k+1}(1)\|^2 - \|\xi_{2k}(1)\|^2\right)\overline{\Delta}_k(0)I_{[\|u_{2k}(0)\|\leqslant K]} < \infty \tag{4.49}$$

即

$$\sum_{k=1}^{\infty}a_k\pi_{k2}I_{[\|u_{2k}(0)\|\leqslant K]} < \infty \tag{4.50}$$

注意到 $\eta_{2k}(1)$ 与 $\overline{\Delta}_k(0)$ 相互独立, 类似上面的推导可知

$$\sum_{k=1}^{\infty}\frac{a_k}{c_k}\eta_{2k}(1)\overline{\Delta}_k(0)I_{[\|u_{2k}(0)\|\leqslant K]} < \infty \tag{4.51}$$

尽管 $\eta_{2k+1}(1)$ 与 $\overline{\Delta}_k(0)$ 不独立, 但注意到 w_{2k+1} 与 $\mathcal{F}_{2k}$ 独立, 于是

$$E\{\eta_{2k+1}(1)\overline{\Delta}_k(0)|\mathcal{F}_{2k}\} = 0 \tag{4.52}$$

由鞅差收敛定理可知

$$\sum_{k=1}^{\infty}\frac{a_k}{c_k}\eta_{2k+1}(1)\overline{\Delta}_k(0)I_{[\|u_{2k}(0)\|\leqslant K]} < \infty \tag{4.53}$$

从而

$$\sum_{k=1}^{\infty}a_k\pi_{k1}I_{[\|u_{2k}(0)\|\leqslant K]} < \infty \tag{4.54}$$

注意到 $y_d(1)-g_1(z_k^0(1)+w_k(1))$ 及 $\overline{\Delta}_k(0)$ 均与 $\xi_k(1)$ 独立, 而 $E\{\xi_k(1)|\mathcal{F}_{k-1}\}=0$, 于是由鞅差收敛定理知

$$\sum_{k=1}^{\infty}\frac{a_k}{c_k}[y_d(1)-g_1(z_{2k}^0(1)+w_{2k}(1))]^T\xi_{2k}(1)\overline{\Delta}_k(0)I_{[\|u_{2k}(0)\|\leqslant K]}<\infty \tag{4.55}$$

$$\sum_{k=1}^{\infty}\frac{a_k}{c_k}[y_d(1)-g_1(z_{2k+1}^0(1)+w_{2k+1}(1))]^T\xi_{2k+1}(1)\overline{\Delta}_k(0)I_{[\|u_{2k}(0)\|\leqslant K]}<\infty \tag{4.56}$$

从而

$$\sum_{k=1}^{\infty}a_k\pi_{k3}I_{[\|u_{2k}(0)\|\leqslant K]}<\infty \tag{4.57}$$

因此式 (4.44) 成立.

J_t 表示函数 $h_t(\cdot)$ 的零点集, 于是由定理 A.1 可知

$$d(u_{2k}(0),J_0)\xrightarrow[k\to\infty]{}0 \tag{4.58}$$

而 $c_k\Delta_k(0)\xrightarrow[k\to\infty]{}0$, 结合式 (4.30) 与式 (4.58) 可知

$$d(u_k(0),J_0)\xrightarrow[k\to\infty]{}0 \tag{4.59}$$

从而 $\delta v_k(0)\xrightarrow[k\to\infty]{}0$, 即对 $t=0$, 算法产生的控制序列收敛到最优控制.

假设对 $s=0,\cdots,t-1$ 时刻, 定理结论均成立. 往证定理对 t 时刻也成立, 即往证 $\delta v_k(t)\xrightarrow[k\to\infty]{}0$. 为此, 我们只需说明由式 (4.39) 和式 (4.40) 给出的 $\theta_k(t)$、$\vartheta_k(t)$ 满足定理 A.1 的条件 AA.3.

完全类似 $t=0$ 的分析, 可知 $\theta_k(t)$ 满足条件 AA.3. 下面验证 $\vartheta_k(t)$.

由归纳假设知 $\delta v_k(s)\xrightarrow[k\to\infty]{}0$, $s=0,\cdots,t-1$, 从而

$$r_k(t+1)-r_d(t+1)\xrightarrow[k\to\infty]{}0 \tag{4.60}$$

或等价地

$$z_k^0(t+1)-\overline{z}_k^0(t+1)\xrightarrow[k\to\infty]{}0 \tag{4.61}$$

注意到

$$\begin{aligned}N_k(t)&=\|e_k(t+1)\|^2-L_t(u_k(t))\\&=\|y_d(t+1)-g_{t+1}(z_k^0(t+1)+w_k(t+1))-\xi_k(t+1)\|^2-L_t(u_k(t))\\&=\eta_k(t+1)+\|\xi_k(t+1)\|^2+\chi_k(t+1)+\tau_k(t+1)\end{aligned}$$

其中

$$\eta_k(t+1)=\|y_d(t+1)-g_{t+1}(z_k^0(t+1)+w_k(t+1))\|^2-P_{t+1}(z_k^0(t+1))$$
$$\chi_k(t+1)=E\|y_d(t+1)-g_{t+1}(z_k^0(t+1)+w_k(t+1))\|^2-L_t(u_k(t))$$
$$\tau_k(t+1)=2[y_d(t+1)-g_{t+1}(z_k^0(t+1)+w_k(t+1))]^T\xi_k(t+1)$$

从而

$$\vartheta_{k+1}(t)=\frac{\overline{\Delta}_k(t)}{c_k}(N_{2k+1}(t)-N_{2k}(t))=\delta_{k1}+\delta_{k2}+\delta_{k3}$$

其中

$$\delta_{k1}=\frac{\eta_{2k+1}(t+1)-\eta_{2k}(t+1)+\|\xi_{2k+1}(t+1)\|^2-\|\xi_{2k}(t+1)\|^2}{c_k}\overline{\Delta}_k(t)$$
$$\delta_{k2}=\frac{\chi_{2k+1}(t+1)-\chi_{2k}(t+1)}{c_k}\overline{\Delta}_k(t)$$
$$\delta_{k3}=\frac{\tau_{2k+1}(t+1)-\tau_{2k}(t+1)}{c_k}\overline{\Delta}_k(t)$$

类似 $t=0$ 时的证明

$$\sum_{k=1}^{\infty}\frac{a_k}{c_k}(\eta_{2k+1}(t+1)-\eta_{2k}(t+1))\overline{\Delta}_k(t)I_{[\|u_{2k}(t)\|\leqslant K]}<\infty$$

而 $\xi_k(t+1)$ 与 $\Delta_k(t)$ 独立, 故

$$\sum_{k=1}^{\infty}\frac{a_k}{c_k}\left(\|\xi_{2k+1}(t+1)\|^2-\|\xi_{2k}(t+1)\|^2\right)\overline{\Delta}_k(t)I_{[\|u_{2k}(t)\|\leqslant K]}<\infty$$

从而

$$\sum_{k=1}^{\infty}a_k\delta_{k1}I_{[\|u_{2k}(t)\|\leqslant K]}<\infty$$

类似式 (4.55) 和式 (4.56) 知

$$\sum_{k=1}^{\infty}a_k\delta_{k3}I_{[\|u_{2k}(t)\|\leqslant K]}<\infty$$

为说明 AA.3 成立, 只需证明

$$\lim_{T\to 0}\limsup_{k\to\infty}\frac{1}{T}\left\|\sum_{i=2n_k}^{m(2n_k,T_k)}a_i\delta_{k2}I_{[\|u_{2i}(t)\|\leqslant K]}\right\|=0,\quad \forall T_k\in[0,T] \tag{4.62}$$

为此，只需证明对 δ_{k2} 的每一个分量，上式均成立. 注意到 δ_{k2} 的第 i 个分量表示为

$$\delta_{k2}^i = \frac{P_{t+1}(z_{2k+1}^0(t+1)) - P_{t+1}(z_{2k}^0(t+1))}{c_k\Delta_k^i(t)} - \frac{L_t(u_{2k+1}(t)) - L_t(u_{2k}(t))}{c_k\Delta_k^i(t)} \tag{4.63}$$

类似文献 [43] 的证明，可知

$$\frac{L_t(u_{2k+1}(t)) - L_t(u_{2k}(t))}{c_k\Delta_k^i(t)} = h_t^i(u_{2k}(t)) + \beta_k(t) \tag{4.64}$$

其中，$\beta_k(t)$ 满足

$$\lim_{T\to 0}\limsup_{k\to\infty}\frac{1}{T}\left\|\sum_{i=2n_k}^{m(2n_k,T_k)} a_i\beta_i(t)I_{[\|u_{2i}(t)\|\leqslant K]}\right\| = 0, \forall T_k\in[0,T] \tag{4.65}$$

而式 (4.63) 右端的第一项中

$$\begin{aligned}
&P_{t+1}(z_{2k+1}^0(t+1)) - P_{t+1}(z_{2k}^0(t+1))\\
=&P_{t+1}(z_{2k+1}^0(t+1)) - P_{t+1}(r_{2k+1}(t+1) + C(t+1)B(t)f_t(u_{2k}(t)))\\
&+P_{t+1}(r_{2k+1}(t+1) + C(t+1)B(t)f_t(u_{2k}(t))) - P_{t+1}(z_{2k}^0(t+1))
\end{aligned}$$

注意到 $d_k(t) \triangleq P_{t+1}(r_{2k+1}(t+1)+C(t+1)B(t)f_t(u_{2k}(t)))-P_{t+1}(z_{2k}^0(t+1))$ 与 $\Delta_k^i(t)$ 相互独立，由鞅差收敛定理知

$$\sum_{k=1}^{\infty}\frac{a_k}{c_k\Delta_k^i(t)}d_k(t)I_{[\|u_{2k}(t)\|\leqslant K]} < \infty \tag{4.66}$$

类似式 (4.64)，可得

$$\begin{aligned}
&\frac{P_{t+1}(z_{2k+1}^0(t+1)) - P_{t+1}(r_{2k+1}(t+1) + C(t+1)B(t)f_t(u_{2k}(t)))}{c_k\Delta_k^i(t)}\\
=&h_t^{*i}(u_{2k}(t)) + \beta_k'(t)
\end{aligned} \tag{4.67}$$

其中，$\beta_k'(t)$ 满足

$$\lim_{T\to 0}\limsup_{k\to\infty}\frac{1}{T}\left\|\sum_{i=2n_k}^{m(2n_k,T_k)} a_i\beta_i'(t)I_{[\|u_{2i}(t)\|\leqslant K]}\right\| = 0, \forall T_k\in[0,T] \tag{4.68}$$

注意到式 (4.27)、式 (4.64)、式 (4.67) 及文献 [43] 的证明，可知 $h_t^i(u_{2k}(t))$, $h_t^{*i}(u_{2k}(t))$ 的参数分别为 $r_d(t+1)$、$r_k(t+1)$，关于参数的表达式相同且关于参数连续，由归纳假设式 (4.60) 可知

$$[h_{t,z_{2k}^0(t)}^i(u_{2k}(t)) - h_t^i(u_{2k}(t))]I_{[\|u_{2k}(t)\|\leqslant K]} \xrightarrow[k\to\infty]{} 0 \tag{4.69}$$

由式 (4.63) ~ 式 (4.69) 可知式 (4.62) 成立.

于是由定理 A.1 可知 $d(u_{2k}(t), J_t) \xrightarrow[k\to\infty]{} 0$. 因此结合 $c_k\Delta_k(t) \xrightarrow[k\to\infty]{} 0$ 及式 (4.30), 可知 $d(u_k(t), J_t) \xrightarrow[k\to\infty]{} 0$, 从而 $\delta v_k(t) \xrightarrow[k\to\infty]{} 0$, 即对 t 时刻, 算法产生的控制序列收敛到最优控制. 定理得证. ■

4.5 仿真例子

考虑如下随机非线性系统

$$
\begin{aligned}
v_k(t) &= f(u_k(t)) \\
x_k(t+1) &= \begin{bmatrix} 1.04 + 0.8\sin\left(\dfrac{t}{100}\right) & 0.4 \\ -0.4 & 1.2 - 0.8\cos\left(\dfrac{t}{100}\right) \end{bmatrix} x_k(t) \\
&\quad + \begin{bmatrix} -1 \\ 1.1 \end{bmatrix} v_k(t) + \begin{bmatrix} \epsilon_k(t+1) \\ \varepsilon_k(t+1) \end{bmatrix} \\
z_k(t) &= \begin{bmatrix} 1 & 1 \end{bmatrix} x_k(t) + \zeta_k(t) \\
y_k(t) &= g(z_k(t)) + \xi_k(t)
\end{aligned}
$$

其中, 噪声 $\{\epsilon_k(t)\}$、$\{\varepsilon_k(t)\}$、$\{\zeta_k(t)\}$ 及 $\{\xi_k(t)\}$ 均为零均值高斯随机变量, 服从 $\mathcal{N}(0, \sigma^2)$. 输入端非线性为

$$
f(u) = \begin{cases} u - \dfrac{1}{2}, & u \geqslant 1 \\ \dfrac{1}{2}u^2, & 0 \leqslant u < 1 \\ -\dfrac{1}{2}u^2, & -1 \leqslant u < 0 \\ u + \dfrac{1}{2}, & u < -1 \end{cases}
$$

而输出端非线性为

$$
g(x) = 6x + \sin\left(\frac{z}{100}\right)
$$

令跟踪目标 $y_d(t) = \dfrac{1}{3}t(6 - 0.01t)$, $t = [1, \cdots, 10]$. 初始控制输入 $u_0(t) \equiv 0, \forall t \in [0, 10]$.

对算法 (式 (4.30) ~ 式 (4.33)), 我们取

$$
a_k = \frac{1}{k+1}, \quad c_k = \frac{1}{(k+1)^{0.3}}, \quad M_k = 3^k
$$

而随机变量 $\Delta_k^i, i=1,\cdots,m$ 取为 $[-1,-0.5]\bigcup[0.5,1]$ 上的均匀分布.

对 $t\in[1,\ 10]$, 算法运行 500 批次, 仿真结果如图 4.2～图 4.7 所示. 其中在图 4.2 与图 4.3 中, 随机噪声为 ξ_k, ζ_k, $\epsilon_k\in\mathcal{N}(0,\sigma^2)$ 且方差 $\sigma=0.1$. 而在图 4.4 与图 4.5 中, 随机噪声的方差 $\sigma=0.3$. 作为对比, 在图 4.6 与图 4.7 中, 随机噪声为 $\zeta_k=0$, $\epsilon_k=0$, $\xi_k\in\mathcal{N}(0,\sigma^2)$ 且 $\sigma=0.3$.

在这些图中, 显示的结果为随机选取的一组示例. 在图 4.2、图 4.4、图 4.6 中, 实线表示跟踪误差 $e_k(4)$, 而虚线表示跟踪误差 $e_k(8)$. 在图 4.3、图 4.5、图 4.7 中, 简单实线表示跟踪目标, 而标记有圆形的实线为第 500 批次的实际输出轨迹.

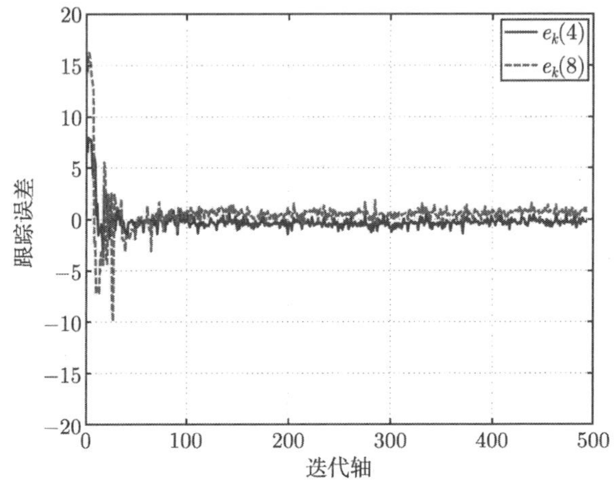

图 4.2　$t=4$ 和 $t=8$ 时刻的跟踪误差 $e_k(t)$, 其中 ξ_k, ζ_k, $\epsilon_k\in\mathcal{N}(0,\sigma^2)$, $\sigma=0.1$

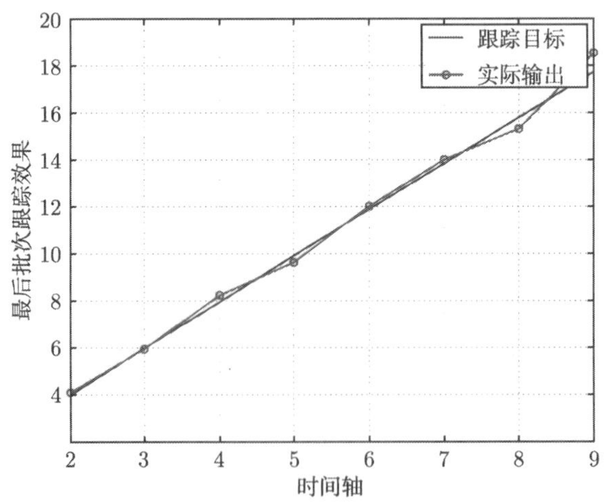

图 4.3　第 500 批次运行过程的输出 $y_{500}(t)$ 与跟踪目标 $y_d(t)$, 其中 ξ_k, ζ_k, $\epsilon_k\in\mathcal{N}(0,\sigma^2)$, $\sigma=0.1$

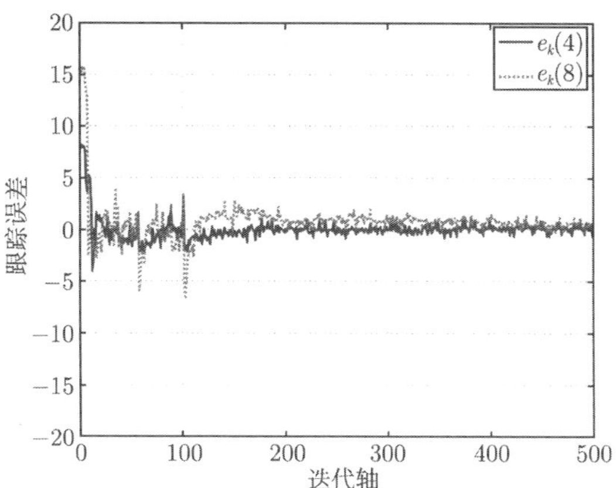

图 4.4　$t=4$ 和 $t=8$ 时刻的跟踪误差 $e_k(t)$, 其中 ξ_k, ζ_k, $\epsilon_k \in \mathcal{N}(0,\sigma^2)$, $\sigma=0.3$

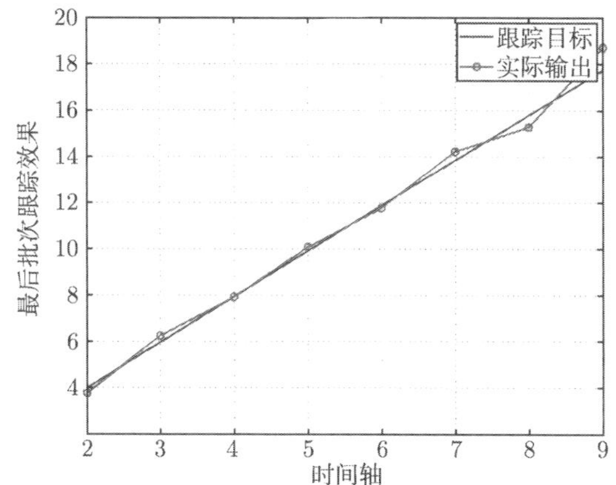

图 4.5　第 500 批次运行过程的输出 $y_{500}(t)$ 与跟踪目标 $y_d(t)$, 其中 ξ_k, ζ_k, $\epsilon_k \in \mathcal{N}(0,\sigma^2)$, $\sigma=0.3$

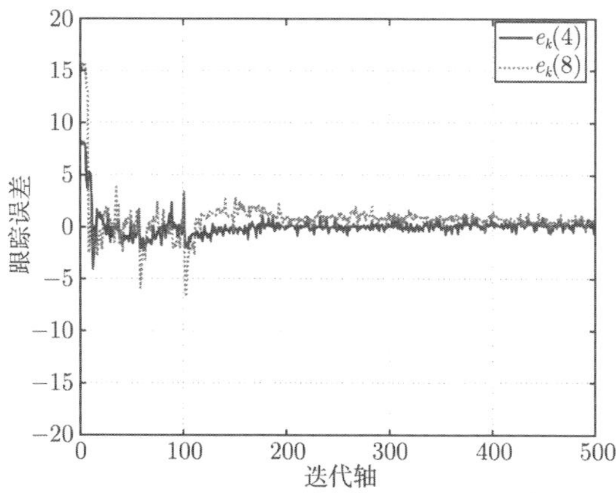

图 4.6　$t=4$ 和 $t=8$ 时刻的跟踪误差 $e_k(t)$, 其中 $\zeta_k=0$, $\epsilon_k=0$, $\xi_k \in \mathcal{N}(0,\sigma^2)$, $\sigma=0.3$

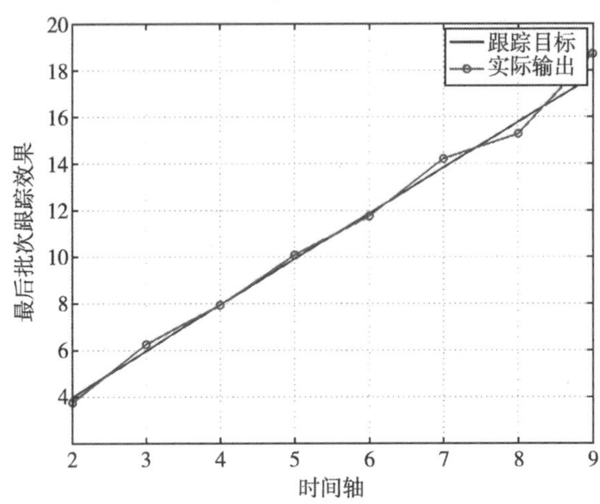

图 4.7　第 500 批次运行过程的输出 $y_{500}(t)$ 与跟踪目标 $y_d(t)$, 其中 $\zeta_k = 0$, $\epsilon_k = 0$, $\xi_k \in \mathcal{N}(0, \sigma^2)$, $\sigma = 0.3$

从这些图形中可以看出: ① 本章设计的迭代学习控制算法给出了符合需求的跟踪效果; ② 随着噪声方差 σ 的增大, 跟踪精准度会明显下降; ③ 内部噪声 ζ_k 和 ϵ_k 对跟踪效果变化的影响最为主要.

4.6　本 章 小 结

本章考虑了输入端及输出端均含有一般静态非线性环节的随机非线性系统, 即 Hammerstein-Wiener 系统的迭代学习控制问题. 对含有系统噪声与量测噪声的非线性系统, 本章给出了最优中间信号的表达式, 并给出了最优控制序列应满足的条件. 进而基于 KW 算法构造了形式简单的迭代学习控制律, 在适当的条件下证明了该算法所得控制序列的收敛性及最优性.

第 5 章　未知控制方向下线性系统的学习控制

本章针对确定系统与随机系统, 研究了控制方向未知情形下的迭代学习控制问题. 为了处理未知控制方向, 仅依赖于可获取的系统跟踪误差数据, 本章给出一种新的切换机制. 进而基于此切换机制, 本章给出两种迭代学习控制算法, 分别处理确定系统与随机系统. 本章将证明这两种迭代学习控制算法能够在有限批次后自适应地切换到正确的控制方向并且保持此方向不再改变, 从而控制算法产生的控制序列将收敛到最优控制.

5.1　引　　言

在已有的迭代学习控制研究文献中, 关于控制律的构造中多数研究需要已知系统输入/输出耦合矩阵的全部或部分信息. 粗略地说, 输入/输出耦合矩阵反映了系统的控制方向, 因而在控制律设计中具有重要意义. 所谓控制方向, 指系统动态方程中控制项前的系数, 代表了系统在任意给定控制下的变化方向. 关于此系数的已知信息可以使得控制设计较为简单. 例如, Saab 在文献 [33] 和文献 [34] 中研究了随机线性系统的 ILC 问题, 构造了递推的学习算法, 并证明了跟踪误差均方收敛到零. 然而, 该算法需要已知耦合矩阵等信息. 文献 [53] 考虑了一类仿射非线性随机系统的 ILC, 基于随机逼近 Robbins-Monro 算法构造了递推算法. 该算法不需要耦合矩阵的值, 但仍需要已知其符号. 这促使我们研究系统耦合矩阵完全未知的情形.

对于耦合矩阵完全未知的ILC, 目前的研究成果十分有限. 文献[126]和文献 [127] 对非线性单输入单输出 (SISO) 系统给出了基于 Nussbaum 型增益的迭代学习控制律. 所谓 Nussbaum 型增益起控制方向选择器的作用, 由 Nussbaum 在文献 [128] 中提出, 本质上是一类同时满足符号波动且幅值增长的函数, 如 $\xi^2\cos\xi$ 等. 为方便 Nussbaum 型增益的应用, 文献 [126] 和文献 [127] 均研究了连续确定性系统, 且对系统给出了较为严格的假设. 其中文献 [126] 考虑一类仿射非线性系统, 要求系统非线性和不确定系数一致有界, 得到跟踪误差有界的结果. 文献 [127] 研究一类非线性系统, 其中非线性函数已知且系统为循环型, 即下一个过程的初始值为上一个过程的末态值, 证明了跟踪误差在 L_T^2 意义下收敛到零. 然而, 文献 [126] 和文献 [127] 的方法都不易应用到离散时间系统. 文献 [40] 和文献 [52] 考虑多输入多输出离散时间随机系统, 输入/输出耦合矩阵完全未知. 该文基于随机逼近 Kiefer-Wolfowitz 算法构造 ILC 算法, 并证明了输入序列概率 1 收敛到最优控制, 但其收敛速度较慢.

5.2 问题描述

1. 确定情形

考虑如下 SISO 系统

$$x_k(t+1)=A(t)x_k(t)+B(t)u_k(t) \tag{5.1}$$

$$y_k(t)=C(t)x_k(t) \tag{5.2}$$

其中, 下标 k 表示不同的迭代过程, $k=1,2,\cdots$; 括号内的 t 表示同一迭代过程中的不同时刻, $t\in[0,T]$; $x_k(t)\in\mathbb{R}^n, u_k(t)\in\mathbb{R}, y_k(t)\in\mathbb{R}$ 分别表示系统状态、输入和输出; $A(t)$、$B(t)$、$C(t)$ 为未知的适当维数的时变系数矩阵.

系统的跟踪目标为 $y_d(t), t\in[0,T]$. 控制目标为寻找控制序列 $\{u_k(t), k=0,1,2,\cdots\}$, 使得 $y_k(t+1)-y_d(t+1)\xrightarrow[k\to\infty]{}0$.

假定跟踪目标是可实现的, 即存在合适的初始值 $x_d(0)$ 和目标输入 $u_d(t)$, 使得

$$x_d(t+1)=A(t)x_d(t)+B(t)u_d(t) \tag{5.3}$$

$$y_d(t)=C(t)x_d(t) \tag{5.4}$$

后面的研究需要如下条件.

A5.1 初始状态精确重置, 即 $x_k(0)=x_d(0)$.

A5.2 控制方向未知, 即 $\operatorname{sgn}(C(t+1)B(t))$ 未知, 但 $C(t+1)B(t)\neq 0$.

条件 A5.1 是 ILC 的常用条件, 称为精确重置条件 (identical initial condition, i.i.c.). 对此条件不成立的研究可参见文献 [129]~[131].

2. 随机情形

考虑如下随机系统

$$x_k(t+1)=A(t)x_k(t)+B(t)u_k(t)+w_k(t+1) \tag{5.5}$$

$$y_k(t)=C(t)x_k(t)+v_k(t) \tag{5.6}$$

其中, $w_k(t+1)$ 为系统噪声; $v_k(t)$ 为量测噪声; 其他符号与确定情形含义相同.

跟踪目标仍记为 $y_d(t)$, 同样假定 $y_d(t)$ 可实现, 即式 (5.3) 和式 (5.4) 成立.

令 $\mathcal{F}_k\triangleq\sigma(y_i(t),x_i(t),w_i(t),0\leqslant i\leqslant k,t\in[0,T])$ 表示递增的 σ 域. 定义容许控制集合

$$U=\{u_k(t)\in\mathcal{F}_k,\sup_k|u_k(t)|<\infty \text{ a.s.}, t\in[0,T-1], k=0,1,2,\cdots\}$$

控制目标是找到 $\{u_k(t), k=0,1,2,\cdots\}\in U$, 使下述指标随着迭代次数的增加渐近达到最小

$$J_t = \limsup_{n\to\infty}\frac{1}{n}\sum_{k=1}^{n}|y_d(t+1)-y_k(t+1)|^2 \tag{5.7}$$

对系统 (5.5) 和系统 (5.6) 需要如下条件.

A5.3　噪声 $\{w_k(t+1), v_l(s), t\in[0,T], s\in[0,T], k=1,2,\cdots, l=1,2,\cdots\}$ 为相互独立零均值且二阶矩有限的随机变量, 即

$$Ew_k(t+1)=0,\quad Ev_k(t)=0,\quad t\in[0,T],\quad k=1,2,\cdots$$
$$Ew_k(t+1)w_k^{\mathrm{T}}(t+1)=R_{t+1}^{w},\quad Ev_k(t)v_k^{\mathrm{T}}(t)=R_t^{v}$$

其中, E 表示数学期望.

A5.4　初始状态 $\{x_k(0), k=1,2,\cdots\}$ 为与 $\{w_k(t+1), t\in[0,T], k=1,2,\cdots\}$, $\{v_k(t), t\in[0,T], k=1,2,\cdots\}$ 相互独立的随机变量, $Ex_k(0)=x_d(0)$, $E\|x_k(0)\|^2<\infty$. 为表述方便, 记 $w_k(0)=x_d(0)-x_k(0)$.

A5.5　控制方向未知, 即 $\mathrm{sgn}(C(t+1)B(t))$ 未知, 但 $C(t+1)B(t)\neq 0$.

5.3　方向切换机制

本节将给出一种新的方向切换机制, 以保证 5.4 节设计的 ILC 算法能够自动调整其方向至正确方向并保证收敛性.

为此, 首先给出快速扩张序列 (fast expanding sequence, FES) 的定义.

定义 5.1　称序列 $\{\tau_i\}$ 为快速扩张序列, 若其元满足 $0=\tau_0<\tau_1<\tau_2<\cdots$ 且 $\tau_i-\tau_{i-1}\xrightarrow[i\to\infty]{}\infty$.

注记 5.1　我们给出几个满足上述定义的例子: ① $\tau_i=i^2$; ② $\tau_i=i\tau_{i-1}$, ③ $i\geqslant 2$; $\tau_i=\tau_{i-1}^2$ 且 $\tau_1>1$.

对 SISO 系统, 控制增益要么为正常数, 要么为负常数. 因此控制方向集合实际上可以记为 $\{+1,-1\}$. 为找到正确的控制方向, 我们需要定义如下二值函数作为方向切换函数 (direction switching function, DSF).

定义 5.2　方向切换函数定义为

$$S(x)=\begin{cases}-1, & x\in[\tau_{2j},\tau_{2j+1})\\ +1, & x\in[\tau_{2j+1},\tau_{2j+2})\end{cases},\quad j\in\mathbb{N}\triangleq\{0,1,2,\cdots\}$$

需要指出, 上述方向切换函数的本质要求是轮流取值为 $+1$ 或 -1, 而其初始取值可以为任意一个. 在本章其余部分, 在不引起混淆的地方, 方向切换函数 $S(\cdot)$ 可能会简写为 S.

注记 5.2　我们将引入方向切换函数到 ILC 算法中, 以使其可以处理未知的控制方向, 如 5.4 节式 (5.9) 或式 (5.13) 所示. 注意到方向切换函数的自变量应基于系统跟踪性能进行构造, 以使得算法能够自适应地调整方向. 这促使我们给出其自变量的形式, 并称为切换参数 (switching parameter, SP).

记 $p_k, k \geqslant 0$ 为切换参数, $p_0 = 0$. 记 $p_{k_0,k} \triangleq p_k - p_{k_0}$, $p_{k_0,\infty} \triangleq \lim\limits_{k\to\infty} p_k - p_{k_0}$.

首先给出切换参数的条件, 以使得后面关于 ILC 算法的收敛性分析更容易理解. 由这些条件可以看出, 本章的切换机制实际等同于 Nussbaum 型增益的角色, 只不过其适用于离散系统, 而 Nussbaum 增益适用于连续系统. 注意到方向切换函数的输出为 $\{+1, -1\}$, 其中之一对应正确的控制方向, 而另一个对应错误的控制方向.

条件 5.1　切换参数 p_k 需要满足如下条件.

(a) 若 $S(p_k)$ 自某个整数 k_0 后取到错误方向并且不再切换, 则 $p_{k_0,k} \xrightarrow[k\to\infty]{} \infty$.

(b) 若 $S(p_k)$ 自某个整数 k_0 后取到正确方向并且不再切换, 则 $\lim\limits_{k\to\infty} p_{k_0,k} < \infty$, 且 $\{p_{k_0,\infty}\}$ 关于 k_0 一致有界.

(c) $\{p_k\}$ 关于 k 为非降序列.

注记 5.3　注意到, 若切换参数 p_k 设计为跟踪误差的某个累积函数, 则条件 5.1(a) 表示若 $S(p_k)$ 自 k_0 取错误方向且不再切换, 则跟踪性能自 k_0 后的累积量趋于无穷, 反映跟踪性能未能变优; 而条件 5.1(b) 表示若 $S(p_k)$ 自 k_0 取正确方向且不再切换, 则跟踪性能自 k_0 后的累积量有限, 反映跟踪性能逐渐变好.

下面结合图 5.1 来阐述本章的切换思想. 图中 R 与 W 分别表示正确控制方向与错误控制方向.

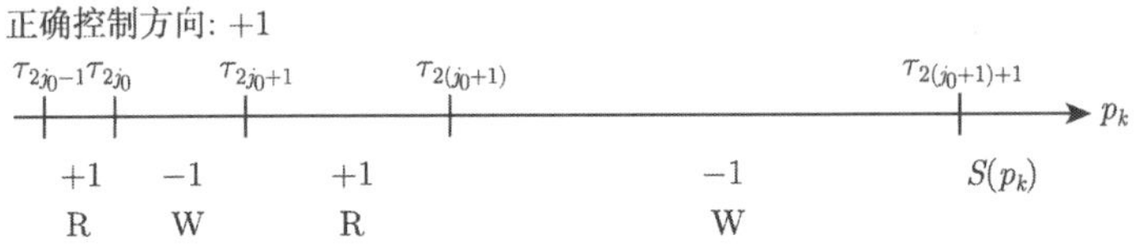

图 5.1　切换机制示意图

记区间 $[\tau_j, \tau_{j+1})$ 为 I_j, $j \geqslant 0$. 如图 5.1 所示, 假定正确控制方向为 +1, 根据定义 5.2 可知当参数 p_k 落入区间 $I_{2j-1}, j \in \mathbb{N}$ 时, 方向切换函数 $S(p_k)$ 取到正确方向, 而当参数 p_k 落入区间 $I_{2j}, j \in \mathbb{N}$ 时, $S(p_k)$ 取到错误方向. 由条件 5.1(c) 知, p_k 为非降序列, 因此一旦 p_k 穿出某个区间, 它将永不会再次落入该区间.

若 p_k 落入某个区间 I_{2j_0}(图 5.1) 并且始终在该区间, 即从此始终有 $S = -1$ 成立, 那么根据条件 5.1(a) 可知 $p_{T_{2j_0},k} \xrightarrow[k\to\infty]{} \infty$. 由此可知 p_k 必然将穿出 I_{2j_0} 而进入 I_{2j_0+1}, 与前述假设矛盾. 换言之, p_k 不可能永久地取值于区间 I_{2j_0}, $j \in \mathbb{N}$. 因此, 方向切换函数 $S(\cdot)$ 不可能保持为错误控制方向.

若 p_k 落入某个区间 I_{2j_0+1} 并且始终在该区间, 则方向切换函数从此取值为 $+1$, 进而由条件 5.1(b) 可知, $p_{T_{2j_0+1},k}$ 将收敛到 $p_{T_{2j_0+1},\infty}$. 后者的值与区间 I_{2j_0+1} 的长度无确定关系, 可能大于, 也可能不大于. 若大于关系不成立, 则 p_k 将会永久落在区间 I_{2j_0+1}, 这说明 $S(\cdot)$ 找到了正确的控制方向并且不再切换. 若大于关系成立, 则 p_k 将会穿出区间 I_{2j_0+1} 而进入 $I_{2(j_0+1)}$. 然而, 这一关系不会发生无穷多次. 这是因为 $p_{T_{2j-1},\infty}$ 关于 j 一致有界, 而 $\tau_{2j}-\tau_{2j-1}\to\infty$. 从而, 必然存在足够大的整数 $j'\in\mathbb{N}$ 使得 p_k 一旦进入区间 $I_{2j'-1}$ 后就不再穿出. 综上所述, 方向切换函数 $S(\cdot)$ 将会切换至正确方向并且保持不变.

从另一个角度而言, 条件 5.1 还可以作如下理解.

定义 5.3　*定义切换时间 (switching time, ST) 为*

$$T_j \triangleq \min\{k : p_k \geqslant \tau_j\}$$

若 $\{k : p_k \geqslant \tau_j\}=\emptyset$, *则* $T_j=\infty$.

根据定义 5.3, 假定 $S=+1$ 为正确控制方向, 那么条件 5.1(a) 说明只要 $T_{2j}<\infty$, 则必然有 $T_{2j+1}<\infty$; 而条件 5.1(b) 说明存在一个整数 j_0 使得 $T_{2j_0-1}<\infty$, $T_{2j_0}=\infty$.

下述定理说明了如何保证切换机制有效.

定理 5.1　*若切换参数 p_k 满足条件 5.1, 则 p_k 收敛到某一常数. 进而, $S(p_k)$ 将会在有限次后切换至正确方向并且不再切换.*

证明: 由前述分析可知结论显然成立. ■

5.4　迭代学习控制及其收敛性

1. 确定情形

本小节将结合 5.3 节给出的切换机制, 给出确定情形下线性系统的迭代学习控制. 随机情形的结果将在下一小节中给出.

令 $a_k=1/k$, $k\geqslant 1$, 且 $a_0=1$. 构造切换参数 $p_k(t+1)$ 为

$$p_k(t+1)=\sum_{i=1}^{k} a_i e_i^2(t+1) \tag{5.8}$$

其中, $e_k(t)\triangleq y_d(t)-y_k(t)$. 正如已经指出的, $p_0=0$. 对 $k=0,1,2,\cdots$, ILC 算法递推地构造如下

$$u_{k+1}(t)=u_k(t)+a_kS(p_k(t+1))e_k(t+1) \tag{5.9}$$

$$p_{k+1}(t+1)=p_k(t+1)+a_{k+1}e_{k+1}^2(t+1) \tag{5.10}$$

其中, 初始控制 $\{u_0(t)\}$ 任意给定.

定理 5.2　对确定系统 (式 (5.1)∼式 (5.2)), 假定 A5.1 与 A5.2 成立, 应用递推 ILC 算法 (式 (5.9)∼式 (5.10)), 那么 $\forall t \in [0,T]$, 以下成立.

(i) 方向切换函数 $S(p_k(t+1))$ 在有限次后切换到正确方向且不再切换.

(ii) 控制序列 $\{u_k(t)\}$ 收敛到目标控制 $u_d(t)$, 且 $|u_d(t)-u_k(t)|=o(k^{-\delta})$, 其中 $\delta>0$ 为合适的常数.

(iii) 系统输出 $y_k(t+1)$ 收敛到 $y_d(t+1)$, 即 $y_d(t+1)-y_k(t+1) \xrightarrow[k\to\infty]{} 0$.

证明:参见 5.6 节.　■

2. 随机情形

我们首先给出使得跟踪指标 (5.7) 达到最小值的最优控制序列应满足的条件. 由式 (5.3)、式 (5.4) 及 A5.5, 有

$$\begin{aligned}u_d(t)=&[(C(t+1)B(t))^{\mathrm{T}}C(t+1)B(t)]^{-1}\\&\times(C(t+1)B(t))^{\mathrm{T}}(y_d(t+1)-C(t+1)A(t)x_d(t))\end{aligned}$$

定理 5.3　对系统 (式 (5.5)∼式 (5.6)) 及指标 (5.7), 假定 A5.3∼A5.5 成立, 并且 $y_d(t+1)$ 可实现, 则对任意时刻 t, 若控制序列 $\{u_k(t)\}$ 为容许集且满足 $u_k(i) \xrightarrow[k\to\infty]{} u_d(i), i=0,1,\cdots,t$, 则指标 (5.7) 取到最小值. 此时称 $\{u_i(t,k)\}$ 为最优控制序列.

证明: 参见 5.6 节.　■

对随机系统 (式 (5.5)∼ 式 (5.6)), 由于系统噪声与量测噪声的存在, 由式 (5.8) 给出的切换参数 p_k 不再满足条件 5.1, 即使控制输入为 $u_d(t)$. 因此我们需要对随机情形重新设计切换参数

$$q_k(t+1)=\frac{1}{k}\sum_{l=1}^{k}e_l^2(t+1) \tag{5.11}$$

$$p_k(t+1)=\sup_{s\leqslant k}\{q_s(t)\} \tag{5.12}$$

而 $p_0=0$.

显然上述定义的 $p_k(t)$ 为非降序列. 对 $k=0,1,2,\cdots$, 递推地定义 ILC 算法如下

$$u_{k+1}(t)=u_k(t)+a_kS(p_k(t+1))e_k(t+1) \tag{5.13}$$

$$q_{k+1}(t+1)=q_k(t+1)+\frac{1}{k+1}(e_{k+1}^2(t+1)-q_k(t+1)) \tag{5.14}$$

$$p_{k+1}(t+1)=\max\{p_k(t+1),q_{k+1}(t+1)\} \tag{5.15}$$

其中, $a_0=1$, 且 $a_k=\dfrac{1}{k}$, $k\geqslant 1$. 初始输入 $\{u_0(t)\}$ 任意给定.

定理 5.4　对随机系统 (式 (5.5)～式 (5.6)) 及指标 (5.7), 假定 A5.3～A5.5 成立, 应用递推 ILC 算法 (式 (5.13)～式 (5.15)), 那么 $\forall t \in [0,T]$, 以下成立.

(i) 方向切换函数 $S(p_k(t+1))$ 在有限次后切换到正确方向且不再切换.

(ii) 控制序列 $\{u_k(t)\}$ 最优, 且 $\|u_d(t)-u_k(t)\|=o(k^{-\delta})$ a.s., 其中 $\delta>0$ 为适当常数.

(iii) 跟踪指标 (5.7) 达到最小.

证明:参见 5.6 节. ■

5.5 仿真算例

时变 SISO 随机系统描述如下

$$
\begin{aligned}
x_k(t+1) =&(-1.1+\sin t)x_k(t)+(1.3+0.5\sin(4t))u_k(t)+w_k(t)\\
y_k(t) =&(2.7+0.5\cos(2t))x_k(t)+v_k(t)
\end{aligned}
$$

其中, 时刻 $t\in\{1,2,\cdots,10\}$; $w_k(t),v_k(t)\in\mathcal{N}(0,0.1^2)$. 注意到 $(1.3+0.5\sin(4t))\times(2.7+0.5\cos(2t))>0$, $\forall t$, 易知方向切换函数的正确输出应为 $+1$.

参考目标 $y_d(t)=2(t-1)$, $t\in\{1,2,\cdots,10\}$.

初始控制输入 $u_0(t)\triangleq 0$, $\forall t\in\{1,2,\cdots,10\}$.

快速扩张序列构造为 $\tau_0=0$, $\tau_i=i!$, $i=1,2,\cdots$.

运行算法300次, 第300次的跟踪结果如图5.2所示, 其中, 无标记实线表示跟踪目标, 带圆圈的实线表示系统实际输出. 而图5.3给出了在时刻 $t=2,4,6,8,10$ 的方向切换函数的输出情况, 从中容易看出方向切换函数很快切换至正确的控制方向.

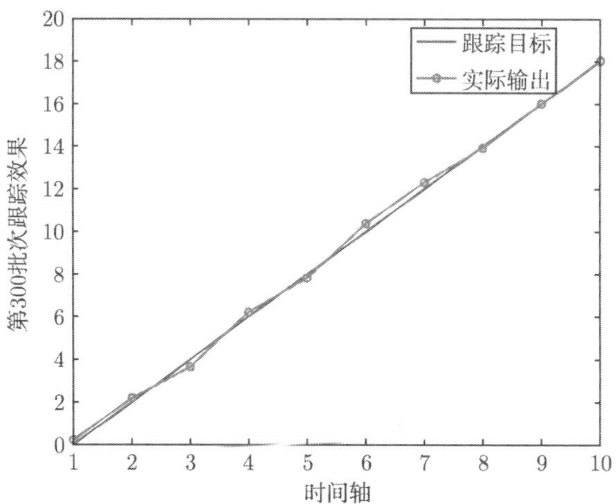

图 5.2　$y_{300}(t)$ 跟踪 $y_d(t)$ 的表现

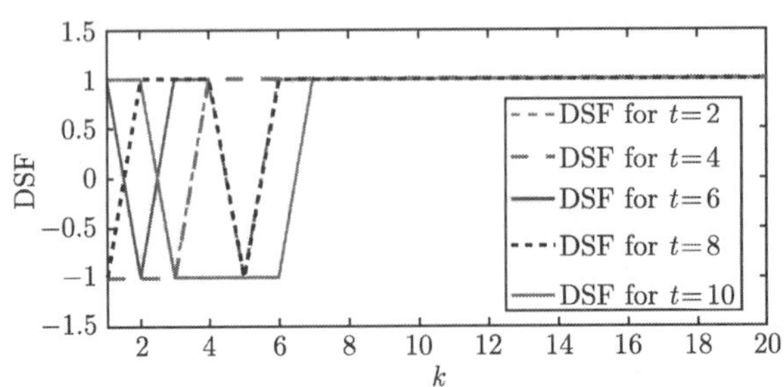

图 5.3　时刻 $t=2,4,6,8,10$ 的方向切换函数输出情况

当 $w_k(t)=v_k(t)=0$ 时, 即当系统为确定系统时, 跟踪效果与上述结果类似, 但整体效果更优, 此处不再重复.

5.6　本章定理证明

1. 几个预备定理

下面的加权鞅差定理可参考文献 [51].

定理 5.5　令 $\{X(t),\mathcal{F}_t\}$ 为鞅差列, $\{M(t),\mathcal{F}_t\}$ 为适应序列, $\|M(t)\|<\infty$, $\forall t\geqslant 0$. 若 $\sup\limits_{t\geqslant 0} E[\|X(t)\|^2\mid\mathcal{F}_{t-1}]<\infty$, a.s., 则对任意给定 $\eta>0$ 有

$$\sum_{t=0}^{n} M(t)X(t+1)=O\left(\left(\sum_{t=0}^{n}\|M(t)\|^2\right)^{\frac{1}{2}+\eta}\right),\quad \text{a.s.}$$

下述定理为若干随机逼近算法的融合结果, 即附录中的定理 A.1 与定理 A.4, 以及文献 [132] 中的性质 1.6.

考虑 RM 算法

$$x_{k+1}=x_k+a_k(f(x_k)+\epsilon_k) \tag{5.16}$$

其中, $a_k=1/k$. 记 x^0 为函数 $f(x)$ 的零点. 下述条件将会用到其收敛性分析中.

H5.1　存在一致连续光滑的函数 $V(\cdot):\mathbb{R}\to\mathbb{R}_+$, 使得

(i) $\lim\limits_{\|x\|\to\infty} V(x)=\infty$;

(ii) 存在 $\delta'>0$ 使得对所有的 $\|x\|\geqslant r$, 有

$$\langle\nabla V(x),f(x)\rangle\leqslant-\delta'$$

其中, ∇ 表示梯度.

H5.2　对所考虑的采样路径 ω, 式 (5.16) 中的量测噪声 ϵ_k 可以分解为两部分 $\epsilon_k=\epsilon_k^{'}+\epsilon_k^{''}$, 使得对某个 $\delta\in(0,1]$ 有

$$\sum_{k=1}^{\infty}a_k^{1-\delta}\epsilon_k'<\infty,\quad \epsilon_k''=O(a_k^{\delta}) \tag{5.17}$$

H5.3　$f(\cdot)$ 满足全局 Lipschitz 条件, 在 x^0 处可微, 且当 $x\to x^0$ 时, 有

$$f(x)=F\cdot(x-x^0)+\delta(x),\quad \delta(x^0)=0,\quad \delta(x)=o(\|x-x^0\|) \tag{5.18}$$

矩阵 F 为稳定阵, 且 $F+\delta I$ 也为稳定阵, 其中 δ 由式 (5.17) 给出.

定理 5.6　假定 H5.1、H5.2 及 H5.3 成立. 那么由 RM 算法 (5.16) 产生的 $\{x_k\}$ 有界, 进而 $x_k\xrightarrow[k\to\infty]{}x^0$, 收敛速率为

$$\|x_k-x^0\|=o(k^{-\delta}) \tag{5.19}$$

其中, δ 由式 (5.17) 给出.

注记 5.4　对线性函数 $f(x)=\beta(x-b)$, $\beta<0$, 容易找到满足 H5.1 的 $V(x)$. 这里给出一个示例. 不失一般性, 假定 $b=0$, 定义

$$V(x)=\begin{cases}2x-1, & x\geqslant 1\\ x^2, & -1<x<1\\ -2x+1, & x\leqslant -1\end{cases}$$

显然, 这个 $V(x)$ 一致连续光滑. H5.1(i) 显然成立. 令 $r=1$, 则 H5.1(ii) 也成立.

2. 定理 5.2 的证明

这个定理的证明为对时刻 t 用数学归纳法. 先给出证明的路线图. 考虑 $t=0$ 作为数学归纳法的基础, 依次证明结论中的三条. 具体而言, 定理 5.2 的第一条结论通过验证条件 5.1 得到, 然后通过简单的数学推导可知其余两条结论成立. 在归纳论证步骤, 假定结论对 $0,1,\cdots,t-1$ 均成立, 对时刻 t 通过类似的推导可知结论成立. 在后面, 若 $b_n\geqslant 0$ 且存在 $M>0$ 使得 $|a_n|\leqslant Mb_n,\forall n$, 则记 $a_n=O(b_n)$; 若 $b_n\geqslant 0$ 且 $\dfrac{a_n}{b_n}\to 0, n\to\infty$, 则记 $a_n=o(b_n)$.

为表述简洁, 记 $\delta x_k(t)\triangleq x_d(t)-x_k(t)$, $\delta u_k(t)\triangleq u_d(t)-u_k(t)$.

基础步骤: 对时刻 $t=0$ 证明结论成立.

由式 (5.1)~式 (5.4) 可得

$$e_k(1)=C(1)\delta x_k(1)=C(1)A(0)\delta x_k(0)+C(1)B(0)\delta u_k(0)$$

记 $m_0 = C(1)B(0) \in \mathbb{R}$, 由 A5.1 得

$$e_k(1) = m_0 \delta u_k(0) \tag{5.20}$$

为叙述方便, 不失一般性, 整个证明过程中均假定 $m_0 > 0$, 从而正确的控制方向为 $S(\cdot) = +1$. 切换参数与切换时间分别定义为 $p_k(1) = \sum_{j=1}^{k} a_j e_j^2(1)$, $T_j(1) = \min\{k : p_k(1) \geqslant \tau_j\}$.

为证明结论 (i), 只需验证 $p_k(1)$ 符合条件 5.1 的要求. 注意到非降性显然成立.

首先验证条件 5.1(a), 即往证若 $T_{2j_0} < \infty$ 且方向切换函数自第 T_{2j_0} 次过程后停止切换, 则 $p_{T_{2j_0}, T_{2j_0}+n}(1) \xrightarrow[n\to\infty]{} \infty$. 注意到在条件 5.1(a) 的假定下, $S(\cdot) \equiv -1, \forall k \geqslant T_{2j_0}$.

用 $u_d(0)$ 分别减去式 (5.9) 的两端, 可得

$$\delta u_{k+1}(0) = (1 - a_k S(p_k(1)) m_0) \delta u_k(0) \tag{5.21}$$

那么 $\forall i = 1, 2, \cdots$

$$\begin{aligned}
(\delta u_{T_{2j_0}+i}(0))^2 &= (1 + a_{T_{2j_0}+i-1} m_0)^2 (\delta u_{T_{2j_0}+i-1}(0))^2 \\
&\geqslant (\delta u_{T_{2j_0}+i-1}(0))^2 \\
&\geqslant (\delta u_{T_{2j_0}}(0))^2
\end{aligned} \tag{5.22}$$

从而由式 (5.20) 和式 (5.22) 得

$$\begin{aligned}
p_{T_{2j_0}, T_{2j_0}+n}(1) &= \sum_{k=1}^{n} a_{T_{2j_0}+k} e_{T_{2j_0}+k}^2(1) \\
&\geqslant \sum_{k=1}^{n} a_{T_{2j_0}+k} m_0^2 (\delta u_{T_{2j_0}}(0))^2 \xrightarrow[n\to\infty]{} \infty
\end{aligned}$$

下面验证条件 5.1(b). 对任意固定的 $j_0 \in \mathbb{N}$, 为符号简洁, 记 $T_0 = T_{2j_0+1}$ 且假定 $T_0 < \infty$. 注意到在条件 5.1(b) 的假设下, $S(\cdot) \equiv +1$, $\forall k \geqslant T_0$. 因此 $\forall n > 0$

$$\begin{aligned}
p_{T_0, T_0+n} &= \sum_{k=1}^{n} a_{T_0+k} e_{T_0+k}^2(1) \\
&= \sum_{k=1}^{n} a_{T_0+k} m_0^2 \left(\prod_{j=1}^{k-1} (1 - a_{T_0+j} m_0) \cdot \delta u_{T_0}(0) \right)^2
\end{aligned}$$

注意到 $a_k = 1/k$ 且由文献 [133] 的定理 10(第 224 页) 知, 对足够大的 k

$$\prod_{j=1}^{k-1} (1 - a_{T_0+j} m_0) = O\left(\frac{1}{(T_0 + k)^{m_0}} \right) \tag{5.23}$$

这说明 $\lim\limits_{n\to\infty} p_{T_0,T_0+n} < \infty$. 为验证条件 5.1, 仅剩 p_{T_0,T_0+n} 的一致有界性有待证明.

记 $M(T_0) = m_0^2 \sum\limits_{k=1}^{\infty} a_{T_0+k}\left(\prod\limits_{l=0}^{k-1}(1-a_{T_0+l}m_0)^2\right)$. 注意到式 (5.23)

$$M(T_0) \leqslant \frac{\alpha_1}{T_0^{2m_0}} \tag{5.24}$$

其中, α_1 为独立于 T_0 的适当正常数. 因此

$$p_{T_0,\infty} \leqslant \frac{\alpha_1}{T_0^{2m_0}} \delta u_{T_0}^2(0) \tag{5.25}$$

由式 (5.21) 可以看出

$$\begin{aligned}
\delta u_{T_0}^2(0) =& (1-a_{T_0-1}S(p_{T_0-1}(1))m_0)^2 \delta u_{T_0-1}^2(0) \\
=& \left(\prod_{k=1}^{T_0-1}(1-a_k S(p_k(1))m_0)\right)^2 \delta u_1^2(0) \\
\leqslant& \left(\prod_{k=1}^{T_0-1}(1+a_k m_0)\right)^2 \delta u_1^2(0) \\
\leqslant& \kappa_1 T_0^{2m_0}
\end{aligned} \tag{5.26}$$

其中, κ_1 为独立于 T_0 的适当正常数. 于是根据式 (5.25) 和式 (5.26) 得

$$p_{T_0,\infty} \leqslant \frac{\alpha_1}{T_0^{2m_0}} \kappa_1 T_0^{2m_0} = \alpha_1 \kappa_1 \tag{5.27}$$

$p_{T_0,\infty}$ 关于下标 T_0 的一致有界性成立.

因此由定理 5.1 可知定理 5.2(i) 对时刻 $t=0$ 成立. 换言之, $S(p_k(1))$ 将会在有限次切换后找到正确的控制方向, 并且保持不变.

下面将继续证明当算法停止切换后, 其余两条结论为真. 显然, 存在 k_0 使得 $S(p_k(1)) = +1, \forall k \geqslant k_0$. 由式 (5.21) 可知

$$\delta u_{k+1}(0) = (1-a_k m_0)\delta u_k(0), \quad \forall k \geqslant k_0$$

注意到式 (5.23), 定理 5.2(ii) 对时刻 $t=0$ 显然成立. 进而, 由式 (5.20) 知定理 5.2(iii) 对时刻 $t=0$ 成立.

归纳步骤: 假设定理结论对时刻 $0,1,\cdots,t-1$ 均成立, 往证结论对时刻 t 同样成立.

记 $\varPhi_{ij} = A(i)\cdots A(j), \quad i \geqslant j, \quad \varPhi_{j,j+1} = I$. 由式 (5.1)~式 (5.4) 及 A5.1, 有

$$\delta x_k(t+1) = \sum_{i=1}^{t+1} \varPhi_{ti} B(i-1)\delta u_k(i-1) \tag{5.28}$$

记 $\rho_k(t)=C(t+1)\sum_{i=1}^{t}\Phi_{ti}B(i-1)\delta u_k(i-1)$, $m_t=C(t+1)B(t)$. 由归纳假设知, $\rho_k(t)=o(k^{-\delta})$, 其中 $\delta>0$ 为常数. 因此

$$e_k(t+1)=m_t\delta u_k(t)+\rho_k(t) \tag{5.29}$$

$$\begin{aligned}\delta u_{k+n}(t)=&\prod_{j=0}^{n-1}(1-a_{k+j}S_{k+j}(\cdot)m_t)\cdot\delta u_k(t)\\&-\sum_{j=0}^{n-1}\prod_{i=j}^{n-2}(1-a_{k+i}S_{k+i}(\cdot)m_t)\cdot a_{k+j}S_{k+j}(\cdot)\rho_{k+j}(t)\end{aligned} \tag{5.30}$$

其中, $\prod_{i=a}^{b}(\cdot)\triangleq 1$, $a>b$; 而 $S_m(\cdot)$ 为 $S(p_m(t+1))$ 的简记. 记号 $S_m(\cdot)$ 在下述证明中不致引起误解时还会使用, 以使表述简洁.

不失一般性, 整个证明中假定 $m_t>0$, 从而正确的控制方向为 $S\equiv+1$. 现在我们来证明 $p_k(t+1)$ 满足条件 5.1, 其中第三点非降性显然成立.

首先考虑条件 5.1(a). 假定 $T_{2j_0}<\infty$ 且方向切换函数自第 T_{2j_0} 次运行过程后不再切换, 那么 $S(p_k(t+1))=-1$, $\forall k\geqslant T_{2j_0}$. 从而可得

$$\begin{aligned}p_{T_{2j_0},T_{2j_0}+n}(t+1)&=\sum_{k=1}^{n}a_{T_{2j_0}+k}e^2_{T_{2j_0}+k}(t+1)\\&=\sum_{k=1}^{n}a_{T_{2j_0}+k}\left(m_t\delta u_{T_{2j_0}+k}(t)+\rho_{T_{2j_0}+k}(t)\right)^2\\&\geqslant Q_1+Q_2\end{aligned}$$

其中

$$\begin{aligned}Q_1&=\sum_{k=1}^{n}a_{T_{2j_0}+k}(m_t\delta u_{T_{2j_0}+k}(t))^2\\Q_2&=2m_t\sum_{k=1}^{n}a_{T_{2j_0}+k}\delta u_{T_{2j_0}+k}(t)\rho_{T_{2j_0}+k}(t)\end{aligned}$$

注意到 $\dfrac{\rho_{T_{2j_0}+k}(t)}{\delta u_{T_{2j_0}+k}(t)}\xrightarrow[k\to\infty]{}0$, 因此易知当 n 足够大后, 在 Q_1+Q_2 中 Q_1 起主导作

用, 即 $Q_2 = o(Q_1)$. 因此我们只需考虑 Q_1. 由式 (5.30) 及条件 5.1(a) 的假设知

$$\begin{aligned}Q_1 = &\sum_{k=1}^{n} a_{T_{2j_0}+k} m_t^2 \left(\prod_{j=0}^{k-1} (1 + a_{T_{2j_0}+j} m_t) \cdot \delta u_{T_{2j_0}}(t) \right. \\ &\left. + \sum_{j=0}^{k-1} \prod_{i=j}^{k-2} (1 + a_{T_{2j_0}+i} m_t) \cdot a_{T_{2j_0}+j} \rho_{T_{2j_0}+j}(t) \right)^2 \\ \geqslant &Q_3 + Q_4 \end{aligned} \tag{5.31}$$

其中

$$\begin{aligned}Q_3 =& \sum_{k=1}^{n} a_{T_{2j_0}+k} m_t^2 \left(\prod_{j=0}^{k-1} (1 + a_{T_{2j_0}+j} m_t) \delta u_{T_{2j_0}}(t) \right)^2 \\ Q_4 =& 2 \sum_{k=1}^{n} a_{T_{2j_0}+k} m_t^2 \left(\prod_{j=0}^{k-1} (1 + a_{T_{2j_0}+j} m_t) \cdot \delta u_{T_{2j_0}}(t) \right) \\ &\times \left(\sum_{j=0}^{k-1} \prod_{i=j}^{k-2} (1 + a_{T_{2j_0}+i} m_t) \cdot a_{T_{2j_0}+j} \rho_{T_{2j_0}+j}(t) \right)\end{aligned}$$

由文献 [133] 中的定理 10(第 224 页) 可知, 对足够大的 k 有

$$\prod_{j=0}^{k-1} (1 + a_{T_{2j_0}+j} m_t) \delta u_{T_{2j_0}}(t) = O((T_{2j_0} + k)^{m_t}) \xrightarrow[k\to\infty]{} \infty \tag{5.32}$$

$$\begin{aligned}&2 \sum_{j=0}^{k-1} \prod_{i=j}^{k-2} (1 + a_{T_{2j_0}+i} m_t) a_{T_{2j_0}+j} \rho_{T_{2j_0}+j}(t) \\ =& \sum_{j=0}^{k-1} O\left(\left(\frac{T_{2j_0} + k - 1}{T_{2j_0} + j} \right)^{m_t} \right) \frac{1}{T_{2j_0} + j} o\left(\frac{1}{(T_{2j_0} + j)^{\delta}} \right) \\ =& O\left(\frac{1}{(T_{2j_0} + k)^{\delta}} \right) \xrightarrow[k\to\infty]{} 0 \end{aligned} \tag{5.33}$$

这一事实说明 $Q_4 = o(Q_3)$.

另外, 容易看出

$$Q_3 \geqslant \sum_{k=1}^{n} a_{T_{2j_0}+k} m_t^2 (\delta u_{T_{2j_0}}(t))^2 \xrightarrow[n\to\infty]{} \infty \tag{5.34}$$

从而 $Q_1+Q_2 \xrightarrow[n\to\infty]{} \infty$, 后者说明 $p_{T_{2j_0},T_{2j_0}+n} \xrightarrow[n\to\infty]{} \infty$. 换言之, 条件 5.1(a) 成立.

下面来看条件 5.1(b). 对任意固定的 $j_0\in\mathbb{N}$, 记 $T_0=T_{2j_0+1}$. 假定 $T_0<\infty$ 且方向切换函数自第 T_0 次运行过程后不再切换. 那么 $S(p_k(t+1))=+1, \forall k\geqslant T_{2j_0-1}$. 从而

$$\begin{aligned}
p_{T_0,T_0+n}(t+1) &\leqslant \sum_{k=1}^{\infty} a_{T_0+k}e_{T_0+k}^2(t+1)\\
&=\sum_{k=1}^{\infty} a_{T_0+k}\left(m_t\delta u_{T_0+k}(t)+\rho_{T_0+k}(t)\right)^2\\
&\leqslant 2\sum_{k=1}^{\infty} a_{T_0+k}\left(m_t\delta u_{T_0+k}(t)\right)^2+2\sum_{k=1}^{\infty} a_{T_0+k}\left(\rho_{T_0+k}(t)\right)^2
\end{aligned}$$

其中右侧最后一项根据归纳假设可知显然有限, 而右侧第一项估计如下

$$\begin{aligned}
&\sum_{k=1}^{\infty} a_{T_0+k}\left(m_t\delta u_{T_0+k}(t)\right)^2\\
=&\sum_{k=1}^{\infty} a_{T_0+k}m_t^2\left(\prod_{j=0}^{k-1}(1-a_{T_0+j}m_t)\cdot\delta u_{T_0}(t)\right.\\
&\left.-\sum_{j=0}^{k-1}\prod_{i=j}^{k-2}(1-a_{T_0+i}m_t)\cdot a_{T_0+j}\rho_{T_0+j}(t)\right)^2\\
\leqslant& 2m_t^2(\Delta_1+\Delta_2)
\end{aligned}$$

其中

$$\begin{aligned}
\Delta_1 &\triangleq \sum_{k=1}^{\infty} a_{T_0+k}\left(\prod_{j=0}^{k-1}(1-a_{T_0+j}m_t)\cdot\delta u_{T_0}(t)\right)^2\\
&=\delta u_{T_0}^2(t)\times\sum_{k=1}^{\infty} O\left(\frac{1}{(T_0+k)^{1+2m_t}}\right)<\infty\\
\Delta_2 &\triangleq \sum_{k=1}^{\infty} a_{T_0+k}\left(\sum_{j=0}^{k-1}\prod_{i=j}^{k-2}(1-a_{T_0+i}m_t)a_{T_0+j}\rho_{T_0+j}(t)\right)^2\\
&=\sum_{k=1}^{\infty} a_{T_0+k}\left(\frac{1}{(T_0+k)_t^m}\sum_{j=0}^{k-1} o\left((T_0+j)^{m_t-1-\delta}\right)\right)^2\\
&=\sum_{k=1}^{\infty} o\left(\frac{1}{(T_0+k)^{1+2\delta}}\right)<\infty
\end{aligned}$$

从而

$$p_{T_0,T_0+n}(t+1) \leqslant \sum_{k=1}^{\infty} a_{T_0+k} e_{T_0+k}^2(t+1) < \infty$$

至此, 仅剩 $p_{T_0,\infty}$ 关于 T_0 的一致有界性有待证明, 而这一点仅需说明 Δ_1 项关于 T_0 一致有界.

记 $L(T_0) = \sum_{k=1}^{\infty} a_{T_0+k} \left(\prod_{j=0}^{k-1} (1 - a_{T_0+j} m_t) \right)^2$, 类似于式 (5.24) 的推导过程, 可知存在独立于 T_0 的常数 α_2 使得

$$L(T_0) \leqslant \frac{\alpha_2}{T_0^{2m_t}} \tag{5.35}$$

由式 (5.30) 有

$$\begin{aligned} \delta u_{T_0}^2(t) &= \left(\prod_{j=1}^{T_0-1} (1 - a_j S_j(\cdot) m_t) \cdot \delta u_1(t) - \sum_{j=1}^{T_0-1} \prod_{i=j}^{n-2} (1 - a_i S_i(\cdot) m_t) \cdot a_j S_j(\cdot) \rho_j(t) \right)^2 \\ &\leqslant 2 \left(\prod_{j=1}^{T_0-1} (1 - a_j S_j(\cdot) m_t) \cdot \delta u_1(t) \right)^2 + 2 \left(\sum_{j=1}^{T_0-1} \prod_{i=j}^{n-2} (1 - a_i S_i(\cdot) m_t) \cdot a_j S_j(\cdot) \rho_j(t) \right)^2 \end{aligned} \tag{5.36}$$

类似于式 (5.26), 存在独立于 T_0 的常数 κ_2 使得式 (5.36) 的右侧第一项满足

$$2 \left(\prod_{j=1}^{T_0-1} (1 - a_j S_j(\cdot) m_t) \cdot \delta u_1(t) \right)^2 \leqslant \kappa_2 T_0^{2m_t} \tag{5.37}$$

现在来考虑式 (5.36) 右侧的第二项. 由归纳假设知, 存在常数 L 使得 $\rho_k(t) \leqslant L k^{-\delta}$. 从而

$$\begin{aligned} & 2 \left(\sum_{j=1}^{T_0-1} \prod_{i=j}^{T_0-2} (1 - a_i S_i(\cdot) m_t) \cdot a_j S_j(\cdot) \rho_j(t) \right)^2 \\ \leqslant & 2 \left(\sum_{j=1}^{T_0-1} \left| \prod_{i=j}^{T_0-2} (1 - a_i S_i(\cdot) m_t) \cdot a_j S_j(\cdot) \rho_j(t) \right| \right)^2 \\ \leqslant & 2 \left(\sum_{j=1}^{T_0-1} \prod_{i=j}^{T_0-2} (1 + a_i m_t) \cdot \frac{1}{j} \cdot L j^{-\delta} \right)^2 \\ = & O\left(\frac{1}{T_0^{2\delta}} \right) \end{aligned} \tag{5.38}$$

结合式 (5.35)~式 (5.38) 可得到 Δ_1 的一致有界性.

从而定理 5.1、定理 5.2(i) 对时刻 t 成立. 因此可得自第 k_0 次运行过程起, $S(p_k(t+1))$ 停止方向切换, 那么 $S(p_{k_0+n})\equiv +1,\forall n>0$ 且

$$\delta u_{k_0+n}(t)=\prod_{j=0}^{n-1}(1-a_{k_0+j}m_t)\cdot\delta u_{k_0}(t)-\sum_{j=0}^{n-1}\prod_{i=j}^{n-2}(1-a_{k_0+i}m_t)\cdot a_{k_0+j}\rho_{k_0+j}(t)$$

由于

$$\begin{aligned}&\prod_{j=0}^{n-1}(1-a_{k_0+j}m_t)\cdot\delta u_{k_0}(t)=o\left((k_0+n)^{-m_t}\right)\xrightarrow[n\to\infty]{}0\\&\sum_{j=0}^{n-1}\prod_{i=j}^{n-2}(1-a_{k_0+i}m_t)\cdot a_{k_0+j}\rho_{k_0+j}(t)\\=&\sum_{j=0}^{n-1}O\left(\left(\frac{k_0+j}{k_0+n-1}\right)^{m_t}\right)a_{k_0+j}\cdot o\left(\frac{1}{(k_0+j)^{\delta}}\right)\\=&O\left(\frac{1}{(k_0+n-1)^{m_t}}\right)\sum_{j=0}^{n-1}o((k_0+j)^{m_t-1-\delta})\\=&o\left((k_0+n)^{-\delta}\right)\xrightarrow[n\to\infty]{}0\end{aligned}$$

所以

$$\delta u_{k_0+n}(t)=o(n^{\max\{-m_t,-\delta\}})\xrightarrow[n\to\infty]{}0$$

换言之, 定理 5.2(ii) 对时刻 t 成立. 进而, 定理 5.2(iii) 同样成立. 根据数学归纳法原理, 定理结论得证. ■

3. 定理 5.3 的证明

由式 (5.3) 与式 (5.5) 可得

$$\delta x_k(t+1)=A(t)\delta x_k(t)+B(t)\delta u_k(t)-w_k(t+1)$$

倒推上述迭代方程可得

$$\delta x_k(t+1)=\sum_{i=1}^{t+1}\Phi_{ti}B(i-1)\delta u_k(i-1)+\sum_{i=0}^{t+1}\Phi_{ti}w_k(i)$$

从而

$$\begin{aligned}y_d(t+1)-y_k(t+1)&=C(t+1)\delta x_k(t+1)-v_k(t+1)\\&=\phi_k(t+1)+\varphi_k(t+1)-v_k(t+1)\end{aligned}$$

其中

$$\begin{aligned}\phi_k(t+1) =& C(t+1)\sum_{i=1}^{t+1}\varPhi_{ti}B(i-1)\delta u_k(i-1)\\ \varphi_k(t+1) =& C(t+1)\sum_{i=0}^{t+1}\varPhi_{ti}w_k(i)\end{aligned}$$

据 A5.3 和 A5.4, 注意到 $u_k(i)\in\mathcal{F}_{k-1}, i=0,1,\cdots,t$, 因此 $\phi_k(t+1)$、$\varphi_k(t+1)$ 及 $v_k(t+1)$ 相互独立.

由定理 5.5 可得

$$\sum_{k=1}^{n}\phi_k(t+1)\left(\varphi_k(t+1)-v_k(t+1)\right)=O\left(\left(\sum_{k=1}^{n}\|\phi_k(t+1)\|^2\right)^{\frac{1}{2}+\eta}\right),\quad \text{a.s.}\quad \forall\eta>0$$

$$\sum_{k=1}^{n}\varphi_k(t+1)v_k(t+1)=O\left(\left(\sum_{k=1}^{n}\|v_k(t+1)\|^2\right)^{\frac{1}{2}+\eta}\right),\quad \text{a.s.}\quad \forall\eta>0$$

从而

$$\begin{aligned}&\limsup_{n\to\infty}\frac{1}{n}\sum_{k=1}^{n}|y_d(t+1)-y_k(t+1)|^2\\ =&\limsup_{n\to\infty}\frac{1}{n}\sum_{k=1}^{n}\|\phi_k(t+1)\|^2+\limsup_{n\to\infty}\frac{1}{n}\sum_{k=1}^{n}\|\varphi_k(t+1)-v_k(t+1)\|^2\\ =&\limsup_{n\to\infty}\frac{1}{n}\sum_{k=1}^{n}\|\phi_k(t+1)\|^2+\limsup_{n\to\infty}\frac{1}{n}\sum_{k=1}^{n}\|\varphi_k(t+1)\|^2\\ &+\limsup_{n\to\infty}\frac{1}{n}\sum_{k=1}^{n}\|v_k(t+1)\|^2\\ =&\limsup_{n\to\infty}\frac{1}{n}\sum_{k=1}^{n}\|\phi_k(t+1)\|^2+\operatorname{tr}\left[C(t+1)\sum_{i=0}^{t+1}\varPhi_{ti}R_i^w\varPhi_{ti}^{\mathrm{T}}C^{\mathrm{T}}(t+1)+R_{t+1}^v\right]\end{aligned}$$

其中, 最后一项独立于控制信号.

因此, 指标 (5.7) 取到最小值当且仅当上述方程右侧第一项为 0. 这说明若 $\delta u_k(i)\xrightarrow[k\to\infty]{}0, i=0,1,\cdots,t$, 则控制 $\{u_k(i), i=0,1,\cdots,t, k=1,2,\cdots\}$ 为最优. 定理得证. ■

4. **定理 5.4 的证明**

本定理的证明通过沿时刻 t 运用数学归纳法完成. 证明路线图类似于定理 5.2 的路线图.

基础步骤: 往证对时刻 $t=0$ 定理结论成立.

注意到

$$e_k(1)=y_d(1)-y_k(1)=C(1)\delta x_k(1)-v_k(1)\triangleq m_0\delta u_k(0)+\xi_k(1) \tag{5.39}$$

其中, $\xi_k(1)\triangleq C(1)A(0)w_k(0)+C(1)w_k(1)-v_k(1)$, $m_0=C(1)B(0)$. 由 A5.3 和 A5.4 易知, $\xi_k(1)$ 为零均值二阶矩有限的随机变量. 记 $R_\xi=C(1)A(0)R_0^wA^{\mathrm{T}}(0)C^{\mathrm{T}}(1)+C(1)R_1^wC^{\mathrm{T}}(1)+R_1^v$. 不失一般性, 设 $m_0>0$, 那么正确的与错误的控制方向分别为 $S=+1$ 与 $S=-1$. 由式 (5.13) 和式 (5.39) 有

$$\begin{aligned}\delta u_{k+1}(0)&=\delta u_k(0)-a_kS(p_k(1))e_k(1)\\&=(1-a_kS(p_k(1))m_0)\delta u_k(0)-a_kS(p_k(1))\xi_k(1)\end{aligned} \tag{5.40}$$

$$\begin{aligned}\delta u_{k+n}(0)=&\prod_{j=0}^{n-1}(1-a_{k+j}S(p_{k+j}(1))m_0)\delta u_k(0)\\&-\sum_{j=0}^{n-1}\prod_{i=j}^{n-2}(1-a_{k+i}S(p_{k+i}(1))m_0)\cdot a_{k+j}S(p_{k+j}(1))\xi_{k+j}(1)\end{aligned} \tag{5.41}$$

首先验证条件 5.1(a). 假设 $T_{2j_0}<\infty$ 且自 T_{2j_0} 起方向切换函数停止切换. 则证明目标为说明 $q_{T_{2j_0}+n}(1)\xrightarrow[n\to\infty]{}\infty$. 由式 (5.14) 和式 (5.15) 可得

$$\begin{aligned}q_{T_{2j_0}+n}(1)&=\frac{1}{T_{2j_0}+n}\sum_{k=1}^{T_{2j_0}+n}e_k^2(1)\\&=\frac{T_{2j_0}}{T_{2j_0}+n}q_{T_{2j_0}}(1)+\frac{1}{T_{2j_0}+n}\sum_{k=1}^{n}e_{T_{2j_0}+k}^2(1)\end{aligned} \tag{5.42}$$

容易看出, 上述方程右侧第一项趋于 0, 即

$$\frac{T_{2j_0}}{T_{2j_0}+n}q_{T_{2j_0}}(1)\xrightarrow[n\to\infty]{}0$$

注意到在条件 5.1(a) 的假设下, $S(p_{T_{2j_0}}(1))\equiv+1$. 由式 (5.41) 知, 第二项的分子部

分估计如下

$$
\begin{aligned}
&\sum_{k=1}^{n} e_{T_{2j_0}+k}^2(1) = \sum_{k=1}^{n} \left(m_0 \delta u_{T_{2j_0}+k}(0) + \xi_{T_{2j_0}+k}(1)\right)^2 \\
=&\sum_{k=1}^{n}\left(m_0 \prod_{j=0}^{k-1}(1+a_{T_{2j_0}+j}m_0)\delta u_{T_{2j_0}}(0) + \xi_{T_{2j_0}+k}(1)\right.\\
&\left.+ m_0 \sum_{j=0}^{k-1}\prod_{i=j}^{k-2}(1+a_{T_{2j_0}+i}m_0)a_{T_{2j_0}+j}\xi_{T_{2j_0}+j}(1)\right)^2\\
=&\sum_{k=1}^{n} m_0^2 \delta u_{T_{2j_0}}^2(0)\left(\prod_{j=0}^{k-1}(1+a_{T_{2j_0}+j}m_0)\right)^2(1+o(1))\\
&+\sum_{k=1}^{n}\left(m_0\sum_{j=0}^{k-1}\prod_{i=j}^{k-2}(1+a_{T_{2j_0}+i}m_0)\cdot a_{T_{2j_0}+j}\xi_{T_{2j_0}+j}(1)+\xi_{T_{2j_0}+k}(1)\right)^2
\end{aligned}
$$

由于

$$
\begin{aligned}
&\frac{1}{T_{2j_0}+n}\sum_{k=1}^{n}\left(\prod_{j=0}^{k-1}(1+a_{T_{2j_0}+j}m_0)\right)^2 m_0^2\delta u_{T_{2j_0}}^2(0)\\
=&\frac{1}{T_{2j_0}+n}\sum_{k=1}^{n}\left(O\left(\left(\frac{T_{2j_0}+k}{T_{2j_0}}\right)^{m_0}\right)\right)^2 m_0^2\delta u_{T_{2j_0}}^2(0)\\
=&O\left((T_{2j_0}+n)^{2m_0}\right)\xrightarrow[n\to\infty]{}\infty
\end{aligned}
$$

式 (5.42) 右侧第二项随着 $n\to\infty$ 而趋于无穷. 因此条件 5.1(a) 成立.

接下来验证条件 5.1(b). 记 $T_0 = T_{2j_0+1}$ 且假定 $T_0 < \infty$. 为说明 $p_{T_0+n}(1)$ 的收敛性, 只需证明在条件 5.1(b) 的假定下, $q_{T_0+n}(1)$ 关于 n 一致有界即可. 类似式 (5.42) 的证明步骤, 有

$$
\begin{aligned}
q_{T_0+n}(1) &= \frac{T_0}{T_0+n}q_{T_0}(1) + \frac{1}{T_0+n}\sum_{k=1}^{n} e_{T_0+k}^2(1)\\
&\leqslant q_{T_0}(1) + \frac{1}{T_0+n}\sum_{k=1}^{n} e_{T_0+k}^2(1)
\end{aligned}
\tag{5.43}
$$

结合 $S(p_{T_0+j}(1)) \equiv -1, \forall j > 0$

$$
\sum_{k=1}^{n} e_{T_0+k}^2(1) = \sum_{k=1}^{n}\left(m_0\prod_{j=0}^{k-1}(1-a_{T_0+j}m_0)\delta u_{T_0}(0)\right.
$$

$$
\begin{aligned}
&-m_0\sum_{j=0}^{k-1}\prod_{i=j}^{k-2}(1-a_{T_0+i}m_0)\cdot a_{T_0+j}\xi_{T_0+j}(1)+\xi_{T_0+k}(1)\Bigg)^2\\
\leqslant&3(\varOmega_1+\varOmega_2+\varOmega_3)
\end{aligned}
$$

其中

$$
\begin{aligned}
\varOmega_1 &\triangleq \sum_{k=1}^{n}\left(m_0\prod_{j=0}^{k-1}(1-a_{T_0+j}m_0)\delta u_{T_0}(0)\right)^2\\
&=\sum_{k=1}^{n}O\left(\frac{1}{(T_0+k)^{2m_0}}\right)=o(n)\\
\varOmega_2 &\triangleq \sum_{k=1}^{n}\left(m_0\sum_{j=0}^{k-1}\underbrace{\prod_{i=j}^{k-2}(1-a_{T_0+i}m_0)\cdot a_{T_0+j}}_{\triangleq M_j}\xi_{T_0+j}(1)\right)^2\\
&=\sum_{k=1}^{n}\left(O\left(\left(\sum_{j=0}^{k-1}M_j^2\right)^{\frac{1}{2}+\eta}\right)\right)^2 \quad (\text{由定理 5.5 得})\\
&=\sum_{k=1}^{n}\left(O\left(\left(\sum_{j=0}^{k-1}a_{T_0+j}^2\right)^{\frac{1}{2}+\eta}\right)\right)^2\\
&=\sum_{k=1}^{n}O(1)=O(n)\\
\varOmega_3 &\triangleq \sum_{k=1}^{n}(\xi_{T_0+k}(1))^2=O(n)\\
&\left(\text{由大数定律知}, \frac{1}{n}\sum_{k=1}^{n}(\xi_{T_0+k}(1))^2\xrightarrow[n\to\infty]{}R_\xi\right)
\end{aligned}
$$

因此, $q_{T_0+n}(1)$ 关于 n 的一致有界性成立, 进而 $p_{T_0+n}(1)$ 收敛. 要说明 $p_{T_0,\infty}$ 关于 T_0 的一致有界性, 只需证明含有 δu_{T_0} 的项关于 T_0 一致有界即可. 类似于式 (5.25), 存在独立于 T_0 的常数 α_3 使得

$$
\overline{\lim_{n\to\infty}}\frac{1}{T_0+n}\varOmega_1\leqslant\frac{\alpha_3}{T_0^{2m_0}}\delta u_{T_0}^2(0) \tag{5.44}
$$

由式 (5.41) 可得

$$
\begin{aligned}
\delta u_{T_0}^2(0) =& \left(\prod_{j=1}^{T_0-1} (1 - a_k S(p_k(1)) m_0) \delta u_1(0) \right.\\
&\left. - \sum_{j=1}^{T_0-1} \prod_{i=j}^{T_0-2} (1 - a_i S(p_i(1)) m_0) \cdot a_j S(p_j(1)) \xi_j(1) \right)^2 \\
\leqslant & 2 \left(\prod_{j=1}^{T_0-1} (1 - a_k S(p_k(1)) m_0) \delta u_1(0) \right)^2 \\
& + 2 \left(\sum_{j=1}^{T_0-1} \prod_{i=j}^{T_0-2} (1 - a_i S(p_i(1)) m_0) \cdot a_j S(p_j(1)) \xi_j(1) \right)^2 \\
\triangleq & 2\Omega_4 + 2\Omega_5
\end{aligned} \tag{5.45}
$$

类似于式 (5.26), 存在常数 κ_3 使得

$$
\Omega_4 \leqslant \kappa_3 T_0^{2m_0} \tag{5.46}
$$

另外

$$
\begin{aligned}
\Omega_5 =& O\left(\left(\sum_{j=1}^{T_0-1} \left(\prod_{i=j}^{T_0-2} (1 + a_i m_0) \cdot a_j \right)^2 \right)^{1+2\eta} \right) \\
=& O\left(\left(\sum_{j=1}^{T_0-1} O\left(\left(\frac{T_0}{j} \right)^{2m_0} \right) \times \frac{1}{j^2} \right)^{1+2\eta} \right) \\
=& O\left(\frac{1}{T_0^{1+2\eta}} \right)
\end{aligned} \tag{5.47}
$$

结合式 (5.44)~式 (5.47) 可知, $\overline{\lim}_{n\to\infty} \dfrac{1}{T_0+n}\Omega_1$ 关于 T_0 一致有界. 因此, 条件 5.1 的各点均验证成立, 根据定理 5.1 可知定理 5.4 (i) 对时刻 $t=0$ 成立.

假定自 k_0 起, 方向切换函数 $S(\cdot)$ 停止切换, 即 $S(\cdot) \equiv +1, \forall k \geqslant k_0$. 由式 (5.13) 可知 $\forall k \geqslant k_0$

$$
u_{k+1}(0) = u_k(0) + a_k m_0 (u_d(0) - u_k(0)) + a_k \xi_k(1) \tag{5.48}
$$

因此式 (5.48) 为随机逼近算法[41], 其中 $f(x) = m_0(u_d(0) - x)$ 为回归函数. 根据定理 5.6, 定理 5.4(ii) 对 $t=0$ 成立. 至此我们已经验证了这个定理的所有条件.

回归函数 $f(x)=m_0(u_d(0)-x), m_0>0$, 因此 H5.3 显然成立. 从而根据定理 5.6 后的注记 5.4, Lyapunov 函数 $V(x)$ 的存在性为真, 换言之, H5.1 满足. 由于 $\{\xi_k(1)\}$ 关于 k 为相互独立的零均值二阶矩有限的随机变量, 那么对任意 $\delta<\dfrac{1}{2}$, 有 $\sum\limits_{k=1}^{\infty} a_k^{1-\delta}\xi_k(1)<\infty$, 进而验证了 H5.2 成立.

至此, 定理 5.4(ii) 对 $t=0$ 成立, 进而根据定理 5.3 知定理成立.

归纳步骤: 假设定理结论对时刻 $0,1,\cdots,t-1$ 均成立, 往证结论对时刻 t 成立. 类似于定理 5.2 的推导过程, 我们有

$$
\begin{aligned}
u_{k+1}(t)=&u_k(t)+a_kS(p_k(t+1))e_k(t+1)\\
=&u_k(t)+a_kS_k(\cdot)[C(t+1)\delta x_k(t+1)-v_k(t+1)]\\
=&u_k(t)+a_kS_k(\cdot)[m_t\delta u_k(t)+\rho_k(t)-\zeta_k(t+1)]
\end{aligned}
$$

其中, $\rho_k(t)\triangleq C(t+1)\sum\limits_{i=1}^{t}\varPhi_{ti}B(i-1)\delta u_k(i-1)$, $\zeta_k(t+1)\triangleq C(t+1)\sum\limits_{i=0}^{t+1}\varPhi_{ti}w_k(i)+v_k(t+1)$. 这里 $m_t\triangleq C(t+1)B(t)$ 代表控制方向. 不失一般性, 假定 $m_t>0$, 因此正确的与错误的控制方向分别为 $S=+1$ 与 $S=-1$.

那么我们有

$$
\begin{aligned}
\delta u_{k+n}(t)=&\prod_{j=0}^{n-1}(1-a_{k+j}S_{k+j}(\cdot)m_t)\delta u_k(t)\\
&+\sum_{j=0}^{n-1}\left(\prod_{i=j}^{n-2}(1-a_{k+i}S_{k+i}(\cdot)m_t)\right)a_{k+j}S_{k+j}(\cdot)\rho_{k+j}(t)\\
&-\sum_{j=0}^{n-1}\left(\prod_{i=j}^{n-2}(1-a_{k+i}S_{k+i}(\cdot)m_t)\right)a_{k+j}S_{k+j}(\cdot)\zeta_{k+j}(t+1)
\end{aligned}
$$

由归纳假设知, $\rho_k(t)=o(k^{-\delta})$, $\delta>0$. $\{\zeta_k(t)\}$ 为相互独立的零均值二阶矩有限的随机变量, 且其协方差矩阵 $R_{t+1}^{\zeta}=C(t+1)\sum\limits_{i=0}^{t+1}\varPhi_{ti}R_i^w\varPhi_{ti}^{\mathrm{T}}C^{\mathrm{T}}(t+1)+R_{t+1}^v$.

首先验证条件 5.1(a). 假定 $T_{2j_0}<\infty$ 且方向切换函数自 T_{2j_0} 起停止切换方向, 则只需要说明 $q_{T_{2j_0}+n}(t+1)\xrightarrow[n\to\infty]{}\infty$. 注意到

$$
q_{T_{2j_0}+n}(t+1)=\frac{1}{T_{2j_0}+n}\sum_{k=1}^{T_{2j_0}+n}e_k^2(t+1)
$$

$$= \frac{T_{2j_0}}{T_{2j_0}+n} q_{T_{2j_0}}(t+1) + \frac{1}{T_{2j_0}+n} \sum_{k=1}^{n} e^2_{T_{2j_0}+k}(t+1)$$

其中上式右侧第一项满足

$$\frac{T_{2j_0}}{T_{2j_0}+n} q_{T_{2j_0}}(t+1) \xrightarrow[n\to\infty]{} 0$$

而上述方程右侧其余项的分子可以估计如下

$$\begin{aligned}
&\sum_{k=1}^{n} e^2_{T_{2j_0}+k}(t+1)\\
=&\sum_{k=1}^{n}\left[m_t \delta u_{T_{2j_0}+k}(t) + \rho_{T_{2j_0}+k}(t) - \zeta_{T_{2j_0}+k}(t+1)\right]^2\\
=&\sum_{k=1}^{n}\left[m_t \delta u_{T_{2j_0}+k}(t) + \rho_{T_{2j_0}+k}(t)\right]^2(1+o(1)) + \sum_{k=1}^{n}\left[\zeta_{T_{2j_0}+k}(t+1)\right]^2\\
\geqslant&\sum_{k=1}^{n}\left[m_t \delta u_{T_{2j_0}+k}(t) + \rho_{T_{2j_0}+k}(t)\right]^2(1+o(1))\\
\geqslant&\sum_{k=1}^{n}(m_t \delta u_{T_{2j_0}+k}(t))^2(1+o(1)) + 2\sum_{k=1}^{n} m_t \delta u_{T_{2j_0}+k}(t)\rho_{T_{2j_0}+k}(t)(1+o(1))
\end{aligned}$$

其中, 右侧第一项起到主导作用. 为表述清晰, 略去系数而主要考虑其余部分. 对足够大的 n 有

$$\begin{aligned}
&\sum_{k=1}^{n}\left(\delta u_{T_{2j_0}+k}(t)\right)^2\\
=&\sum_{k=1}^{n}\left(\prod_{j=0}^{k-1}(1+a_{T_{2j_0}+j}m_t)\delta u_{T_{2j_0}}(t)\right.\\
&+\sum_{j=0}^{k-1}\prod_{i=j}^{k-2}(1+a_{T_{2j_0}+i}m_t)a_{T_{2j_0}+j}\rho_{T_{2j_0}+j}(t)\\
&\left.+\sum_{j=0}^{k-1}\prod_{i=j}^{k-2}(1+a_{T_{2j_0}+i}m_t)a_{T_{2j_0}+j}\zeta_{T_{2j_0}+j}(t+1)\right)^2\\
\geqslant&\sum_{k=1}^{n}\left(\prod_{j=0}^{k-1}(1+a_{T_{2j_0}+j}m_t)\delta u_{T_{2j_0}}(t)\right.
\end{aligned}$$

$$
\begin{aligned}
&+\sum_{j=0}^{k-1}\prod_{i=j}^{k-2}(1+a_{T_{2j_0}+i}m_t)a_{T_{2j_0}+j}\rho_{T_{2j_0}+j}(t)\Bigg)^2(1+o(1))\\
&\geqslant (Q_5+Q_6)(1+o(1))
\end{aligned}
$$

其中

$$
\begin{aligned}
Q_5=&\sum_{k=1}^{n}\left(\prod_{j=0}^{k-1}(1+a_{T_{2j_0}+j}m_t)\delta u_{T_{2j_0}}(t)\right)^2\\
Q_6=&2\sum_{k=1}^{n}\left(\prod_{j=0}^{k-1}(1+a_{T_{2j_0}+j}m_t)\delta u_{T_{2j_0}}(t)\right)\\
&\times\left(\sum_{j=0}^{k-1}\prod_{i=j}^{k-2}(1+a_{T_{2j_0}+i}m_t)a_{T_{2j_0}+j}\rho_{T_{2j_0}+j}(t)\right)
\end{aligned}
$$

由式 (5.32) 和式 (5.33) 易知, 在 Q_5+Q_6 中, Q_5 起主导作用. 由于

$$
\begin{aligned}
\frac{1}{T_{2j_0}+n}Q_5=&\frac{1}{T_{2j_0}+n}\sum_{k=1}^{n}\left(O\left(\left(\frac{T_{2j_0}+k}{T_{2j_0}}\right)^{m_t}\right)\right)^2\\
=&O\left((T_{2j_0}+n)^{2m_t}\right)\xrightarrow[n\to\infty]{}\infty
\end{aligned}
$$

因此显然有

$$
\frac{1}{T_{2j_0}+n}\sum_{k=1}^{n}\left(\delta u_{T_{2j_0}+k}(t)\right)^2\xrightarrow[n\to\infty]{}\infty
$$

这说明

$$
\frac{1}{T_{2j_0}+n}\sum_{k=1}^{n}e_{T_{2j_0}+k}^2(t+1)\xrightarrow[n\to\infty]{}\infty
$$

换言之, $q_{T_{2j_0}+n}\xrightarrow[n\to\infty]{}\infty$. 条件 5.1(a) 得到验证.

接下来验证条件 5.1(b). 记 $T_0=T_{2j_0+1}$, 假定 $T_0<\infty$ 且方向切换函数自 T_0 起不再切换, 从而 $S(p_k(t+1))\equiv 1,\forall k\geqslant T_0$. 证明目标为式 (5.14) 和式 (5.15) 验证 $q_{T_0+n}(t+1)$ 关于 n 的一致有界性, 从而得到 $p_{T_0+n}(t+1)$ 的收敛性. 类似于式 (5.43) 的推导, 有

$$
\begin{aligned}
q_{T_0+n}(t+1)=&\frac{1}{T_0+n}\sum_{k=1}^{T_0+n}e_k^2(t+1)\\
\leqslant&\, q_{T_0}(t+1)+\frac{1}{T_0+n}\sum_{k=1}^{n}e_{T_0+k}^2(t+1)
\end{aligned}
$$

其中

$$
\begin{aligned}
&\frac{1}{T_0+n}\sum_{k=1}^{n}e_{T_0+k}^2(t+1)\\
=&\frac{1}{T_0+n}\sum_{k=1}^{n}\left[m_t\delta u_{T_0+k}(t)+\rho_{T_0+k}(t)-\zeta_{T_0+k}(t+1)\right]^2\\
\leqslant&\frac{3}{T_0+n}\sum_{k=1}^{n}\left[(m_t\delta u_{T_0+k}(t))^2+(\rho_{T_0+k}(t))^2+(\zeta_{T_0+k}(t+1))^2\right]
\end{aligned}
$$

首先注意到

$$
\begin{aligned}
&\frac{1}{T_0+n}\sum_{k=1}^{n}(m_t\delta u_{T_0+k}(t))^2\\
=&\frac{1}{T_0+n}\sum_{k=1}^{n}m_t^2\left[\prod_{j=0}^{k-1}(1-a_{T_0+j}m_t)\delta u_{T_0}(t)\right.\\
&+\sum_{j=0}^{k-1}\left(\prod_{i=j}^{k-2}(1-a_{T_0+i}m_t)\right)a_{T_0+j}\rho_{T_0+j}(t)\\
&\left.-\sum_{j=0}^{k-1}\left(\prod_{i=j}^{k-2}(1-a_{T_0+i}m_t)\right)a_{T_0+j}\zeta_{T_0+j}(t+1)\right]^2\\
\leqslant&\frac{3m_t^2}{T_0+n}(\Delta_3+\Delta_4+\Delta_5)
\end{aligned}
\tag{5.49}
$$

其中

$$
\begin{aligned}
\Delta_3=&\sum_{k=1}^{n}\left(\prod_{j=0}^{k-1}(1-a_{T_0+j}m_t)\delta u_{T_0}(t)\right)^2\\
=&\sum_{k=1}^{n}O\left(\frac{1}{(T_0+k)^{2m_t}}\right)=o(n)
\end{aligned}
\tag{5.50}
$$

$$
\begin{aligned}
\Delta_4=&\sum_{k=1}^{n}\left(\sum_{j=0}^{k-1}\left(\prod_{i=j}^{k-2}(1-a_{T_0+i}m_t)\right)a_{T_0+j}\rho_{T_0+j}(t)\right)^2\\
=&\sum_{k=1}^{n}\left(\sum_{j=0}^{k-1}O\left(\left(\frac{T_0+j}{T_0+k-1}\right)^{m_t}\right)\frac{1}{T_0+j}o\left(\frac{1}{(T_0+j)^{\delta}}\right)\right)^2\\
=&\sum_{k=1}^{n}O\left(\frac{1}{(T_0+k-1)^{2\delta}}\right)=o(n)
\end{aligned}
\tag{5.51}
$$

$$\begin{aligned}
\Delta_5 &= \sum_{k=1}^{n}\left(\sum_{j=0}^{k-1}\left(\prod_{i=j}^{k-2}(1-a_{T_0+i}m_t)\right)a_{T_0+j}\zeta_{T_0+j}(t+1)\right)^2 \\
&= \sum_{k=1}^{n}\left(O\left(\left(\sum_{j=0}^{k-1}\left(\prod_{i=j}^{k-2}(1-a_{T_0+i}m_t)a_{T_0+j}\right)^2\right)^{\frac{1}{2}+\eta}\right)\right)^2 \\
&= \sum_{k=1}^{n}\left(O\left(\left(\sum_{j=0}^{k-1}(a_{T_0+j})^2\right)^{\frac{1}{2}+\eta}\right)\right)^2 \\
&= \sum_{k=1}^{n}O(1) = O(n)
\end{aligned} \tag{5.52}$$

由式 (5.49)~式 (5.52) 可得

$$\frac{1}{T_0+n}\sum_{k=1}^{n}(m_t\delta u_{T_0+k}(t))^2 = O(1)$$

进而

$$\begin{aligned}
&\frac{1}{T_0+n}\sum_{k=1}^{n}(\rho_{T_0+k}(t))^2 = \frac{1}{T_0+n}\sum_{k=1}^{n}o\left(\frac{1}{(T_0+k)^{\delta}}\right) = o(1) \\
&\frac{1}{T_0+n}\sum_{k=1}^{n}(\zeta_{T_0+k}(t+1))^2 = R_{t+1}^{\zeta} < \infty
\end{aligned}$$

所以 $q_{T_0+n}(t+1)$ 关于 n 一致有界, 这说明 $p_{T_0+n}(t+1)$ 当 $n\to\infty$ 时收敛. 另外, 完全类似于式 (5.44)~式 (5.47) 及式 (5.38), 容易推出 Δ_3 关于 T_0 一致有界, 于是 $p_{T_0,\infty}$ 关于 T_0 一致有界. 条件 5.1(b) 为真. 序列 $p_k(t+1)$ 的非降性显然满足. 由定理 5.1 可知, 定理 5.4 的第一条结论成立.

假定自 k_0 起, $S(p_k(t+1))$ 停止切换, 即 $S\equiv +1, \forall k\geqslant k_0$. 那么 $\forall k\geqslant k_0$

$$u_{k+1}(t) = u_k(t) + a_k[m_t\delta u_k(t) + \rho_k(t) - \zeta_k(t+1)]$$

$f(x) = m_t(u_d(t)-x), m_t>0$ 为回归函数. $\{\rho_k(t)\}$ 与 $\{\zeta_k(t+1)\}$ 均为噪声. 前者由归纳假设知满足 $\rho_k(t) = o(k^{-\delta})$, 而后者为相互独立的零均值二阶矩有限的随机变量. 类似时刻 $t=0$ 情形的推导过程, 易知定理 5.6 的所有要求均成立. 因此定理 5.4(ii) 对 t 成立, 并进而知定理 5.4(iii) 同样成立. 根据数学归纳法原理, 定理得证. ■

5.7 本章小结

本章研究了控制方向未知的离散时间单输入单输出时变线性系统的迭代学习控制问题. 为处理未知的控制方向, 首先给出一种自适应选择控制方向的方法. 方向切换函数为正负波动函数, 根据其自变量的取值在正负两个方向之间切换. 本章将此切换函数引入迭代学习控制律, 并将其自变量构造为系统跟踪性能的累积函数, 从而实现切换函数在有限次后切换到正确方向并保持不变. 在适当的条件下, 分别对确定系统和随机系统证明了控制序列的收敛性. 在所给算法下, 对确定系统证明了输出零误差收敛到目标轨迹; 对随机系统证明了输出在所给指标意义下最优收敛到目标轨迹. 本章结果可直接推广到多输入多输出情形.

第6章　存在随机丢包下网络化随机系统的迭代学习控制

本章研究离散随机系统在含有输出数据丢包情形下的迭代学习控制问题，其中数据丢包用随机序列进行刻画. 迭代学习控制算法使用了传统的P型算法，本章基于随机逼近算法证明该算法针对线性系统和仿射非线性系统的几乎必然收敛性. 仿真算例证明了本章所提出方法的有效性.

6.1　引　　言

正如在第 1 章中所指出的, 虽然随机数据丢包问题在网络化控制方面已经得到了深入的研究, 但在迭代学习控制领域, 这一问题还存在许多空白有待填补. 相关的文献比较有限, 这从一个侧面反映了对这一问题的研究还在起步阶段. 在多数论文中, 数据丢包都是用伯努利二值随机变量进行刻画. 具体而言, 当数据包被成功传输时, 该变量取值为 1, 反之, 若数据在传输过程中丢失, 则该变量取值为 0. 其中取值为 1 和 0 的概率之和为 1. Bu 及其合作者从取数学期望的方法角度, 对网络化控制系统的迭代学习控制方面进行了研究[58-60,134,135]. 在文献 [134] 中, 首先通过所谓超向量的方法技巧将线性时不变系统转化为堆积模型, 从而系统被改写为只沿迭代轴进行演化的 1D 系统形式, 进而得到了跟踪误差的迭代方程. 作者基于文献 [136] 提出的异步动态系统方法, 给出了迭代学习控制算法的稳定性分析. 另一个稳定性结果在文献 [58] 中给出, 与前一篇的不同之处在于, 本文通过对跟踪误差的迭代方程两端取数学期望, 并由此给出稳定性条件. 进一步的结果在文献 [135] 给出, 其中重点讨论了数据丢失率与收敛速度之间的关系. 文献 [59] 和文献 [60] 讨论了仿射非线性系统的情形, 其最大的不同之处是跟踪误差沿迭代轴变为不等式关系. 此外, 由于非线性的存在, 传统的堆积技巧不再适用.

Ahn 等针对多输入多输出时不变系统, 也考虑了数据丢包下的迭代学习控制问题[55-57], 其研究方法采用了基于卡尔曼滤波的方法. 这一系列论文的差别在于数据丢包的位置. 具体而言, 在文献 [55] 中, 仅考虑输出端的数据丢包且输出向量作为一个整体考虑, 而在文献 [56] 中进一步考虑了输出向量中的某一些维度存在丢包的情形, 文献 [57] 又进一步考虑了输入端信号丢失的问题.

此外, Liu 等在文献 [62] 中研究了含有重复扰动的线性时不变系统, 提出了沿迭代轴的平均算子方法来削弱数据丢包的影响. 基于传统的压缩映像方法, 该文证明了平均化的跟踪误差的数学期望渐近收敛到某一个小的区域内. 粗略地说, 这一迭代平均的技巧给出了利用历史信息的方法思路, 有望得到更好的跟踪性能.

综上可以看出, 针对数据丢包问题的迭代学习控制文献重点给出了如下三个角度的结果: 收敛性为均方意义或取条件期望意义下; 随机丢包用二值伯努利变量刻画; 除文献 [56] 外没有考虑任何随机噪声. 本章引入一种新的模型, 即随机序列模型来刻画随机数据丢包. 并且, 针对单输入单输出时变随机系统证明了 P 型迭代学习控制算法的几乎必然收敛性. 此外, 本章所使用的随机逼近算法也不同于传统的随机逼近算法. 在传统的随机逼近算法中, 估计值每步都会更新, 而本章所使用的算法由于随机丢包的存在, 仅在一部分步骤上发生更新. 因此, 本章给出了这种情况下算法收敛性的严格证明.

6.2 问题描述

考虑如下单输入单输出离散线性系统

$$\begin{aligned} x_k(t+1) &= A(t)x_k(t) + \boldsymbol{b}(t)u_k(t) + w_k(t+1) \\ y_k(t) &= \boldsymbol{c}(t)x_k(t) + v_k(t) \end{aligned} \tag{6.1}$$

其中, $t \in \{0,1,\cdots,N\}$ 表示一个批次内的不同时刻; $k=1,2,\cdots$ 表示不同的迭代批次; $u_k(t) \in \mathbb{R}$, $x_k(t) \in \mathbb{R}^n$ 和 $y_k(t) \in \mathbb{R}$ 分别表示输入、状态和输出; $A(t)$、$\boldsymbol{b}(t)$ 和 $\boldsymbol{c}(t)$ 代表未知系统信息; $w_k(t)$ 和 $v_k(t)$ 分别为随机系统噪声和量测噪声.

控制系统的设置如图 6.1 所示. 为表述方便, 仅考虑量测端数据在传输回控制

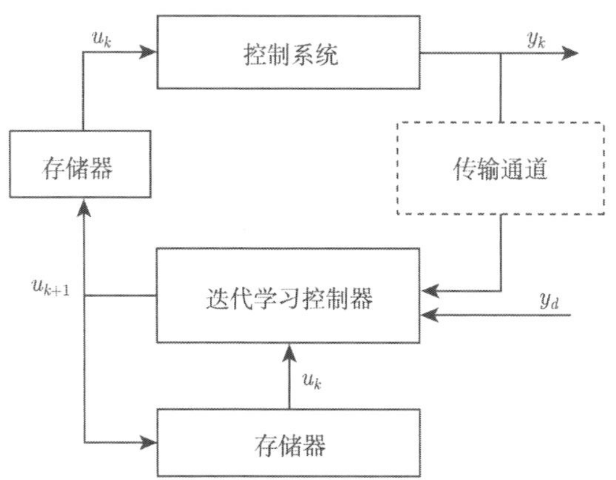

图 6.1　带有量测数据随机丢包的网络化控制系统框图

器过程中存在数据丢包的情形, 且这一情形可以被推广至量测端与控制端均存在数据丢包的一般情形. 如图 6.1 所示, 量测信号通过一个有损通道被传输回控制, 这一方式可以等价地看作该通道的传输过程存在一个随机开和关的状态切换. 在已发表论文中, 随机丢包都是用二值伯努利随机变量进行刻画. 而本章引入一个随机序列模型来刻画随机丢包问题. 为此, 令 $\mathcal{M}_k$ 表示在第 k 批次中发生量测数据丢失的时刻之集合. 换言之, 若 $y_k(t_0)$ 在传输过程中发生丢失, 则 $t_0 \in \mathcal{M}_k$.

令 $\mathcal{F}_k \triangleq \sigma\{y_j(t), x_j(t), w_j(t), v_j(t), 0 \leqslant j \leqslant k, t \in \{0, \cdots, N\}\}$ 为由 $y_j(t)$, $x_j(t)$, $w_j(t)$, $v_j(t)$, $0 \leqslant t \leqslant N$, $0 \leqslant j \leqslant k$ 等所产生的 σ-代数. 那么容许控制可以定义为

$$
\begin{aligned}
U = &\{u_{k+1}(t) \in \mathcal{F}_k, \sup_k \|u_k(t)\| < \infty, \text{a.s.} \\
&t \in \{0, \cdots, N-1\}, k = 0, 1, 2, \cdots\}
\end{aligned}
$$

本章的控制目标为在随机数据丢包环境下寻找控制序列 $\{u_k(t), k = 0, 1, 2, \cdots\} \subset U$ 来最小化下述渐近平均的跟踪误差指标, $\forall t \in \{0, 1, \cdots, N\}$

$$
V(t) = \limsup_{n \to \infty} \frac{1}{n} \sum_{k=1}^{n} \|y_k(t) - y_d(t)\|^2 \tag{6.2}
$$

其中, $y_d(t)$, $t \in \{0, 1, \cdots, N\}$ 为系统跟踪目标. 下述假设为后续分析所需.

A 6.1　*输入/输出耦合实数 $\boldsymbol{c}(t+1)\boldsymbol{b}(t)$ 为未知非零常数, 代表控制方向的符号假定已知.*

不失一般性, 在本章其余部分假定 $\boldsymbol{c}(t+1)\boldsymbol{b}(t) > 0$. 需要指出, $\boldsymbol{c}(t+1)\boldsymbol{b}(t) \neq 0$ 相当于要求系统的输入/输出相对阶为 1. 在后面不致引起误解时, 符号 $\boldsymbol{c}(t+1)\boldsymbol{b}(t)$ 会被简记为 $\boldsymbol{c}^+\boldsymbol{b}(t)$.

在假设 A6.1 下, 针对系统 (6.1), 存在合适的初始状态值 $x_d(0)$ 及相应的输入信号 $u_d(t)$ 使得

$$
\begin{aligned}
x_d(t+1) &= A(t)x_d(t) + \boldsymbol{b}(t)u_d(t) \\
y_d(t) &= \boldsymbol{c}(t)x_d(t)
\end{aligned} \tag{6.3}
$$

由假设 A6.1 及式 (6.3) 可知

$$
u_d(t) = (\boldsymbol{c}^+\boldsymbol{b}(t))^{-1}(y_d(t+1) - \boldsymbol{c}(t+1)A(t)x_d(t))
$$

A 6.2　*对任意时刻 t, 量测数据丢包允许不服从任何特定概率分布的随机模型, 但假定存在足够大的 K 使得在任意连续 K 个迭代批次中, 至少有一个批次的量测数据是被成功传输回控制器的.*

数值 K 并不需要事先已知, 换言之, 本章仅要求这一数值的存在性而不需要已知其数值大小. 因此这一条件意味着量测数据不能丢失太多, 以至于无法保证几

乎必然收敛性. 需要指出的是, 这一刻画随机数据丢包的模型不同于传统的二值伯努利变量模型, 前者与后者之间相互不能覆盖. 此外, 这一新模型是一种更适合刻画未知随机数据丢包的模型.

A 6.3　对任意时刻 t, 假定 $\{w_k(t), k=0,1,\cdots\}$ 与 $\{v_k(t), k=0,1,\cdots\}$ 均为独立同分布序列, 两者之间相互独立, 且 $Ew_k(t)=0$, $Ev_k(t)=0$, $\sup_k Ew_k^2(t)<\infty$, $\sup_k Ev_k^2(t)<\infty$, $\lim\limits_{n\to\infty}\frac{1}{n}\sum\limits_{k=1}^{n} w_k^2(t)=R_w^t$ 和 $\lim\limits_{n\to\infty}\frac{1}{n}\sum\limits_{k=1}^{n} v_k^2(t)=R_v^t$, a.s., 其中 R_w^t 和 R_v^2 未知.

需要注意到, 上述关于随机噪声的假设是沿迭代轴而非时间轴给出的, 而由于系统是重复运行的, 所以这一条件并不严格.

A 6.4　初始状态序列 $\{x_k(0)\}$ 为独立同分布序列, 且 $Ex_k(0)=x_d(0)$, $\sup_k Ex_k^2(0)<\infty$, $\lim\limits_{n\to\infty}\frac{1}{n}\sum\limits_{k=1}^{n} x_k^2(0)=R_0$. 进而, 序列 $\{x_k(0), k=0,1,\cdots\}$, $\{w_k(t), k=0,1,\cdots\}$ 与 $\{v_k(t), k=0,1,\cdots\}$ 相互独立.

为方便表述, 记 $w_k(0)=x_k(0)-x_d(0)$. 由此可定义 $\lim\limits_{n\to\infty}\frac{1}{n}\sum\limits_{k=1}^{n} w_k^2(0)=R_w^0$ 符合 A6.3 的形式. 为给出控制更新算法, 首先给出最小化指标 (6.2) 的最优控制, 具体表述在下述引理中.

引理 6.1　对随机系统 (6.1) 和跟踪目标 $y_d(t+1)$, 假定 A6.1、A6.3 和 A6.4 成立, 则对任意时刻 $t+1$, 若控制序列 $\{u_k(t)\}$ 为容许控制且符合 $u_k(i)\xrightarrow[k\to\infty]{} u_d(i)$, $i=0,1,\cdots,t$, 指标 (6.2) 达到最小. 在这种情况下, 称 $\{u_k(t)\}$ 为最优控制序列.

证明:本引理的证明与定理 5.3 几乎相同, 此处省略不再重复. ■

6.3　迭代学习控制及其收敛性

6.2 节已经对最优控制进行了刻画, 但是这个表达式不能直接用于控制算法的设计, 这是因为其中设计的系统信息均未知. 本章使用下述含有衰减增益的 P 型更新算法

$$u_{k+1}(t)=u_k(t)+a_k I_{\{(t+1)\notin\mathcal{M}_k\}}\times(y_d(t+1)-y_k(t+1)) \tag{6.4}$$

其中, a_k 为衰减增益且满足 $a_k>0$, $a_k\to 0$, $\sum\limits_{k=0}^{\infty} a_k=\infty$, $\sum\limits_{k=0}^{\infty} a_k^2<\infty$, $a_j=a_k(1+O(a_k))$, $\forall j=k-K+1,\cdots,k-1,k$, 而 K 由 A6.2 给出. 显然, $a_k=\dfrac{1}{k+1}$ 符合上述要求. 此外, 示性函数 $I_{\{\text{event}\}}$ 定义如下, 如果其下标中的事件成立, 则该函数取值为 1, 否则取值为 0.

为分析上述算法的收敛性, 我们首先利用所谓的堆积技巧将系统转化为超向量形式

$$
\begin{aligned}
U_k &= [u_k(0), u_k(1), \cdots, u_k(N-1)]^{\mathrm{T}} \in \mathbb{R}^N \\
Y_k &= [y_k(1), y_k(2), \cdots, y_k(N)]^{\mathrm{T}} \in \mathbb{R}^N
\end{aligned}
$$

H 定义如下

$$
H = \begin{bmatrix}
\boldsymbol{c}^{+}\boldsymbol{b}(0) & 0 & \cdots & 0 \\
\boldsymbol{c}(2)A(1)\boldsymbol{b}(0) & \boldsymbol{c}^{+}\boldsymbol{b}(1) & \cdots & 0 \\
\vdots & \vdots & & \vdots \\
\boldsymbol{c}(N)\prod_{l=1}^{N-1} A(l)\boldsymbol{b}(0) & \cdots & \cdots & \boldsymbol{c}^{+}\boldsymbol{b}(N-1)
\end{bmatrix} \tag{6.5}
$$

那么, 可以进一步得到如下关于输入和输出的关系式

$$
Y_k = HU_k + Y_d^0 + W_k \tag{6.6}
$$

其中, $Y_d^0 = [(\boldsymbol{c}(1)A(0)x_d(0))^{\mathrm{T}}, (\boldsymbol{c}(2)A(1)A(0)x_d(0))^{\mathrm{T}}, \cdots, (\boldsymbol{c}(N)\cdot\prod_{l=0}^{N-1} A(l)\cdot x_d(0))^{\mathrm{T}}]^{\mathrm{T}}$ 表征了系统对初始状态的响应. 随机噪声项 W_k 定义如下

$$
W_k = \begin{bmatrix}
\boldsymbol{c}(1)\sum_{j=0}^{1}\left(\prod_{l=j}^{0} A(l)\right) w_k(j) + v_k(1) \\
\boldsymbol{c}(2)\sum_{j=0}^{2}\left(\prod_{l=j}^{1} A(l)\right) w_k(j) + v_k(2) \\
\vdots \\
\boldsymbol{c}(N)\sum_{j=0}^{N}\left(\prod_{l=j}^{N-1} A(l)\right) w_k(j) + v_k(N)
\end{bmatrix} \tag{6.7}
$$

注意到 A6.3 与 A6.4, 随机噪声项 W_k 可以看成一个零均值的高斯过程且其协方差阵为 Q, 即 $W_k \sim N(0, Q)$. 此外, 注意到

$$
Y_d = HU_d + Y_d^0 \tag{6.8}
$$

其中, Y_d 和 U_d 类似于 Y_k 和 U_k 定义.

对堆积模型 (6.6), 更新算法可以被堆积为

$$
U_{k+1} = U_k + a_k \Gamma_k (Y_d - Y_k) \tag{6.9}
$$

其中, Γ_k 由式 (6.10) 给出定义

$$\Gamma_k=\begin{bmatrix} I_{\{1\notin\mathcal{M}_k\}} & 0 & \cdots & 0 \\ 0 & I_{\{2\notin\mathcal{M}_k\}} & \cdots & 0 \\ \vdots & \vdots & & \vdots \\ 0 & 0 & \cdots & I_{\{N\notin\mathcal{M}_k\}} \end{bmatrix} \tag{6.10}$$

下述定理刻画了所给算法的收敛性.

定理 6.1 对给定系统 (6.1) 及控制指标 (6.2), 假定 A6.1~A6.4 成立, 则由更新算法 (6.4) 所得到的控制序列 $\{u_k(t)\}$ 为最优序列. 换言之, 随着 $k\to\infty$, $u_k(t)$ 在几乎必然意义下收敛到 $u_d(t)$, $\forall t\in\{0,1,2,\cdots,N-1\}$.

注记 6.1 事实上, 上述给出的更新算法在本质上是随机逼近算法[41]. 然而, 由于随机数据丢包的存在, 学习增益矩阵 Γ_k 不再满秩. 因此, 传统随机逼近算法的收敛性结果不能直接应用到这里. 上述算法的收敛性还需要更细致的分析.

证明: 将式 (6.6) 和式 (6.8) 代入式 (6.9) 中, 可以得到

$$\begin{aligned} U_{k+1} &= U_k + a_k\Gamma_k(Y_d - Y_k) \\ &= U_k + a_k\Gamma_k(HU_d + Y_d^0 - HU_k - Y_d^0 - W_k) \end{aligned}$$

进而用 U_d 同时减去上述等式两边, 可得

$$\delta U_{k+1} = (I - a_k\Gamma_k H)\delta U_k + a_k\Gamma_k W_k \tag{6.11}$$

其中, $\delta U_k \triangleq U_d - U_k$.

注意到 Γ_k 是一个对角矩阵, 而 H 为下三角矩阵, 从而可知 $\Gamma_k H$ 显然为下三角矩阵, 因此矩阵 $\Gamma_k H$ 的特征根即为其对角元素. 根据 Γ_k 和 H 的定义, 我们可知 $\Gamma_k H$ 的所有特征根要么为正, 要么为零. 并且 $\Gamma_k H$ 的特征根为零, 当且仅当其所对应的数据发生丢包.

现在, 我们从 Γ_k 中移除所有示性函数项 $I_{\{t+1\notin\mathcal{M}_k\}}$, 并将移除位置元素改写为 1, 所得矩阵为单位矩阵 I. 易知, H 的所有特征根均为正数. 定义 $P=\int_0^\infty e^{-H^{\mathrm{T}}t}e^{-Ht}\mathrm{d}t$, 简单推算即可知

$$PH + H^{\mathrm{T}}P = I$$

注意到 Γ_k 与 I 的不同之处, 我们可以得出

$$P(\Gamma_k H) + (\Gamma_k H)^{\mathrm{T}}P \geqslant 0$$

由假设 A6.2 可知, 累加和 $\sum\limits_{k=i}^{i+K-1}\Gamma_k H$ 为下三角矩阵, 且对任意 $i\geqslant 0$, 该矩阵的所

有特征根均为正, 这进一步说明存在合适的正实数 $\beta > 0$ 使得

$$P\left(\sum_{k=i}^{i+K-1}\Gamma_k H\right)+\left(\sum_{k=i}^{i+K-1}\Gamma_k H\right)^{\mathrm{T}}P > \beta I, \quad \forall i \geqslant 0 \tag{6.12}$$

定义

$$\Phi_{i,j} \triangleq (I - a_i\Gamma_i H)\cdots(I - a_j\Gamma_j H), \quad i \geqslant j, \quad \Phi_{i,i+1} \triangleq I \tag{6.13}$$

对任意 $i \geqslant j + K$, 可知

$$\begin{aligned}
&\Phi_{i,j}^{\mathrm{T}}P\Phi_{i,j}\\
=&\Phi_{i-1,j}^{\mathrm{T}}(I - a_i(\Gamma_i H)^{\mathrm{T}})P(I - a_i(\Gamma_i H))\Phi_{i-1,j}\\
=&\Phi_{i-K,j}^{\mathrm{T}}(I - a_{i-K+1}(\Gamma_{i-K+1}H)^{\mathrm{T}})\cdots(I - a_i(\Gamma_i H)^{\mathrm{T}})P\\
&\times (I - a_i(\Gamma_i H))\cdots(I - a_{i-K+1}(\Gamma_{i-K+1}H))\Phi_{i-K,j}\\
=&\Phi_{i-K,j}^{\mathrm{T}}\left[P - \left(\sum_{k=i-K+1}^{i} a_k(\Gamma_k H)^{\mathrm{T}}P\right.\right.\\
&\left.\left. + P\sum_{k=i-K+1}^{i} a_k(\Gamma_k H)\right) + o(a_i)\right]\Phi_{i-K,j}\\
=&\Phi_{i-K,j}^{\mathrm{T}}\left\{P - a_i\left[\sum_{k=i-K+1}^{i}(\Gamma_k H)^{\mathrm{T}}P\right.\right.\\
&\left.\left. + P\sum_{k=i-K+1}^{i}(\Gamma_k H)\right] + o(a_i)\right\}\Phi_{i-K,j}
\end{aligned}$$

其中, 最后一步等式用到了条件 $a_j = a_k(1 + O(a_k))$, $\forall j = k - K + 1, \cdots, k - 1, k$.

注意到, 对足够大的 i, $0 < a_i < 1$, 根据式 (6.12) 有

$$\begin{aligned}
&\Phi_{i,j}^{\mathrm{T}}P\Phi_{i,j}\\
\leqslant&\Phi_{i-K,j}^{\mathrm{T}}(P - a_i\beta I + o(a_i))\Phi_{i-K,j}\\
\leqslant&\Phi_{i-K,j}^{\mathrm{T}}P^{\frac{1}{2}}(I - a_i\beta P^{-1} + o(a_i))P^{\frac{1}{2}}\Phi_{i-K,j}\\
\leqslant&\Phi_{i-K,j}^{\mathrm{T}}P^{\frac{1}{2}}(I - \frac{\beta}{K}P^{-1}\sum_{l=i-K+1}^{i} a_l + o(a_i))P^{\frac{1}{2}}\Phi_{i-K,j}\\
\leqslant&(1 - \frac{\beta}{K}\lambda_{\min}(P^{-1})\sum_{l=i-K+1}^{i} a_l + o(a_i))\Phi_{i-K,j}^{\mathrm{T}}P\Phi_{i-K,j}\\
\leqslant&\exp\left(-c\sum_{l=i-K+1}^{i} a_l\right)\Phi_{i-K,j}^{\mathrm{T}}P\Phi_{i-K,j}
\end{aligned}$$

对足够大的 j, 其中 c 为正实数, $\lambda_{\min}(M)$ 表示矩阵 M 的最小特征根.

进而, 对足够大的 j, 如 $j > j_0$ 且 $i > j + K$, 有

$$\Phi_{i,j}^{\mathrm{T}} P \Phi_{i,j} \leqslant c_1 \exp\left(-c\sum_{l=j}^{i} a_l\right) I$$

其中, $c_1 > 0$ 为适合的常数, 进一步, 注意到 $P > 0$, 上述结果说明

$$\|\Phi_{i,j}\| \leqslant c_2 \exp\left(-\frac{c}{2}\sum_{l=j}^{i} a_l\right)$$

其中, $c_2 > 0$ 是另一适合的常数. 从而对 $\forall i > j_0 + K$, $\forall j > 0$, 注意到 $\Phi_{j,j+1} \triangleq I$, 有

$$\|\Phi_{i,j}\| = \|\Phi_{i,j_0}\|\|\Phi_{j_0-1,j}\| \leqslant c_0 \exp\left(-\frac{c}{2}\sum_{l=j}^{i} a_l\right) \tag{6.14}$$

其中, $c_0 > 0$ 为某个适合的常数.

由式 (6.11) 可知

$$\delta U_{k+1} = \Phi_{k,0}\delta U_0 + \sum_{i=0}^{k} \Phi_{k,i+1} a_i \Gamma_i W_i \tag{6.15}$$

对比文献 [41] 中的引理 3.1.1, 我们发现式 (6.14) 与式 (6.15) 分别对应于该引理中的式 (3.1.8) 和式 (3.1.14). 因此, 本定理的剩余步骤可以完全类似于文献 [41] 中引理 3.1.1 的步骤完成. 定理证毕. ■

注记 6.2　初始条件 A6.4 将初始状态假定为服从正态分布的随机变量. 另外, 如果初始状态是可以渐近获知的, 换言之, 随着 $k \to \infty$ 有 $x_k(0) \to x_d(0)$, 定理 6.1 仍旧成立, 证明步骤类似.

6.4　非线性系统情形

在本节中, 线性时变系统 (6.1) 被推广至下述含有量测随机噪声的非线性系统

$$\begin{aligned} x_k(t+1) &= f(t, x_k(t)) + \boldsymbol{b}(t, x_k(t)) u_k(t) \\ y_k(t) &= \boldsymbol{c}(t) x_k(t) + v_k(t) \end{aligned} \tag{6.16}$$

其中, $f(t, x_k(t))$ 和 $\boldsymbol{b}(t, x_k(t))$ 均为连续函数. 控制目标与线性系统情形相同, 参见指标 (6.2).

下述假设为后续分析所需.

A 6.5　跟踪目标 $y_d(t)$ 可实现, 换言之, 存在合适的 $u_d(t)$ 和初始状态 $x_d(0)$ 使得

$$\begin{aligned} x_d(t+1) &= f(t, x_d(t)) + \boldsymbol{b}(t, x_d(t))u_d(t) \\ y_d(t) &= \boldsymbol{c}(t)x_d(t) \end{aligned} \tag{6.17}$$

A6.6　函数 $f(\cdot,\cdot)$ 和 $\boldsymbol{b}(\cdot,\cdot)$ 关于第二个变量为连续函数.

A6.7　初始状态可以被渐近精确重置, 换言之, 随着迭代批次 $k \to \infty$, $x_k(0) \to x_d(0)$ 成立.

在仿射非线性系统 (6.16) 中系统噪声被移除了, 因此关于噪声的假设 A6.3 修订如下.

A 6.8　对任意时刻 t, 量测噪声 $\{v_k(t)\}$ 为独立同分布的随机变量序列, 且 $Ev_k(t) = 0$, $\sup_k Ev_k^2(t) < \infty$, $\lim\limits_{n\to\infty} \dfrac{1}{n}\sum\limits_{k=1}^{n} v_k^2(t) = R_v^t$, a.s., 其中 R_v^2 未知.

为符号简便, 我们记 $f_k(t) = f(t, x_k(t))$, $f_d(t) = f(t, x_d(t))$, $\boldsymbol{b}_k(t) = \boldsymbol{b}(t, x_k(t))$, $\boldsymbol{b}_d(t) = \boldsymbol{b}(t, x_d(t))$, $\delta u_k(t) = u_d(t) - u_k(t)$, $\delta f_k(t) = f_d(t) - f_k(t)$, $\delta \boldsymbol{b}_k(t) = \boldsymbol{b}_d(t) - \boldsymbol{b}_k(t)$, $\boldsymbol{c}^+\boldsymbol{b}_k(t) = \boldsymbol{c}(t+1)\boldsymbol{b}(t, x_k(t))$.

引理 6.2　假定 A6.5~A6.7 对系统 (6.16) 成立. 若 $\lim\limits_{k\to\infty} \delta u_k(s) = 0$, $s = 0, 1, \cdots, t$, 则对时刻 $t+1$, $\|\delta x_k(t+1)\| \xrightarrow[k\to\infty]{} 0$, $\|\delta f_k(t+1)\| \xrightarrow[k\to\infty]{} 0$, $\|\delta \boldsymbol{b}_k(t+1)\| \xrightarrow[k\to\infty]{} 0$.

证明: 本引理通过沿时间轴的方向使用数学归纳法证明, 具体证明步骤类似于引理 2.1, 此处从略. ■

基于引理 6.2, 引理 6.1 的结论对非线性系统 (6.16) 仍旧成立, 其中假设 A6.1~A6.4 被 A6.1 和 A6.5~A6.8 取代, 证明步骤与引理 6.1 的证明步骤类似. 因此, 这一结论及其证明不再重复.

对非线性系统情形, 仍旧使用更新律 (6.4). 对任意给定时刻 t, 由式 (6.4) 可知

$$\delta u_{k+1}(t) = \delta u_k(t) - a_k I_{\{(t+1)\notin \mathcal{M}_k\}}[\boldsymbol{c}^+\boldsymbol{b}_k(t)\delta u_k(t) + \varphi_k(t) - v_k(t+1)] \tag{6.18}$$

其中

$$\varphi_k(t) = \boldsymbol{c}^+\delta f_k(t) + \boldsymbol{c}^+\delta \boldsymbol{b}_k(t)u_d(t) \tag{6.19}$$

我们有如下收敛结果.

定理 6.2　对系统 (6.16) 及指标 (6.2), 假定 A6.1、A6.2 及 A6.5~A6.8 成立, 则由迭代学习控制算法 (6.4) 给出的控制序列 $\{u_k(t)\}$ 为最优. 换言之, 随着迭代批次 $k \to \infty$, $u_k(t)$ 在几乎必然意义下收敛至 $u_d(t)$, $\forall t \in \{0, 1, \cdots, N-1\}$.

证明: 由于非线性函数 $f_k(t)$ 和 $\boldsymbol{b}_k(t)$ 存在, 很难对仿射非线性系统 (6.16) 建立起类似于线性系统的堆积形式. 因此, 定理 6.1 的证明步骤不能被直接应用到这里. 因此, 本定理的证明采用沿时间轴 t 的数学归纳法给出, 其中步骤采用类似定理 6.1 中的技巧.

对 $t=0$, 算法 (6.4) 被改写为

$$\delta u_{k+1}(0)=(1-a_kI_{\{1\notin\mathcal{M}_k\}}\boldsymbol{c}^+\boldsymbol{b}_k(0))\delta u_k(0)-a_kI_{1\notin\mathcal{M}_k}\varphi_k(0)+a_kI_{1\notin\mathcal{M}_k}v_k(1) \tag{6.20}$$

根据 A6.6, $\boldsymbol{b}_k(0)$ 关于初始状态为连续函数, 因此根据 A6.7 可知 $\boldsymbol{b}_k(0)\xrightarrow[k\to\infty]{}\boldsymbol{b}_d(0)$, 且根据 A6.1 可知 $\boldsymbol{c}^+\boldsymbol{b}_k(0)$ 收敛到某个正常数. 因此根据 A6.2 可得出, 对足够大的 i

$$\sum_{k=i}^{i+K-1}\left(-I_{\{1\notin\mathcal{M}_k\}}\boldsymbol{c}^+\boldsymbol{b}_k(0)\right)<-\gamma,\quad \gamma>0 \tag{6.21}$$

令 $\phi_{i,j}\triangleq(1-a_iI_{\{1\notin\mathcal{M}_i\}}\boldsymbol{c}^+\boldsymbol{b}_i(0))\cdots(1-a_jI_{\{1\notin\mathcal{M}_j\}}\boldsymbol{c}^+\boldsymbol{b}_j(0)), i\geqslant j, \phi_{i,i+1}\triangleq 1$. 显然可知, 对足够大的 j, 记为 $j\geqslant j_0$, 可得到 $1-a_jI_{\{1\notin\mathcal{M}_j\}}\boldsymbol{c}^+\boldsymbol{b}_j(0)>0$. 因此, 对任意 $i\geqslant j+K$, $j\geqslant j_0$, 由式 (6.20) 和式 (6.21), 有

$$\begin{aligned}\phi_{i,j}&=\phi_{i-K,j}\left(1-a_i\sum_{k=i-K+1}^{i}I_{\{1\notin\mathcal{M}_k\}}\boldsymbol{c}^+\boldsymbol{b}_k(0)+o(a_i)\right)\\&\leqslant\phi_{i-K,j}(1-\gamma a_i+o(a_i))\\&=\phi_{i-K,j}\left(1-\frac{\gamma}{K}\sum_{k=i-K+1}^{i}a_k+o(a_i)\right)\\&\leqslant\exp\left(-c\sum_{k=i-K+1}^{i}a_k\right)\phi_{i-K,j},\quad c>0\end{aligned}$$

由此可知, $\phi_{i,j}\leqslant c_3\exp\left(-\dfrac{c}{2}\sum_{k=j}^{i}a_k\right)$, $\forall j\geqslant j_0$, 其中 $c_3>0$ 为适合的常数. 因此存在 c_4 使得

$$|\phi_{i,j}|\leqslant c_4\exp\left(-\frac{c}{2}\sum_{k=j}^{i}a_k\right),\quad \forall i\geqslant j+K, j\geqslant j_0$$

因此, $\forall i\geqslant j_0+K,\forall j\geqslant 0$, 由此可知

$$|\phi_{i,j}|\leqslant|\phi_{i,j_0}||\phi_{j_0-1,j}|\leqslant c_5\exp\left(-\frac{c}{2}\sum_{k=j}^{i}a_k\right) \tag{6.22}$$

其中, $c_5>0$ 为某个常数.

由式 (6.20) 可知

$$\delta u_{k+1}(0)=\phi_{k,0}\delta u_0(0)-\sum_{j=0}^{k}\phi_{k,j+1}a_k I_{\{1\notin\mathcal{M}_k\}}\varphi_k(0)+\sum_{j=0}^{k}\phi_{k,j+1}a_k I_{\{1\notin\mathcal{M}_k\}}v_k(1) \tag{6.23}$$

其中, 根据式 (6.22), 上述方程右侧第一项随着 $k\to\infty$ 而趋于零. 由 A6.6 和 A6.7 易知 $\varphi_k(0)\xrightarrow[k\to\infty]{}0$. 由 A6.8 可得

$$\sum_{k=1}^{\infty}a_k I_{\{1\notin\mathcal{M}_k\}}v_k(1)<0$$

因此式 (6.23) 右侧的最后两项随着 $k\to\infty$ 而趋于零, 证明步骤类似于文献 [41] 中引理 3.1.1 的技巧. 因此, 控制序列 $\delta u_k(0)$ 的最优性得证.

归纳地, 假定控制序列的最优性对 $t=0,1,\cdots,s-1$ 成立. 现需证明最优性对 $t=s$ 仍旧成立.

根据引理 6.2, 结合归纳假设可得

$$\delta u_k(t)\xrightarrow[k\to\infty]{}0,\quad t=0,1,\cdots,s-1$$

$$\delta x_k(s)\xrightarrow[k\to\infty]{}0,\quad \delta f_k(s)\xrightarrow[k\to\infty]{}0,\quad \delta b_k(s)\xrightarrow[k\to\infty]{}0$$

进而可得到 $\phi_k(s)\xrightarrow[k\to\infty]{}0$. 类似 $t=0$ 的情形, 采用相似的证明步骤可以证明 $u_k(s)\xrightarrow[k\to\infty]{}u_d(s)$. 此即说明了 $t=s$ 时刻的控制序列最优性. 定理证毕. ■

6.5 仿真算例

在本章中, 我们考虑两个例子, 第一个是二阶线性系统, 第二个是二阶仿射非线性系统.

A. 线性系统情形

$$\begin{aligned}x_k(t+1)=&\begin{bmatrix}1 & 0.1\\ 0.05 & 1.1\end{bmatrix}x_k(t)+\begin{bmatrix}0.45\\ 0.6\end{bmatrix}u_k(t)\\ &+w_k(t+1)\\ y_k(t)=&\begin{bmatrix}1 & 1\end{bmatrix}x_k(t)+v_k(t)\end{aligned}$$

B. 非线性系统情形

$$\begin{aligned}x_k^{(1)}(t+1)=&1.12x_k^{(1)}(t)+0.3\sin(x_k^{(2)}(t))+0.45u_k(t)\\ x_k^{(2)}(t+1)=&0.2\cos(x_k^{(1)}(t))+1.1x_k^{(2)}(t)+0.5u_k(t)\\ y_k(t)=&x_k^{(1)}(t)+x_k^{(2)}(t)+v_k(t)\end{aligned}$$

其中, $x_k^{(1)}(t)$ 与 $x_k^{(2)}(t)$ 表示状态 $x_k(t)$ 的两个维度.

为简单展示, 令 $N=10$, 噪声假定为零均值高斯白噪声, 即 $w_k(t)\sim N(0,0.05^2I_2)$, $v_k(t)\sim N(0,0.1^2)$.

为了仿真随机数据丢包, 令 $K=4$. 迭代批次按照每 4 个连续批次一组进行划分, 即 $\{1,2,3,4\}$, $\{5,6,7,8\}$, $\cdots$, 进而在每一组中随机选取一个批次, 如 1, 6, 9, $\cdots$. 对选定的批次, 假定信号发生丢失, 从而算法在该批次不更新. 图 6.2 是对前 100 批次的数据丢失与否的示例, 其中 0 代表数据丢包, 1 意味着数据包被成功传输.

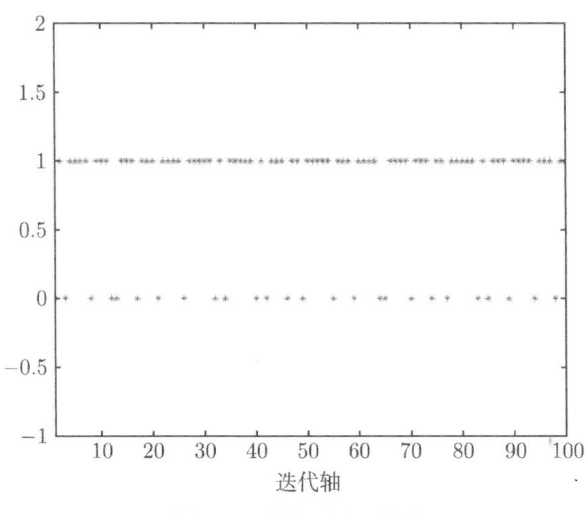

图 6.2　数据丢包示例

参考跟踪目标为 $y_d(t)=2t$, 初始控制输入为 $u_0(t)=0$, $\forall t$. 学习增益选择为 $a_k=\dfrac{1}{k+1}$. 算法被运行了 300 批次. 图 6.3 与图 6.4 分别显示了线性系统情形和非线性系统情形第 300 批次的输出跟踪效果, 其中实线表示参考信号, 而带有圆圈的虚线表示输出信号 $y_{300}(t)$. 正如图中可见, 实际输出与参考信号之间仅存在非常小的偏差, 而这偏差主要是由随机噪声导致的. 这一结果验证了所提算法在随机数据丢包和随机噪声下的有效性与跟踪精确性.

作为示例, 时刻 $t=3$ 和 $t=5$ 的误差曲线分别由图 6.5 和图 6.6 给出, 前者为线性系统情形, 后者为非线性系统情形. 针对其他时刻的误差曲线与图 6.5 和 6.6 类似. 易见, 跟踪误差在少量批次后迅速收敛至零附近, 并且在之后的批次中在零附近的很小范围内波动. 这些波动主要是由各个批次中的随机噪声所引起的. 也就是说, 如果在实际跟踪误差中将随机噪声部分去除, 剩余部分将衰减至零.

我们还进一步针对由二值伯努利变量 γ 所刻画的数据丢包情形进行了仿真, 其中 $P(\gamma=1)=0.75$, $P(\gamma=0)=0.25$. 仿真结果与图 6.3~图 6.6 十分类似. 这说明了本章所给算法对不同形式的数据丢包同样具有良好的鲁棒性与跟踪性能. 为节省版面, 这些仿真结果不再重复于此.

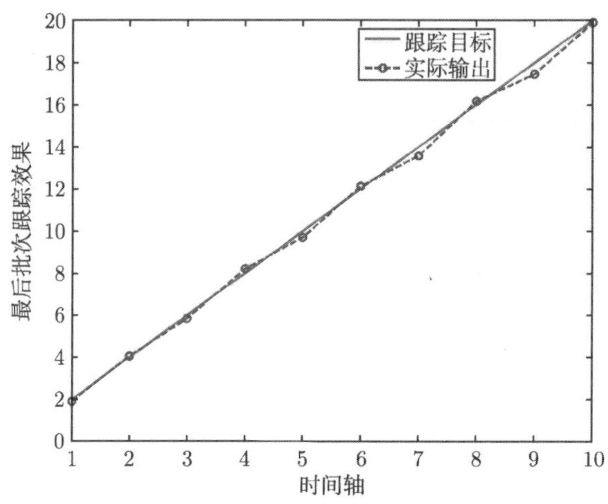

图 6.3　$y_{300}(t)$ 与 $y_d(t)$: 线性系统情形

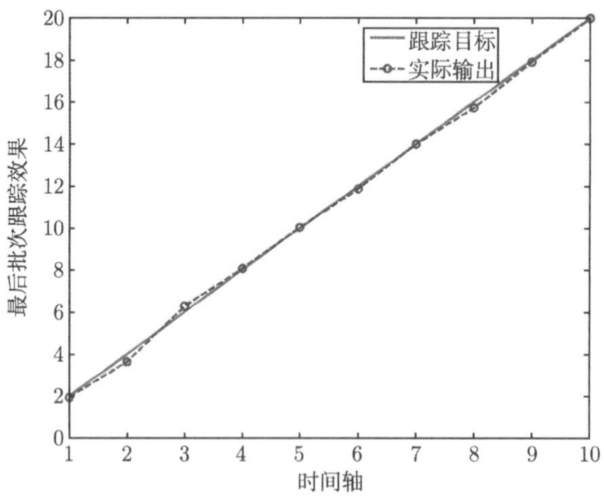

图 6.4　$y_{300}(t)$ 与 $y_d(t)$: 非线性系统情形

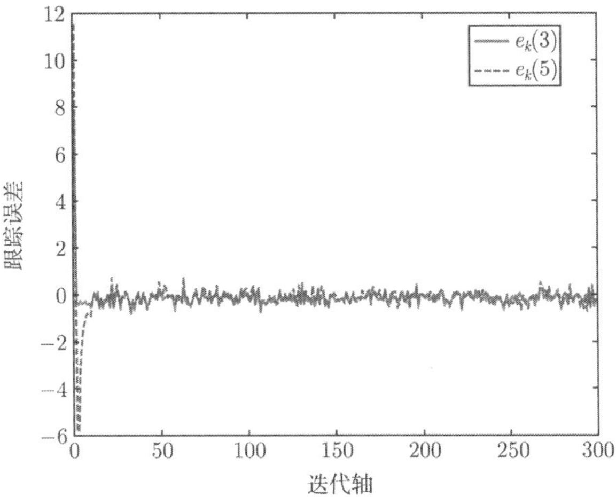

图 6.5　跟踪误差 $e_k(t)$: $t=3$ 及 $t=5$, 线性系统情形

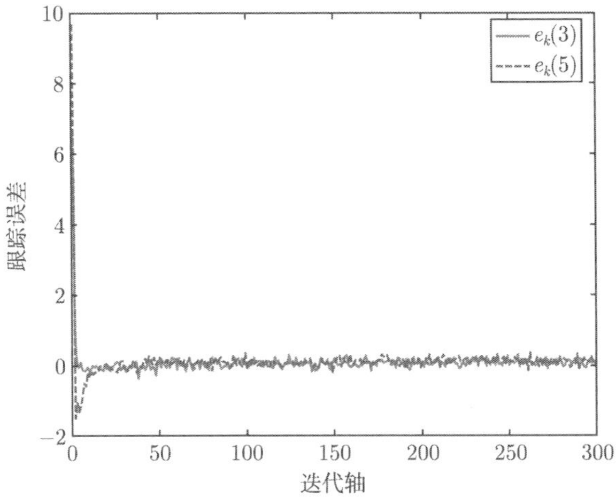

图 6.6　跟踪误差 $e_k(t)$: $t=3$ 及 $t=5$, 非线性系统情形

6.6　本章小结

本章考虑了传输通道中存在数据丢包的随机系统的迭代学习控制问题. 随机数据丢包由任意随机序列进行刻画, 但随机序列中连续丢包批次长度存在上界. 针对单输入单输出线性时变随机系统, 本章给出了 P 型控制算法并完成了其概率 1 收敛到最优控制的证明. 进而, 相似的结果被拓展至仿射非线性系统情形. 仿真示例验证了理论分析所给出的结果. 进一步的研究可考虑更一般的非线性系统情形. 此外, 随机数据丢包还常常用马氏链进行刻画, 对这一模型还没有相应的研究结果发表.

第 7 章　含有损通道且控制方向未知的非线性系统的迭代学习控制

本章研究控制方向未知的离散时间网络化非线性系统的迭代学习控制问题, 其中网络化控制系统中存在随机的数据丢包. 数据丢包用任意随机序列模型进行刻画. 本章提出一种新的调节机制来使得算法能够自适应地切换至正确控制方向并保持不变, 进而在正确的控制方向下实现算法所产生的控制序列几乎必然收敛到最优控制.

7.1　引　　言

本章将继续考虑被控系统与控制器之间通过有线/无线传输网络连接的网络化控制系统的迭代学习控制问题, 其中连接的通道为有损通道. 换言之, 数据在传输过程中可能存在随机数据丢包问题. 这一问题在第 6 章中已经给出了部分研究, 然而, 在第 6 章所得到的结果中, 为了设计控制算法, 需要已知系统的控制方向. 本章将进一步考虑控制方向未知的情形.

对于控制方向未知的问题, 在迭代学习控制领域的已有文献非常有限. 其中, 使用 Nussbaum 型增益[128] 是最常用的技巧, Nussbaum 型增益起到了控制方向探测器的作用. 在这方面, 文献 [126] 和文献 [127] 是应用这一技巧的主要文献. 文献 [126] 研究了一类仿射非线性单输入单输出系统, 其中系统的非线性假定有界. 作者证明了最终的跟踪误差收敛到一个有界区域内. 文献 [127] 则研究了一类参数化的非线性系统, 其中非线性函数已知而组合参数未知. 作者证明跟踪误差在 L_T^2 范数意义下收敛至零. 然而需要指出的是, 文献 [126] 和文献 [127] 所考虑的系统均为连续时间确定系统, 这才能使得 Nussbaum 型增益得以被应用. 这些文章中所给出的方法技巧因而无法推广至离散时间系统.

另一方面, Chen 在文献 [40] 中给出了一类新的迭代学习控制算法来处理离散时间随机系统且其输入/输出耦合矩阵信息未知, 其中耦合矩阵代表了系统的控制方向. 作者基于含有随机差分的 Kiefer-Wolfowitz 算法建立了更新算法并证明了所提算法产生的控制序列以概率 1 收敛到目标输入信号. 而第 5 章针对线性随机系统, 基于累积误差性能给出了一种数据驱动的自适应控制方向切换机制, 并证明了相应算法的有效性. 然而, 这一方法很难推广到非线性系统情形. 本章将基于随机逼近算法中的截断次数来处理未知控制方向的自适应调整问题. 这一方法容易实现, 且对非线性随机系统十分有效.

7.2　问题描述

考虑如下单输入单输出仿射非线性离散时间系统

$$\begin{aligned} x_k(t+1) =& f(t, x_k(t)) + \boldsymbol{b}(t, x_k(t))u_k(t) \\ y_k(t) =& \boldsymbol{c}(t)x_k(t) + w_k(t) \end{aligned} \tag{7.1}$$

其中, $t \in \{0, 1, \cdots, N\}$ 表示一个批次过程中的不同时刻; $k = 1, 2, \cdots$ 代表不同的迭代批次; $u_k(t) \in \mathbb{R}$, $x_k(t) \in \mathbb{R}^n$, $y_k(t) \in \mathbb{R}$ 分别表示系统的输入、状态和输出; $f(t, x_k(t))$、$\boldsymbol{b}(t, x_k(t))$ 与 $\boldsymbol{c}(t)$ 代表未知系统信息; $w_k(t)$ 为量测噪声.

本章所考虑的控制系统框图如图 7.1 所示. 为表述简便, 仅考虑在量测端存在随机数据丢包, 这一情形可被推广至量测端和控制端均存在数据丢包的情形. 如图 7.1 所示, 量测到的数据通过一个有损通道被传输回控制器, 因此其数据在传输的过程中可能存在数据丢包. 除有损通道外, 该框图的其余部分与传统迭代学习控制框架相同.

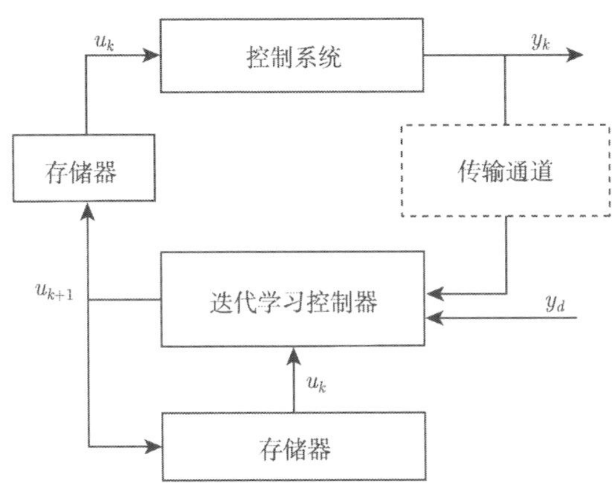

图 7.1　带量测数据丢包的网络化控制系统框图

在此前的研究中, 随机数据丢包都是用一个二值伯努利随机变量进行刻画的. 本章将使用一个随机序列对其进行刻画. 为此, 令 $\mathcal{M}_k$ 表示在第 k 批次中量测数据发生丢失的对应时刻的集合. 换言之, 若 $y_k(t_0)$ 丢失, 则 $t_0 \in \mathcal{M}_k$.

记由 $y_j(t)$, $x_j(t)$, $w_j(t)$, $v_j(t)$, $0 \leqslant t \leqslant N$, $0 \leqslant j \leqslant k$ 等所产生的非降 σ- 代数为 $\mathcal{F}_k \triangleq \sigma\{y_j(t), x_j(t), w_j(t), v_j(t), 0 \leqslant j \leqslant k, t \in \{0, \cdots, N\}\}$. 那么容许控制的集合定

义如下

$$\begin{aligned} U =&\{u_{k+1}(t) \in \mathcal{F}_k, \sup_k \|u_k(t)\| < \infty, \text{a.s.} \\ & t \in \{0, \cdots, N-1\}, k = 0, 1, 2, \cdots\} \end{aligned}$$

本章的控制目标为在随机数据丢包环境下, 寻找容许控制序列

$$\{u_k(t), k = 0, 1, 2, \cdots\} \subset U$$

使得下述跟踪误差的渐近平均指标达到最小, $\forall t \in \{0, 1, \cdots, N\}$

$$V(t) = \limsup_{n\to\infty} \frac{1}{n} \sum_{k=1}^{n} \|y_k(t) - y_d(t)\|^2 \tag{7.2}$$

其中, $y_d(t)$, $t \in \{0, 1, \cdots, N\}$ 为跟踪目标.

下述假设将在后面的分析中用到.

A7.1 跟踪目标 $y_d(t)$ 可实现, 换言之, 存在合适的初始状态 $x_d(0)$ 及相应的控制 $u_d(t)$ 使得

$$\begin{aligned} x_d(t+1) &= f(t, x_d(t)) + \boldsymbol{b}(t, x_d(t))u_d(t) \\ y_d(t) &= \boldsymbol{c}(t)x_d(t) \end{aligned} \tag{7.3}$$

A7.2 函数 $f(\cdot,\cdot)$ 与 $\boldsymbol{b}(\cdot,\cdot)$ 关于其第二个自变量为连续函数.

A7.2 可以被进一步推广至下述情形: 函数 $f(t, x)$ 与 $\boldsymbol{b}(t, x)$ 在 $x_d(t)$ 以外的其他位置可以存在不连续点. 由于 $x = x_d(t)$ 是未知的, 因而我们简单地假定 A7.2 成立.

A7.3 系统输入/输出耦合量 $\boldsymbol{c}(t+1)\boldsymbol{b}(t, x_k(t))$ 未知, 但非零且在各批次中不改变其符号. 不失一般性, 下面假定 $\boldsymbol{c}(t+1)\boldsymbol{b}(t, x_k(t)) > 0$.

A7.3 是关于控制方向的假设条件. 由于本章研究的系统为单输入单输出系统, 所以其控制方向实际上就是上述耦合量的符号. 换言之, 控制方向为 $+1$ 或 -1. 然而, 使用类似于文献 [137] 给出的技巧, 我们可以将单输入单输出系统推广至多输入多输出系统情形.

A7.4 系统的初始状态可以被渐近地精确重置, 即随着 $k \to \infty$, $x_k(0) \to x_d(0)$.

A7.4 是初始状态重置条件, 后者是迭代学习控制中的关键议题之一. 在许多文献中, 各个批次的初始状态多会被简单地重置为 $x_d(0)$[14, 130], 而本章仅要求初始状态可以被渐近地精确重置. 此外, 一个有趣的问题是如何设计学习算法, 使得系统能够实现渐近初始值精确重置条件, 文献 [129] 和文献 [138] 都考虑了这一问题.

A7.5 对任意时刻 t, 量测噪声 $\{w_k(t)\}$ 为独立同分布的随机变量序列, 且 $Ew_k(t) = 0$, $\sup_k Ew_k^2(t) < \infty$, $\lim\limits_{n\to\infty} \dfrac{1}{n} \sum\limits_{k=1}^{n} w_k^2(t) = R_w^t$, a.s., 其中 R_w^2 未知.

在 A7.5 中, 关于噪声的假设是沿迭代轴而非时间轴设定的. 考虑到系统过程是不断重复进行的, 因此这一假设条件并不苛刻.

A 7.6　对任意时刻 t, 量测数据丢包是随机的且不需服从任何特定的概率分布, 但存在一个足够大的整数 K, 使得对任意连续 K 个批次至少其中一个批次的量测数据是被成功传输的.

图 7.2 给出了 A7.6 的图示, 其中横长条代表一个迭代批次. 在每一个长条中, 白色和黑色的长方形块分别代表数据丢失与数据成功传输的情形. 而每个横长条中的灰色部分则代表了省略部分. 条件 A7.6 的意义是指, 对时间轴上的任一个特定时刻 t, 在连续 K 个批次中至少有一个数据包是被成功传输的 (针对指定的时刻 t), 如图 7.2 虚线框部分所示. 以时刻点 $t=4$ 为例, A7.6 意味着在任意连续 K 个横长条中, 至少有一个对应 $t=4$ 时刻的小长方形是黑色的. 这里, A7.6 中的数值 K 并不要求事先已知, 换言之, 本章仅要求这一数值的存在性. 因此, 这一条件相当于要求量测数据不能丢失太多以至于无法实现算法的收敛性. 需要指出的是, 本章中的随机序列模型不同于传统的二值伯努利随机变量模型, 且两者之间不能相互覆盖.

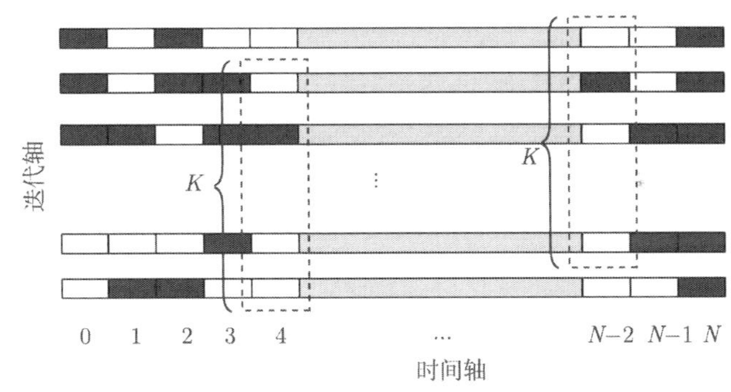

图 7.2　数据丢包示意图

注记 7.1　连续批次上界 K 的数值从一个侧面反映了数据丢包率. 粗略地说, 一个大的 K 值对应着一个较高的数据丢包率, 而一个小的 K 值对应着一个较低的数据丢包率. 因此, 当 K 值较小时, 由于更多的数据包被成功传输, 算法收敛速度相对较快. 然而, 正如可以从上述讨论中所看出的, K 表示数据丢包的最坏情形, 即任意给定时刻的数据丢包最多只能发生连续 $K-1$ 批次. 因此, K 并不是数据丢包率的精确表达. 而在传统的二值伯努利随机变量模型中, 数据丢包率通常需要事先精确已知.

注记 7.2　需要指出, A7.6 意味着本章所考虑的数据丢包并不是完全随机的. 事实上, 这一关于随机性的限制是出于技术证明的需要, 同时, 从仿真结果中我们也发现本章所提出的算法对传统的二值伯努利随机变量模型也同样性能良好. 如何进一步放宽这一限制条件是一个很有趣的研究问题. 此外, 可从后面所给算法 (式 (7.4)～式 (7.6)) 看出, 本章仅要求 K 的存在性而不要求其具体数值. 因此, 从这一点来看, 条件 A7.6 对实际应用而言并不苛刻.

为表述简便, 记 $f_k(t)=f(t,x_k(t))$, $f_d(t)=f(t,x_d(t))$, $\boldsymbol{b}_k(t)=\boldsymbol{b}(t,x_k(t))$, $\boldsymbol{b}_d(t)=\boldsymbol{b}(t,x_d(t))$, $e_k(t)=y_d(t)-y_k(t)$, $\delta x_k(t)=x_d(t)-x_k(t)$, $\delta u_k(t)=u_d(t)-u_k(t)$, $\delta f_k(t)=f_d(t)-f_k(t)$, $\delta\boldsymbol{b}_k(t)=\boldsymbol{b}_d(t)-\boldsymbol{b}_k(t)$, $\boldsymbol{c}^+f_k(t)=\boldsymbol{c}(t+1)f(t,x_k(t))$, $\boldsymbol{c}^+\boldsymbol{b}_k(t)=\boldsymbol{c}(t+1)\boldsymbol{b}(t,x_k(t))$.

下述引理是关于非线性函数的连续性, 其证明与引理 2.1 相似, 不再给出.

引理 7.1　对系统 (7.1), 假定 A7.1～A7.6 成立. 若 $\lim\limits_{k\to\infty}\delta u_k(s)=0$, $s=0,1,\cdots,t$, 则对时刻 $t+1$, $\|\delta x_k(t+1)\|\xrightarrow[k\to\infty]{}0$, $\|\delta f_k(t+1)\|\xrightarrow[k\to\infty]{}0$, $\|\delta\boldsymbol{b}_k(t+1)\|\xrightarrow[k\to\infty]{}0$.

定理 7.1　对非线性系统 (7.1) 及跟踪目标 $y_d(t)$, 假定 A7.1～A7.6 成立, 若对任意时刻 t, 控制序列 $\{u_k(s)\}$ 为容许的且满足 $u_k(s)\xrightarrow[k\to\infty]{}u_d(s)$, $s=0,1,\cdots,t-1$, 则性能指标 (7.2) 达到最小. 在这种情形下, 称 $\{u_k(s)\}$ 为最优控制序列.

证明: 根据 A7.5 及 σ-代数 $\mathcal{F}_k$ 的定义可知, $\mathcal{F}_k$ 与 $\{w_l(t),l=k+i,i=1,2,\cdots,\forall t\}$ 相互独立, 因此 $\{w_k(t),\mathcal{F}_k\}$ 是鞅差列. 同时, 输入、输出及状态向量均适应于 $\mathcal{F}_k$. 因此, 根据式 (7.1) 及 A7.1 有

$$\begin{aligned}
&\limsup_{n\to\infty}\frac{1}{n}\sum_{k=1}^{n}\|y_k(t)-y_d(t)\|^2\\
=&\limsup_{n\to\infty}\frac{1}{n}\sum_{k=1}^{n}\|\boldsymbol{c}(t)(x_k(t)-x_d(t))+w_k(t)\|^2\\
=&\limsup_{n\to\infty}\frac{1}{n}\sum_{k=1}^{n}\|\boldsymbol{c}(t)\delta x_k(t)\|^2(1+o(1))+\limsup_{n\to\infty}\frac{1}{n}\sum_{k=1}^{n}\|w_k(t)\|^2\\
\geqslant&\limsup_{n\to\infty}\frac{1}{n}\sum_{k=1}^{n}\|w_k(t)\|^2=R_w^t
\end{aligned}$$

因此, 性能指标达到最小的充要条件是

$$\limsup_{n\to\infty}\frac{1}{n}\sum_{k=1}^{n}\|\boldsymbol{c}(t)\delta x_k(t)\|^2=0$$

当 $\boldsymbol{c}(t)\delta x_k(t)\xrightarrow[k\to\infty]{}0$ 时, 上式成立. 而当 $\delta u_k(s)\xrightarrow[k\to\infty]{}0$ 时, $s=0,1,\cdots,t-1$, 根据引理 7.1 可知 $\boldsymbol{c}(t)\delta x_k(t)\xrightarrow[k\to\infty]{}0$ 成立. 定理证毕. ■

7.3　迭代学习控制及其收敛性

本节给出迭代学习控制算法以使得性能指标 (7.2) 达到最小. 由于控制方向未知, 我们需要引入一个切换机制来使得算法能够自适应地切换到正确的控制方向. 直观来说, 若算法选择到正确控制方向, 则其跟踪性能应该足够好; 而当算法选择到错误控制方向, 其跟踪性能应该很快变坏. 这驱使我们根据跟踪性能定义如下更新算法. 需要注意到, 在本章, 根据 A7.3 可知正确的控制方向为 +1

$$\overline{u}_{k+1}(t) = u_k(t) + a_k(-1)^{\sigma_k(t)} \times I_{\{(t+1)\notin\mathcal{M}_k\}}(y_d(t+1) - y_k(t+1)) \tag{7.4}$$

$$u_{k+1} = \overline{u}_{k+1} I_{\{|\overline{u}_{k+1}|<M_{\sigma_k(t)}\}} \tag{7.5}$$

$$\sigma_k(t) = \sum_{j=1}^{k-1} I_{\{|\overline{u}_{j+1}|>M_{\sigma_j(t)}\}}, \quad \sigma_0(t) = 0 \tag{7.6}$$

其中, $\{M_k\}$ 为满足如下条件的正实数序列, $M_{k+1} > M_k, \forall k, M_k \xrightarrow[k\to\infty]{} \infty$; a_k 为衰减增益, 且满足 $a_k > 0$, $a_k \to 0$, $\sum_{k=0}^{\infty} a_k = \infty$, $\sum_{k=0}^{\infty} a_k^2 < \infty$; 示性函数 $I_{\{\text{event}\}}$ 的定义为, 当其下标括号内的事件成立时, 该函数取值为 1, 否则为 0. 初始输入 $u_k(t)$ 设定为 0.

注记 7.3　算法的扩展截断次数 $\sigma_k(t)$ 被用来调节算法的控制方向. 具体而言, 符号项 $(-1)^{\sigma_k(t)}$ 代表调节项, +1 为正确控制方向. 若算法中该项取值为 −1, 即选到了错误方向, 将证明算法发散, 从而驱动算法产生截断 (参见引理 7.4 以获得更多细节). 其内在原理在于学习步长 a_k 的设定. 在错误控制方向, 算法的发散可以从数值仿真中进一步得到验证. 从而, 算法的控制方向被切换至正确方向 +1.

注记 7.4　在本章中, 注意到算法 (7.4) 中的示性函数项 $I_{\{(t+1)\notin\mathcal{M}_k\}}$, 若相应的量测数据发生丢包, 则算法停止更新. 然而, 在实际应用中, 若相应的数据在第 k 批次丢包, 则其前一批次在相同时刻的数据可以用来做算法更新. 这是另一种选择数据的方法. 需要指出的是, 数据丢包可能会在随机连续多个批次发生. 因此, 后一种更新策略可能会导致一个跟踪信息数据包被多次用到算法更新中. 若 A7.6 成立, 则仍能保证该更新算法的收敛性. 证明与后述证明步骤类似但要复杂得多. 因此, 本章选取了一种简单的算法更新策略. 换言之, 如果跟踪数据包可以获取, 算法使用此数据包进行更新; 而当跟踪数据包丢失时, 则算法将停止更新直到能够获取到新数据包.

下述定理给出了所给算法的收敛结果.

定理 7.2　对非线性系统 (7.1) 及性能指标 (7.2), 假定 A7.1∼A7.6 成立, 则 (a) 算法 (式 (7.4)∼式 (7.6)) 只截断有限次; (b) 算法 (式 (7.4)∼式 (7.6)) 在其停止切

换时将停留在正确的控制方向上; (c) 由算法 (式 (7.4)~式 (7.6)) 产生的控制序列 $\{u_k(t)\}$ 为最优控制序列.

为了使上述定理的证明简洁清晰, 我们将其中一些关键的证明步骤整理成下述引理. 这些引理的证明在 7.5 节中给出.

引理 7.2　对 $t=0$, 假定算法 (式 (7.4)~式 (7.6)) 中没有截断且去掉方向调节项 $(-1)^{\sigma_k(t)}$, 则由此修正算法产生的控制序列收敛到式 (7.1) 中所定义的最优输入.

引理 7.3　对 $t=0$, 假定算法 (式 (7.4)~式 (7.6)) 中没有截断, 去掉方向调节项 $(-1)^{\sigma_k(0)}$, 且用 a_{k+m} 代替 a_k, 则由此修正算法产生的控制序列仍满足下述结果, 从任意初始值出发, 输入误差 $\delta u_k(0)$ 关于整数 $m>0$ 一致有界.

引理 7.4　对 $t=0$, 考虑算法 (式 (7.4)~式 (7.6)), 则算法停止在正确的控制方向上, 且当算法停止截断后所产生的控制序列将收敛至最优控制.

基于以上引理, 下面证明定理 7.2.

证明: 具体证明沿时间轴 t 使用数学归纳法完成.

起始步骤: 针对时刻 $t=0$ 证明定理结论成立.

考虑无截断的算法

$$u_{k+1}(0)=u_k(0)+a_kI_{\{1\notin\mathcal{M}_k\}}(y_d(1)-y_k(1)) \tag{7.7}$$

用 $u_d(0)$ 同时减去上式的两端, 可得

$$\begin{aligned}&\delta u_{k+1}(0)\\=&\delta u_k(0)-a_kI_{\{1\notin\mathcal{M}_k\}}(y_d(1)-y_k(1))\\=&\delta u_k(0)-a_kI_{\{1\notin\mathcal{M}_k\}}\boldsymbol{c}^+\boldsymbol{b}_k(0)\delta u_k(0)-a_kI_{\{1\notin\mathcal{M}_k\}}[\varphi_k(0)-w_k(1)]\end{aligned} \tag{7.8}$$

其中, $\varphi_k(t)$ 定义如下

$$\varphi_k(t)=\boldsymbol{c}^+\delta f_k(t)+\boldsymbol{c}^+\delta\boldsymbol{b}_k(t)u_d(t) \tag{7.9}$$

且 $\varphi_k(0)$ 为式 (7.9) 在 $t=0$ 时的取值. 这里, $\boldsymbol{c}^+\delta f_k(t)=\boldsymbol{c}(t+1)\delta f(t,x_k(t))$, $\boldsymbol{c}^+\delta\boldsymbol{b}_k(t)=\boldsymbol{c}(t+1)\delta\boldsymbol{b}(t,x_k(t))$.

由引理 7.2, 对式 (7.8) 及任意初始值, 有 $\delta u_k(0)\xrightarrow[k\to\infty]{}0$. 因此, 若式 (7.8) 从初始值 $\delta u_0(0)=u_d(0)$ 出发演化, 则存在 $L>0$ 使得 $\|\delta u_k(0)\|<L$, 其中 $\{\delta u_k(0)\}$ 为算法产生的序列. 进而根据引理 7.3, 对任意整数 $m>0$, 若初始值均取 $\delta u_0(0)=u_d(0)$, 则由下述算法产生的 $\{\delta u_k(0)\}$ 一致有界

$$\begin{aligned}\delta u_{k+1}(0)=&\delta u_k(0)-a_{k+m}I_{\{1\notin\mathcal{M}_k\}}\boldsymbol{c}^+\boldsymbol{b}_k(0)\delta u_k(0)\\&-a_{k+m}I_{\{1\notin\mathcal{M}_k\}}[\varphi_k(0)-w_k(1)]\end{aligned} \tag{7.10}$$

不失一般性, 记此上界为 L. 换言之, 对任意整数 $m>0$, 算法初始值取 $\delta u_0(0)=u_d(0)$, 则由算法 (7.10) 产生的序列 $\{\delta u_k(0)\}$ 满足 $\|\delta u_k(0)\|<L$. 注意到算法 (式 (7.4)~式 (7.6)) 每次截断时, 都会被拉回到零, 因此每当算法切换至正确方向后, 其所产生的控制序列上界为 $L' \triangleq L+\|u_d(0)\|$.

若截断次数无限, 则所给算法将会无限次切换至正确的控制方向. 考虑算法停留在正确控制方向的情形且令 k 足够大, 使得 $M_{\sigma_k(0)}>L'$. 这意味着算法 (式 (7.4)~式 (7.6)) 在某次切换到正确控制方向后将不再截断, 从而与算法截断无限次矛盾. 因此, 算法 (式 (7.4)~式 (7.6)) 仅会截断有限次, 且算法有界. 因此定理 7.2 的结论 (a) 对 $t=0$ 成立.

由引理 7.4, 算法被证明不可能停留在错误的控制方向上, 因此算法最终将停留在正确的控制方向上. 从而根据引理 7.2, 算法将收敛到最优控制, 这意味着定理 7.2 的结论 (b) 和 (c) 对 $t=0$ 成立.

归纳步骤: 证明定理结论对其他时刻成立.

现在假定定理结论对时刻 $0,1,\cdots,t-1$ 均成立, 我们进一步证明此结论对时刻 t 也成立. 由归纳法结论可知, $u_k(0)$, $u_k(1)$, $\cdots$, $u_k(t-1)$ 均为最优, 即 $\delta u_k(s)\xrightarrow[k\to\infty]{}0$, $s=0,1,\cdots,t-1$. 从而由引理 7.1 可知, $\varphi_k(s)\xrightarrow[k\to\infty]{}0$. 因此, 完全类似于 $t=0$ 的证明步骤, 可以证明定理结论成立. 定理证毕. ■

注记 7.5　*对连续时间系统, 寻找控制方向的方法主要是应用 Nussbaum 型增益. 然而, 对离散时间系统, 很难给出类似的增益. 事实上, 寻找控制方向的直观方法是, 当算法选择了错误的控制方向时, 算法会发散至无穷, 而当算法选择了正确的控制方向时, 算法将会收敛至目标. 本章所给出的截断方法是上述思想的一种简单实现.*

7.4 仿真算例

以如下仿射非线性系统作为示例, 其中状态为二维向量

$$\begin{aligned}
x_k^{(1)}(t+1) &= 0.8x_k^{(1)}(t)+0.3\sin(x_k^{(2)}(t))+0.23u_k(t)\\
x_k^{(2)}(t+1) &= 0.4\cos(x_k^{(1)}(t))+0.85x_k^{(2)}(t)+0.33u_k(t)\\
y_k(t) &= x_k^{(1)}(t)+x_k^{(2)}(t)+w_k(t)
\end{aligned}$$

其中, $x_k^{(1)}(t)$ 和 $x_k^{(2)}(t)$ 分别代表状态向量 $x_k(t)$ 的第一维和第二维. 易见 $\boldsymbol{c}^+\boldsymbol{b}(t)=0.23\times 1+0.33\times 1=0.56>0$, 因此正确的控制方向是 $+1$.

为示例简单, 令 $N=40$, 且随机噪声 $w_k(t)$ 为随机高斯白噪声, 即 $w_k(t)\sim N(0,0.1^2)$.

为了仿真量测数据丢包, 首先将迭代批次按 4 批次为一组进行分组, 即划分为 $\{1,2,3,4\}, \{5,6,7,8\}, \cdots$. 进而对任一时刻 t, 在每一组中随机地选取一个批次, 如 1, 6, 9, $\cdots$. 对这些选定的批次, 假定在该时刻上发生数据丢包, 换言之, 算法不更新. 图 7.3 是前 100 批次的随机数据丢包示例, 其中数据丢包时取值为 0, 数据成功传输时取值为 1.

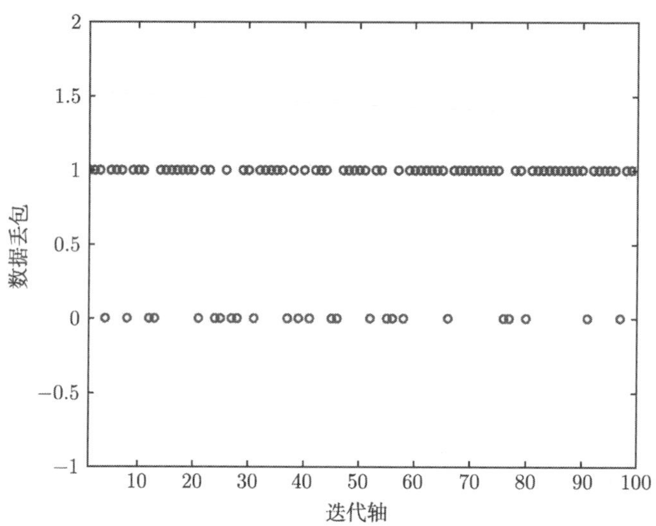

图 7.3　随机序列模型中数据丢包的示例

跟踪目标为 $y_d(t) = 20\sin\left(\dfrac{t}{20}\pi\right)$. 初始控制输入简单地设定为 $u_0(t) = 0, \forall t$. 学习增益选取 $a_k = \dfrac{1}{k+1}$, 算法中的参数设定为 $M_k = 4^k$, 算法运行 300 批次.

对时刻 $t = 4$, 算法对控制方法的自适应调节过程如图 7.4 所示. 对本节所涉及的例子, 正确的控制方向为 $+1$, 从图中可以看出算法在第 3~5 批次切换到错误的控制方向, 此后切换到正确的控制方向. 这说明算法能够自适应地切换至正确的控制方向. 在图 7.4 中, 图 7.4(a) 为整个 300 批次的方向切换过程, 而图 7.4(b) 为前 10 批次的放大图.

第 300 批次的跟踪效果显示在图 7.5 中, 其中带有圆圈的实线表示跟踪目标, 而带有实心圆的虚线表示实际输出信号 $y_{300}(t)$. 在本章中, 所考虑系统为离散时间情形, 因此实际的跟踪目标为数值的点集而不是一条曲线. 注意到, 系统输出能够有效地跟踪目标点, 这显示了所提算法的收敛性与有效性. 此外, 图中跟踪效果的偏移主要是由随机量测噪声引起的. 由于随机噪声是不可预测的, 所以任何学习算法都无法消除随机噪声.

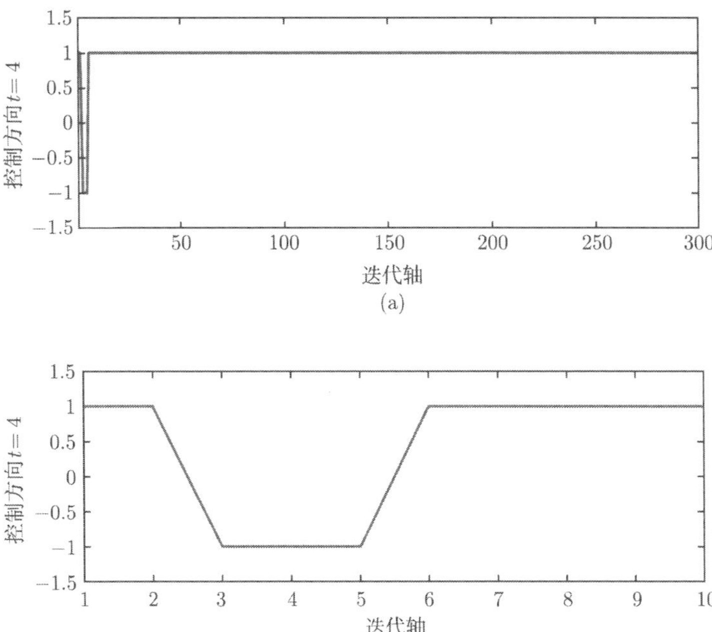

图 7.4　控制方向自适应调节过程: $t = 4$

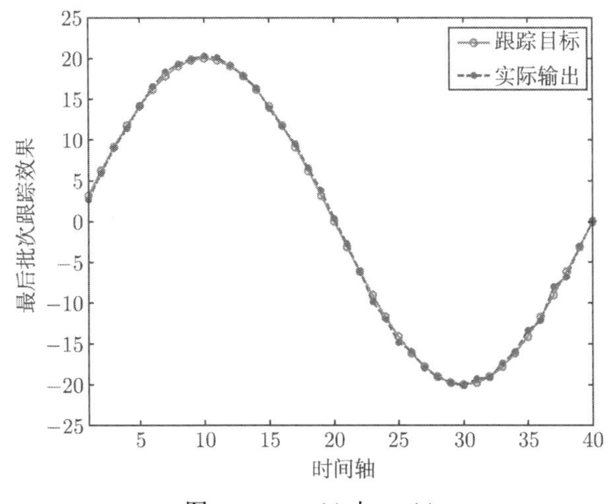

图 7.5　$y_{300}(t)$ 与 $y_d(t)$

进一步, 对任一运行批次, 定义平均绝对跟踪误差为 $\sqrt{\dfrac{\sum\limits_{t=1}^{N}\|e_k(t)\|^2}{N}}$. 注意到在上述指标中, 随机噪声是包含在内的, 因此所定义的指标不能随着批次数增至无穷而衰减至零, 而是降至某一个很小的量. 该量与随机噪声的统计性质有关. 图 7.6 显示了所定义的跟踪误差指标沿迭代轴的下降曲线.

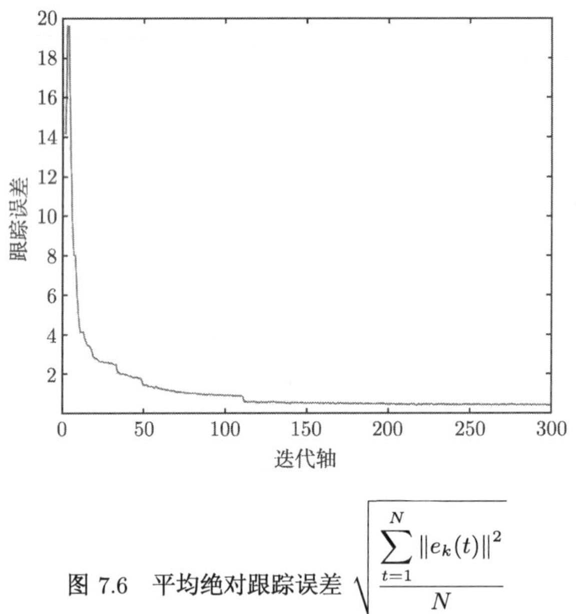

图 7.6　平均绝对跟踪误差 $\sqrt{\dfrac{\sum\limits_{t=1}^{N}\|e_k(t)\|^2}{N}}$

从量测数据随机丢包的实现方法及图 7.3 中可以看出, 这里发生连续数据丢包的最大批次数为 2, 也就是说在本仿真算例中 $K=3$. 换言之, 任意三个连续批次中, 至少有一个批次的数据是被成功传输的. 此外, 因为上述实现方法设定每四个批次中有一个批次的数据丢包, 因此容易得出数据丢包率为 25%. 一个自然的问题是, 数据丢包率或 K 的数值对跟踪效果有什么影响? 为此, 需要模拟多个数据丢包率下的跟踪效果图. 具体而言, 再考虑三种情况: $K=3$, 丢包率 =10%; $K=3$, 丢包率 =50%; $K=7$, 丢包率 =75%. 每种情况下的平均绝对跟踪误差 $\sqrt{\dfrac{\sum\limits_{t=1}^{N}\|e_k(t)\|^2}{N}}$ 沿迭代轴的变化曲线都展示在图 7.7 中. 根据注记 7.1, 我们需要再次强调 K 代表数据丢包的最坏情况, 而丢包率刻画了数据丢包的平均水平. 从图中可以看出, 越大的 K 或丢包率会导致越大的跟踪误差.

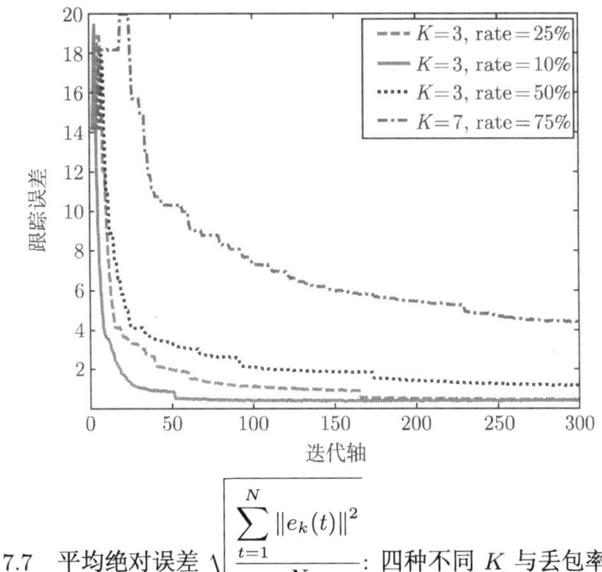

图 7.7　平均绝对误差 $\sqrt{\dfrac{\sum\limits_{t=1}^{N}\|e_k(t)\|^2}{N}}$: 四种不同 K 与丢包率情况

为说明算法的有效性, 我们还进一步对用二值伯努利变量刻画的数据丢包模型进行了仿真. 伯努利变量记为 γ, 当数据成功传输时此变量取值为 1, 反之为 0, 且数据传输成功与失败的概率分别为 $P(\gamma=1)=0.75$, $P(\gamma=0)=0.25$. 图 7.8 是任选的丢包序列示意图, 从图中可以看出, 在这种情况下, 对发生连续丢包的最大批次数没有设定. 然而算法的跟踪性能与本章所给模型类似, 参见图 7.9～图 7.11. 这说明本章所给算法具有良好的跟踪性能和鲁棒性.

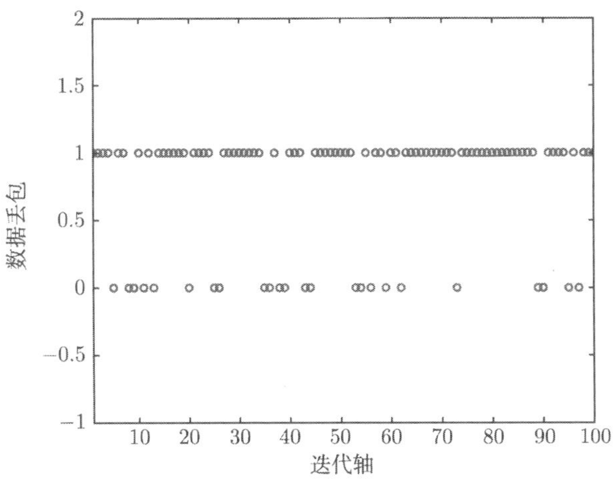

图 7.8　伯努利变量模型下数据丢包示意图

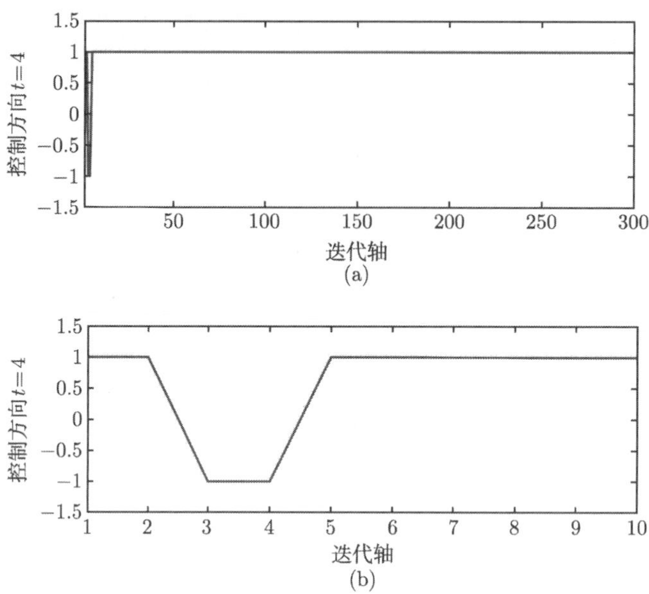

图 7.9 伯努利变量模型下控制方向调节过程: $t = 4$

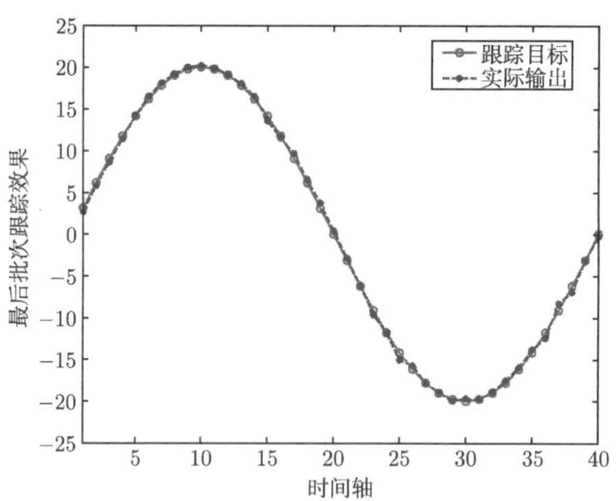

图 7.10 $y_{300}(t)$ 与 $y_d(t)$: 伯努利变量模型

在本节最后, 我们作如下说明. 数据丢包率对跟踪性能有重要影响. 具体而言, 数据丢包率越低, 跟踪性能越好, 因而收敛速度越快. 如果数据丢包率为零, 即没有数据丢包, 那么所给算法就变成了一般的迭代学习控制算法. 如果数据丢包率为 100%, 也就是说没有数据被成功传输, 那么更新算法将不再起作用.

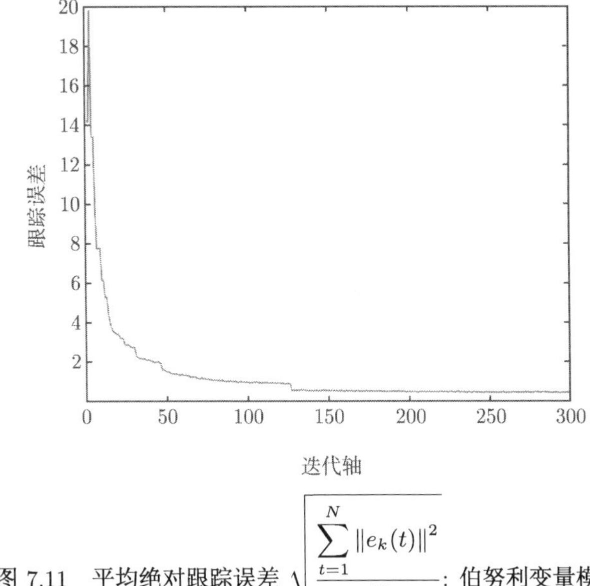

图 7.11　平均绝对跟踪误差 $\sqrt{\dfrac{\sum_{t=1}^{N}\|e_k(t)\|^2}{N}}$: 伯努利变量模型

7.5　本章引理证明

1. 引理 7.2 的证明

证明:对 $t=0$, 若式 (7.4) 和式 (7.5) 中没有截断机制, 则其即式 (7.7). 进而可得

$$\delta u_{k+1}(0)=(1-a_kI_{\{1\notin\mathcal{M}_k\}}\boldsymbol{c}^{+}\boldsymbol{b}_k(0))\delta u_k(0)-a_kI_{\{1\notin\mathcal{M}_k\}}\varphi_k(0)+a_kI_{\{1\notin\mathcal{M}_k\}}w_k(1) \tag{7.11}$$

根据 A7.2 可知, $\boldsymbol{b}_k(0)$ 关于初始状态为连续函数, 因此结合 A7.4 可得出 $\boldsymbol{b}_k(0)\xrightarrow[k\to\infty]{}\boldsymbol{b}_d(0)$, 结合 A7.3 可推出 $\boldsymbol{c}^{+}\boldsymbol{b}_k(0)$ 将收敛至某个正常数. 从而, 根据 A7.6 可知对足够大的 i

$$\sum_{k=i}^{i+K-1}\left(-I_{\{1\notin\mathcal{M}_k\}}\boldsymbol{c}^{+}\boldsymbol{b}_k(0)\right)<-\gamma,\quad \gamma>0 \tag{7.12}$$

记 $\phi_{i,j}\triangleq(1-a_iI_{\{1\notin\mathcal{M}_i\}}\boldsymbol{c}^{+}\boldsymbol{b}_i(0))\cdots(1-a_jI_{\{1\notin\mathcal{M}_j\}}\boldsymbol{c}^{+}\boldsymbol{b}_j(0)),i\geqslant j,\phi_{i,i+1}\triangleq 1$. 显然, 对所有足够大的 j, 记为 $j\geqslant j_0$, $1-a_jI_{\{1\notin\mathcal{M}_j\}}\boldsymbol{c}^{+}\boldsymbol{b}_j(0)>0$. 那么对于任意的

$i \geqslant j+K$, $j \geqslant j_0$, 由式 (7.11) 和式 (7.12) 可得到

$$
\begin{aligned}
\phi_{i,j} &= \phi_{i-K,j}\left(1 - a_i \sum_{k=i-K+1}^{i} I_{\{1\notin\mathcal{M}_k\}}\boldsymbol{c}^{+}\boldsymbol{b}_k(0) + o(a_i)\right) \\
&\leqslant \phi_{i-K,j}(1-\gamma a_i + o(a_i)) \\
&\leqslant \phi_{i-K,j}\left(1 - \frac{\gamma}{K}\sum_{k=i-K+1}^{i} a_k + o(a_i)\right) \\
&\leqslant \exp\left(-c\sum_{k=i-K+1}^{i} a_k\right)\phi_{i-K,j}, \quad c>0
\end{aligned}
$$

由此, 进一步可得 $\phi_{i,j} \leqslant c_1 \exp\left(-\frac{c}{2}\sum_{k=j}^{i} a_k\right)$, $\forall j \geqslant j_0$, $c_1 > 0$ 为某常数. 于是, 存在一个合适的 c_2 使得

$$
|\phi_{i,j}| \leqslant c_2 \exp\left(-\frac{c}{2}\sum_{k=j}^{i} a_k\right), \quad \forall i \geqslant j+K, j \geqslant j_0
$$

因此, $\forall i \geqslant j_0+K, \forall j \geqslant 0$, 可知对某合适的 $c_3 > 0$ 有

$$
|\phi_{i,j}| \leqslant |\phi_{i,j_0}||\phi_{j_0-1,j}| \leqslant c_3 \exp\left(-\frac{c}{2}\sum_{k=j}^{i} a_k\right) \tag{7.13}
$$

由式 (7.11) 可得

$$
\delta u_{k+1}(0) = \phi_{k,0}\delta u_0(0) - \sum_{j=0}^{k}\phi_{k,j+1}a_j I_{\{1\notin\mathcal{M}_j\}}\varphi_j(0) + \sum_{j=0}^{k}\phi_{k,j+1}a_j I_{\{1\notin\mathcal{M}_j\}}w_j(1) \tag{7.14}
$$

其中, 上式右端第一项随着 $k\to\infty$ 而趋于 0, 其原因在于式 (7.13). 根据 A7.2 和 A7.4, 显而易见 $\varphi_k(0) \xrightarrow[k\to\infty]{} 0$. 根据 A7.5 可得

$$
\sum_{k=1}^{\infty} a_k I_{\{1\notin\mathcal{M}_k\}} w_k(1) < 0
$$

因此式 (7.14) 右侧的最后两项随着 $k\to\infty$ 也将趋于零, 其证明步骤完全类似于文献 [41] 中引理 3.1.1 的证明过程. 因此, 我们得出 $\delta u_k(0) \to 0$. 换言之, 控制序列 $u_k(0)$ 的收敛性, 即 $u_k(0) \xrightarrow[k\to\infty]{} u_d(0)$, 至此完成. ■

2. 引理 7.3 的证明

证明:对 $t=0$, 若式 (7.4) 和式 (7.5) 中没有截断机制, 且将 a_k 替换为 a_{k+m}, $\forall m$, 可得

$$\delta u_{k+1}(0)=\delta u_k(0)-a_{k+m}I_{\{1\notin\mathcal{M}_k\}}\boldsymbol{c}^+\boldsymbol{b}_k(0)\delta u_k(0)-a_{k+m}I_{\{1\notin\mathcal{M}_k\}}[\varphi_k(0)-w_k(1)]$$

令

$$h_k=a_{k+m}$$
$$\psi_{i,j}=(1-h_iI_{\{1\notin\mathcal{M}_i\}}\boldsymbol{c}^+\boldsymbol{b}_i(0))\cdots(1-h_jI_{\{1\notin\mathcal{M}_j\}}\boldsymbol{c}^+\boldsymbol{b}_j(0))$$

可得

$$\delta u_{k+1}=\psi_{k,0}\delta u_0(0)-\sum_{j=0}^{k}\psi_{k,j+1}h_jI_{\{1\notin\mathcal{M}_j\}}\phi_j(0)+\sum_{j=0}^{k}\psi_{k,j+1}h_jI_{\{1\notin\mathcal{M}_j\}}w_j(1)\quad(7.15)$$

为证明对任意 $m>0$ 及初始值 $\delta u_0(0)$, 算法产生序列 $\delta u_k(0)$ 的一致有界性, 只需要证明式 (7.15) 右侧三项均关于 $m>0$ 为一致有界.

类似于引理 7.2 的证明步骤, 可知存在合适的 $c_4>0$ 及 $c>0$ 使得

$$|\psi_{i,j}|\leqslant c_4\exp\left(-c\sum_{k=j}^{i}h_k\right),\quad\forall i\geqslant j,\quad\forall j\geqslant 0\quad(7.16)$$

因此, 显而易见 $|\psi_{k,0}|\leqslant c_4$, $\forall m>0$, 从而

$$|\psi_{k,0}\delta u_0(0)|\leqslant c_4|\delta u_0(0)|\quad(7.17)$$

这证明了式 (7.15) 右侧第一项关于 $m>0$ 一致有界.

由于 $\varphi_k(0)\xrightarrow[k\to\infty]{}0$, 所以 $\sup_k|\varphi_k(0)|<\infty$. 注意到 $h_k\to 0$, 因此存在 k_1 使得 $\forall k\geqslant k_1$

$$h_k\leqslant 2\left(h_k-\frac{ch_k^2}{2}\right),\ 0<ch_k<1,\quad\forall m>0$$

从而进一步得到

$$\begin{aligned}&\left|\sum_{j=k_1}^{k}\psi_{k,j+1}h_jI_{\{1\notin\mathcal{M}_j\}}\varphi_j(0)\right|\\ \leqslant{}& c_4\sup_k|\varphi_k(0)|\sum_{j=k_1}^{k}\left[\exp(-c\sum_{i=j+1}^{k}h_i)h_j\right]\\ \leqslant{}& 2c_4\sup_k|\varphi_k(0)|\sum_{j=k_1}^{k}\left(h_j-\frac{ch_j^2}{2}\right)\exp\left(-c\sum_{i=j+1}^{k}h_i\right)\end{aligned}$$

$$\leqslant \frac{2c_4}{c}\sup_k|\varphi_k(0)|\sum_{j=k_1}^{k}(1-e^{-ch_j})\exp\left(-c\sum_{i=j+1}^{k}h_i\right)$$
$$=\frac{2c_4}{c}\sup_k|\varphi_k(0)|\sum_{j=k_1}^{k}\left[\exp\left(-c\sum_{i=j+1}^{k}h_i\right)-\exp\left(-c\sum_{i=j}^{k}h_i\right)\right]$$
$$\leqslant \frac{2c_4}{c}\sup_k|\varphi_k(0)|$$

此外, 易知 $\left|\sum_{j=0}^{k_1}\psi_{k,j+1}h_jI_{\{1\notin\mathcal{M}_j\}}\varphi_j(0)\right|$ 是有界的. 因此, 式 (7.15) 右侧第二项关于 m 的一致有界性得证.

现在来检查最后一项 $\sum_{j=0}^{k}\psi_{k,j+1}h_jI_{\{1\notin\mathcal{M}_j\}}w_j(1)$. 根据 h_k 的定义可知 $\sum_{k=1}^{\infty}h_k=\infty$ 且 $\sum_{k=1}^{\infty}h_k^2<\infty$. 令

$$s_k=\sum_{j=1}^{k}h_jI_{\{1\notin\mathcal{M}_j\}}w_j(1),\quad s_{-1}=0 \tag{7.18}$$

根据 A7.5 易知 $s_k\to s<\infty$. 因此, 对任意 $\epsilon>0$, 存在常数 k_2 使得 $\|s_j-s\|\leqslant\epsilon$, $\forall j\geqslant k_2$. 根据部分加和原理有

$$\begin{aligned}\sum_{j=0}^{k}\psi_{k,j+1}h_jI_{\{1\notin\mathcal{M}_j\}}w_j(1)=&\sum_{j=0}^{k}\psi_{k,j+1}(s_j-s_{j-1})\\
=&s_k-\sum_{j=0}^{k}(\psi_{k,j+1}-\psi_{k,j})s_{j-1}\\
=&s_k-\sum_{j=0}^{k}(\psi_{k,j+1}-\psi_{k,j})s-\sum_{j=0}^{k}(\psi_{k,j+1}-\psi_{k,j})(s_{j-1}-s)\\
=&s_k-s+\psi_{k,0}s-\sum_{j=0}^{k_2}(\psi_{k,j+1}-\psi_{k,j})(s_{j-1}-s)\\
&-\sum_{j=k_2}^{k}\psi_{k,j+1}h_jI_{\{1\notin\mathcal{M}_j\}}\boldsymbol{c}^{+}\boldsymbol{b}_k(0)(s_{j-1}-s)\end{aligned}$$

上式右侧除了最后一项外各项均随 $k\to\infty$ 而趋于零. 注意到 $\|s_j-s\|\leqslant\epsilon$, $\forall j\geqslant k_2$,

可得

$$\left\|\sum_{j=k_2}^{k}\psi_{k,j+1}h_jI_{\{1\notin\mathcal{M}_j\}}\boldsymbol{c}^+\boldsymbol{b}_k(0)(s_{j-1}-s)\right\|\leqslant\ \epsilon\sup_k|\boldsymbol{c}^+\boldsymbol{b}_k(0)|\cdot\left\|\sum_{j=k_2}^{k}\psi_{k,j+1}h_j\right\|$$

从而这一项随着 $k\to\infty$ 及 $\epsilon\to 0$ 而趋于零. 因此, 式 (7.15) 右侧第三项关于 m 也一致有界. 引理证毕. ■

3. 引理 7.4 的证明

证明: 从引理 7.2、引理 7.3 及定理 7.2 证明的第一部分可以看出, 对 $t=0$, 算法 (式 (7.4)~式 (7.6)) 只能截断有限次.

如果停止截断时算法停留在正确的控制方向上, 则根据引理 7.2 可知, 算法最终收敛至最优控制.

因此, 我们只需再证明算法在停止截断时不可能停留在错误的控制方向上即可. 为此, 考虑如下回归方程

$$\begin{aligned}u_{k+1}(0)=&u_k(0)-a_kI_{\{1\notin\mathcal{M}_k\}}\boldsymbol{c}^+\boldsymbol{b}_k(0)\delta u_k(0)\\&-a_kI_{\{1\notin\mathcal{M}_k\}}\varphi_k(0)+a_kI_{\{1\notin\mathcal{M}_k\}}w_k(1)\end{aligned}\tag{7.19}$$

证明包含两个步骤. 第一步, 证明由式 (7.19) 所定义的控制序列 $u_k(0)$ 收敛. 第二步, 证明上述 $u_k(0)$ 的收敛极限不可能是 $u_d(0)$ 外的另一点. 换言之, 若 $u_k(0)\to u'(0)$, 则 $u'(0)=u_d(0)$.

首先, 假定由式 (7.19) 所定义的控制序列 $u_k(0)$ 不收敛. 取 Lyapunov 函数 $\zeta(x)\triangleq(u_d(0)-x)^2$, 可知

$$0\leqslant\liminf_{k\to\infty}\zeta(u_k(0))<\limsup_{k\to\infty}\zeta(u_k(0))<\infty\tag{7.20}$$

称序列 $\zeta(x_{n_k}),\cdots,\zeta(x_{m_k})$ 下穿过区间 $[\delta_1,\delta_2]$, 若 $\zeta(x_{n_k})\geqslant\delta_2$, $\zeta(x_{m_k})\leqslant\delta_1$, 且 $\delta_1<\zeta(x_j)<\delta_2$, $\forall j:n_k<j<m_k$. 由式 (7.20) 可得, $\zeta(u_k(0))$ 将下穿某个非零区间 $[\delta_1,\delta_2]$ 无穷多次. 不失一般性, 假定 $d([\delta_1,\delta_2],\zeta(u_d(0)))>0$, 其中 $d(\cdot,\cdot)$ 代表距离.

令 $\zeta(u_{n_k}(0)),\cdots,\zeta(u_{m_k}(0))$, $k=1,2,\cdots$ 为下穿部分的序列.

根据 $u_k(0)$ 的有界性, 不失一般性, 我们可以假定 $u_{n_k}(0)\xrightarrow[k\to\infty]{}\bar{u}$.

令 $m(k,T)\triangleq\max\left\{m:\sum_{i=k}^{m}a_iI_{\{1\notin\mathcal{M}_i\}}\leqslant T\right\}$. 对足够大的 k 以及足够小的 T,

下式成立

$$\begin{aligned}|u_{m+1}(0)-u_{n_k}(0)|\leqslant&\left|\sum_{j=n_k}^{m}a_jI_{\{1\notin\mathcal{M}_j\}}\boldsymbol{c}^+\boldsymbol{b}_j(0)\delta u_j(0)\right|\\&+\left|\sum_{j=n_k}^{m}a_jI_{\{1\notin\mathcal{M}_j\}}\boldsymbol{c}^+\boldsymbol{b}_j(0)\varphi_j(0)\right|\\&+\left|\sum_{j=n_k}^{m}a_jI_{\{1\notin\mathcal{M}_j\}}\boldsymbol{c}^+\boldsymbol{b}_j(0)w_j(1)\right|\\\leqslant&\sup_j|\boldsymbol{c}^+\boldsymbol{b}_j(0)\delta u_j(0)|\sum_{j=n_k}^{m}a_jI_{\{1\notin\mathcal{M}_j\}}+o(\tau)\\\leqslant&c_5r,\quad\forall m:\ n_k\leqslant m\leqslant m(n_k,\tau),\forall\tau\in[0,T]\end{aligned}\tag{7.21}$$

其中, c_5 是一个合适的正实数, 而 $o(\cdot)$ 代表高阶无穷小.

令 $\tau=a_{n_k}I_{\{1\notin\mathcal{M}_{n_k}\}}$, 可知

$$|u_{n_k+1}(0)-u_{n_k}(0)|\leqslant c_5a_{n_k}I_{\{1\notin\mathcal{M}_{n_k}\}}\xrightarrow[k\to\infty]{}0\tag{7.22}$$

根据下穿定义, $\zeta(u_{n_k})\geqslant\delta_2>\zeta(u_{n_k+1})$, 可得

$$\zeta(u_{n_k}(0))\xrightarrow[k\to\infty]{}\delta_2=\zeta(\bar{u}),\ \ d(\bar{u},u_d(0))\triangleq\delta>0\tag{7.23}$$

对足够小的 τ 以及足够大的 k, 我们有

$$d(u_m(0),u_d(0))\geqslant\frac{\delta}{2},\quad\forall m:\ n_k\leqslant m\leqslant m(n_k,\tau)\tag{7.24}$$

从而, 对足够大的 k, 有

$$\begin{aligned}&\zeta(u_{m(n_k,\tau)+1}(0))-\zeta(u_{n_k}(0))\\=&-\sum_{j=n_k}^{m(n_k,\tau)}a_jI_{\{1\notin\mathcal{M}_j\}}(y_d(1)-y_j(1))\zeta_u(\bar{u})+o(\tau)\\=&-\sum_{j=n_k}^{m(n_k,\tau)}a_jI_{\{1\notin\mathcal{M}_j\}}\boldsymbol{c}^+\boldsymbol{b}_j(0)\delta u_j(0)\zeta_u(u_j(0))\\&+\sum_{j=n_k}^{m(n_k,\tau)}a_jI_{\{1\notin\mathcal{M}_j\}}\boldsymbol{c}^+\boldsymbol{b}_j(0)\delta u_j(0)(\zeta_u(u_j(0))-\zeta_u(\bar{u}))\\&-\sum_{j=n_k}^{m(n_k,\tau)}a_jI_{\{1\notin\mathcal{M}_j\}}[\varphi_j(0)-w_j(1)]\zeta_u(\bar{u})+o(\tau)\end{aligned}$$

由于 $\varphi_k(0)\to 0$, 我们可得出

$$\limsup_{k\to\infty}\left|\zeta_u(\bar{u})\sum_{j=n_k}^{m(n_k,\tau)}a_jI_{\{1\notin\mathcal{M}_j\}}[\varphi_j(0)-w_j(1)]\right|=o(\tau)\tag{7.25}$$

以及

$$\left|\sum_{j=n_k}^{m(n_k,\tau)}a_jI_{\{1\notin\mathcal{M}_j\}}\boldsymbol{c}^+\boldsymbol{b}_j(0)\delta u_j(0)(\zeta_u(u_j(0))-\zeta_u(\bar{u}))\right|=o(\tau)\tag{7.26}$$

根据式 (7.24) 和 A7.3 可知, 存在适当的常数 $\alpha>0$ 使得

$$-\boldsymbol{c}^+\boldsymbol{b}_j(0)\delta u_j(0)\zeta_u(u_j(0))=2\boldsymbol{c}^+\boldsymbol{b}_j(0)[\delta u_j(0)]^2>\alpha,\quad\forall j:n_k\leqslant j\leqslant m(n_k,\tau)\tag{7.27}$$

综合以上四式可得

$$\zeta(u_{m(n_k,\tau)+1}(0))-\zeta(u_{n_k}(0))\geqslant\beta\tau\tag{7.28}$$

其中, $\beta>0$ 与 $\tau>0$ 均为适当常数, 而 k 足够大.

由式 (7.23) 与式 (7.28) 可进一步推出

$$\liminf_{k\to\infty}\zeta(u_{m(n_k,\tau)+1}(0))\geqslant\delta_2+\beta\tau\tag{7.29}$$

另一方面, 从式 (7.21) 可以看出

$$\lim_{\tau\to 0}\max_{n_k\leqslant j\leqslant m(n_k,\tau)}|\zeta(u_{j+1}(0))-\zeta(u_{n_k}(0))|=0\tag{7.30}$$

这意味着对足够小的 τ, 我们有 $m(n_k,\tau)+1<m_k$. 从而 $\zeta(u_{m(n_k,\tau)+1}(0))\in(\delta_1,\delta_2]$. 这与式 (7.29) 相矛盾. 因此, $\{\zeta(u_k(0))\}$ 不可能有无穷多次下穿, 即序列 $\{u_k(0)\}$ 是收敛的.

接下来我们证明 $\{u_k(0)\}$ 不可能收敛到 $u_d(0)$ 外的某一点. 使用反证法来说明这一点. 为此, 假定其反面成立, 即 $u_k(0)\xrightarrow[k\to\infty]{}u'(0)\neq u_d(0)$.

由式 (7.19) 可得到

$$\begin{aligned}u_{k_0+n}(0)=&u_{k_0}(0)-\sum_{j=k_0}^{k_0+n-1}a_jI_{\{1\notin\mathcal{M}_j\}}[\boldsymbol{c}^+\boldsymbol{b}_j(0)\delta u_j(0)+\varphi_j(0)]\\&+\sum_{j=k_0}^{k_0+n-1}a_jI_{\{1\notin\mathcal{M}_j\}}w_j(1),\quad\forall n\end{aligned}\tag{7.31}$$

显然可知

$$\sum_{j=k_0}^{\infty}a_jI_{\{1\notin\mathcal{M}_j\}}w_j(1)<\infty\tag{7.32}$$

进一步, 根据 A7.4 与 A7.2 可知, $\varphi_j(0) \xrightarrow[j\to\infty]{} 0$. 因为 $u'(0) \neq u_d(0)$, $\boldsymbol{c}^+\boldsymbol{b}_j(0)\delta u_j(0)$ 将收敛至某个非零常数. 那么我们有

$$\sum_{j=k_0}^{k_0+n-1} a_j I_{\{1\notin\mathcal{M}_j\}}[\boldsymbol{c}^+\boldsymbol{b}_j(0)\delta u_j(0) + \varphi_j(0)] \xrightarrow[n\to\infty]{} \infty \tag{7.33}$$

由此可知 $u_{k_0+n}(0) \xrightarrow[n\to\infty]{} \infty$. 然而, 这一点与 $\{u_k(0)\}$ 的有界性相矛盾. 引理证毕. ■

7.6 本章小结

本章研究了带有随机数据丢包和未知控制方向的网络化非线性系统的迭代学习控制问题. 在本章中, 随机数据丢包用一个任意随机序列进行刻画, 其中对连续丢包的发生批次数存在一个最大值. 这一模型不同于此前已有文献中使用二值伯努利随机变量刻画丢包的情形. 此外, 在控制系统设计中起至关重要作用的控制方向, 在本章中假定未知. 由此, 本章提出了一种新的控制方向调节方法. 基于此调节方法, 本章给出了 P 型迭代学习控制更新算法并严格证明了其收敛性. 本章的研究结果可以通过适当修改后拓展至多输入多输出系统. 在实际研究中, 还常发现有些数据丢包的发生规律用马氏链刻画更为合适, 对这一类型的控制探索有重要意义.

第 8 章　批次长度随机变化下的迭代学习控制

本章研究离散时间系统在批次长度随机变化环境中进行迭代学习控制的问题. 批次长度随机变化的概率分布并不需要事先已知. 本章应用了传统的P型更新算法, 其中增益设计采用Arimoto 形式. 通过直接计算期望与二阶矩, 本章证明了算法在均方意义和几乎必然意义下的收敛性.

8.1　引　　言

重复性是学习的基本要求, 因为学习算法的工作机理是通过不断地尝试与校正来实现的, 所以迭代学习控制往往会要求系统的运行过程是可以不断重复的, 以使得控制算法能够沿迭代轴进行更新, 从而逼近最优控制. 然而, 在实际应用中, 不同批次的运行时长可能是随机变化的. 关于这一点, 文献 [139] 给出了两个典型示例, 分别是上肢运动和步态辅助的功能电子刺激过程. 受制于复杂因素和未知动态, 整个运动轨迹的学习过程可能会提前结束. 另一个示例由文献 [140] 给出, 考虑了将迭代学习控制与重复控制应用到拟人机器人模拟步态的过程. 其中一个重要的问题是, 不同批次的持续时长是可变的. 简言之, 在这些例子中, 批次长度的重复性不再成立. 这驱动我们进一步考虑迭代学习控制在批次长度随机变化环境下的适用性问题.

对于这一问题, 目前已有少量研究. 在文献 [139] 中, 作者将最大批次长度定义为完整长度, 将短于完整长度的批次长度定义为非完整长度. 对非完整长度的批次, 通过将其短缺长度部分的跟踪误差以零进行补充为完整长度, 从而符合迭代学习控制的重复性要求. 基于此修正的跟踪误差轨迹, 作者给出了迭代学习控制算法并证明算法能够逐渐改善跟踪性能. 在文献 [141] 中, 批次长度假定在一定范围内随机变化, 使用迭代平均算子技巧来设计迭代学习控制算法. 作者证明了跟踪误差的期望收敛至零. 需要指出的是, 在该文中批次长度同时允许长于或短于预定批次长度. 当实际批次长度超过预定批次长度时, 超过预定长度的多余部分被直接截去不予使用, 而当实际批次长度短于预定长度时, 不足部分的跟踪误差以零替代. 文献 [142] 进一步研究了对应于文献 [141] 的连续时间非线性系统情形. 关于批次长度随机变化的问题, 还有许多工作需要完善.

本章针对线性系统使用传统的 P 型算法并建立了强收敛性. 需要强调的是, 本章的重要意义不在于给出一个取代已有文献的新算法, 而在于揭示出传统的 P 型算法对随机批次长度因素具有很强的鲁棒性和强收敛性.

与文献 [139] 和文献 [141] 相比, 本章有多处不同点. 首先, 文献 [139] 的收敛性分析是直接针对相邻批次的误差进行对比, 而文献 [141] 则通过取期望将刻画批次长度的随机变量转化为确定情形. 简言之, 文献 [139] 和文献 [141] 都是按照确定性的方法来分析算法的收敛性. 而本章从概率论视角给出一种新的分析技巧. 其次, 文献 [139] 和文献 [141] 所得到的收敛性都要弱于本章所给出的收敛性. 在文献 [139] 中, 跟踪误差在 1- 范数和 ∞- 范数意义下单调下降, 但其期限未必是零. 在文献 [141] 中, 跟踪误差的期望被证明收敛至零. 然而, 这并不意味着实际的跟踪误差很小. 这是因为, 作为一个随机变量, 仅其一阶矩 (期望) 为零, 其二阶矩 (方差) 仍可能很大. 本章证明算法的均方收敛性与几乎必然收敛性, 而这是概率论下的最强收敛结果. 最后, 本章与文献 [139] 对随机变化长度不作任何概率分布的假设, 而文献 [141] 则需要已知相应的概率分布信息用以设计学习增益矩阵.

8.2 问题描述

考虑如下线性时变系统

$$\begin{aligned} x(t+1,k) &= A_t x(t,k) + B_t u(t,k) \\ y(t,k) &= C_t x(t,k) \end{aligned} \tag{8.1}$$

其中, $x(t,k)\in\mathbb{R}^n$, $u(t,k)\in\mathbb{R}^p$ 与 $y(t,k)\in\mathbb{R}^q$ 分别表示系统的状态、输入与输出; $k=0,1,\cdots$ 与 $t=0,1,\cdots,N$ 分别表示批次指标与离散时刻指标, N 代表运行批次的最大长度; A_t、B_t、C_t 为具有适当常数的系统矩阵. 假定 $C_{t+1}B_t$ 列满秩, 这意味着系统的相对阶为 1.

若系统的运行批次长度相同, 即都为 N, 则系统模型 (8.1) 可以改写为如下超向量形式

$$Y_k = HU_k + Y_{k0} \tag{8.2}$$

其中

$$H = \begin{bmatrix} C_1B_0 & 0 & \cdots & 0 \\ C_2A_1B_0 & C_2B_1 & \cdots & 0 \\ \vdots & \vdots & & \vdots \\ C_NA_{N-1}\cdots A_1B_0 & \cdots & \cdots & C_NB_{N-1} \end{bmatrix} \tag{8.3}$$

以及

$$
\begin{aligned}
Y_k &= \left[y^{\mathrm{T}}(1,k),\cdots,y^{\mathrm{T}}(N,k)\right]^{\mathrm{T}}\\
U_k &= \left[u^{\mathrm{T}}(0,k),\cdots,u^{\mathrm{T}}(N-1,k)\right]^{\mathrm{T}}\\
Y_{k0} &= \left[(C_1A_0)^{\mathrm{T}},\cdots,(C_NA_{N-1}\cdots A_0)^{\mathrm{T}}\right]^{\mathrm{T}}x(0,k)
\end{aligned}
$$

令 $y(t,d)$, $t=0,1,\cdots,N$ 表示跟踪目标. 假定对一个可实现的跟踪目标 $y(t,d)$, 存在唯一的控制输入 $u(t,d)$ 使得

$$
Y_d = HU_d + Y_{d0} \tag{8.4}
$$

其中, Y_d、U_d、Y_{d0} 的定义分别类似于 Y_k、U_k、Y_{k0}, 不同之处在于将 $y(t,k)$、$u(t,k)$、$x(0,k)$ 分别替换为 $y(t,d)$、$u(t,d)$、$x(0,d)$. 为表述简便, 假定初始状态精确重置, 即 $Y_{k0}=Y_{d0}$.

若批次长度固定为 N, 控制目标为设计迭代学习控制算法使得随着迭代批次 k 趋于无穷, $Y_k\to Y_d$. 然而, 实际的运行批次长度在不同批次之间可能随机变化. 此外, 比较合理的问题描述是存在一个实际批次长度的最小值, 记为 $\overline{N}$, $\overline{N}<N$, 即实际批次长度在 $\{\overline{N},\overline{N}+1,\cdots,N\}$ 内随机变动. 换言之, 对前 $\overline{N}$ 个时刻, 我们总可以获得其实际输出, 而对于其余的时刻点, 系统是否输出是随机变动的. 因此, 共有 $N-\overline{N}+1$ 种可能的输出轨迹长度. 对第 k 批次而言, 它的实际批次长度为 N_k, 也就是说, 只有前 N_k 个时刻实际产生了输出值, 其中 $\overline{N}\leqslant N_k\leqslant N$. 为表述问题清晰, 我们对 Y_k 引入截断算子 $\lfloor\cdot\rfloor_{N_k}$ 来刻画实际产生的输出数据, 具体而言, 这个算子表示 Y_k 的最后 $N-N_k$ 个维度被移除, 即 $\lfloor\cdot\rfloor_{N_k}:\mathbb{R}^{Nq}\to\mathbb{R}^{N_kq}$. 因此, 本章的控制目标被修正为, 设计迭代学习控制更新算法使得随着迭代批次 k 趋于无穷, $\lfloor Y_k\rfloor_{N_k}\to\lfloor Y_d\rfloor_{N_k}$. 为符号简洁, 在后面的叙述中令 $m=N-\overline{N}+1$.

由此可以看出, 共有 $N-\overline{N}+1$ 个可能的批次运行长度, 实际批次长度在这个范围内随机变化. 为了处理不同的情形, 令批次长度为 $\overline{N}$, $\overline{N}+1$, $\cdots$, N 的概率分别为 p_1, p_2, $\cdots$, p_m. 即 $P(\mathcal{A}_{\overline{N}})=p_1$, $P(\mathcal{A}_{\overline{N}+1})=p_2$, $\cdots$, $P(\mathcal{A}_N)=p_m$, $\forall k$, 其中 $\mathcal{A}_l$ 代表运行批次长度为 l 这一事件, 即 $\lfloor Y_k\rfloor_{N_k}=\lfloor Y_k\rfloor_l$, $\overline{N}\leqslant l\leqslant N$. 显然, $p_i>0$, $1\leqslant i\leqslant m$, 且

$$
p_1+p_2+\cdots+p_m=1 \tag{8.5}
$$

需要指出的是, 本章对 p_i 没有预先假设任何概率分布, 因此, 上述关于批次长度随机变化的表述是广泛的.

注记 8.1　在文献 [141] 中, 作者基于 $p_1,\cdots,p_m$ 引入了一系列符合伯努利分布的随机变量来刻画最后 $N-\overline{N}$ 个输出发生的概率. 进而, 将这个随机变量与相应的跟踪误差相乘可得到一个修正跟踪误差. 因此, 分析目标被转化为证明这 $N-\overline{N}$ 个修正跟踪误差的数学期望收敛至零. 而在本章中, 通过直接针对批次长度发生概率 p_1, $\cdots$, p_m 进行计算, 证明了算法在几乎必然意义和均方意义下的收敛性. 此

外, 需要指出的是, 这些概率在本章中仅用于理论分析, 而实际的学习算法对概率分布不预先要求任何信息, 因此更适合实际应用.

8.3 迭代学习控制算法

注意到批次长度不会超过最大长度, 因此跟踪误差只有两种情形需要考虑. 如果批次长度等于最大长度, 则跟踪误差即常规跟踪误差, 维数为 Nq; 而当批次长度短于最大长度时, 则跟踪误差在缺失时刻的数据是没有的, 因此不能够被用于输入的更新. 对后一种情形, 我们可以通过在缺失时刻将跟踪误差用零补足, 从而将跟踪误差转化为一个维数为 Nq 的常规情形. 换言之, 若第 k 个实际输出长度没有达到最大长度, 即 $N_k < N$, 此时跟踪误差定义如下

$$e(t,k)=\begin{cases}y(t,d)-y(t,k), & 1\leqslant t\leqslant N_k\\ 0, & N_k<t\leqslant N\end{cases}\tag{8.6}$$

记

$$E_k=\left[e^{\mathrm{T}}(1,k),\cdots,e^{\mathrm{T}}(N,k)\right]^{\mathrm{T}}\tag{8.7}$$

进而, 控制目标定义如下

$$U_{k+1}=U_k+LE_k\tag{8.8}$$

其中, L 是学习增益矩阵, 稍后给出其定义.

注意到 $N_k<N$, $E_k\neq Y_d-Y_k$. 本章引入下述矩阵来弥补这一分歧

$$M_{N_k}=\begin{bmatrix} I_{N_k}\otimes I_q & 0\\ 0 & 0_{(N-N_k)}\otimes I_q\end{bmatrix},\quad \overline{N}\leqslant N_k\leqslant N\tag{8.9}$$

其中, I_l 和 0_l 分别表示维数为 $l\times l$ 的单位矩阵和全零矩阵.

进而可知

$$E_k=M_{N_k}(Y_d-Y_k)=M_{N_k}H(U_d-U_k)$$

由式 (8.8) 可得

$$U_{k+1}=U_k+LE_k=U_k+LM_{N_k}H(U_d-U_k)$$

从 U_d 中同时减去上述方程的两侧, 可得

$$U_d-U_{k+1}=U_d-U_k-LM_{N_k}H(U_d-U_k)=(I-LM_{N_k}H)(U_d-U_k)$$

也就是说

$$\Delta U_{k+1}=(I-LM_{N_k}H)\Delta U_k\tag{8.10}$$

其中, $\Delta U_k \triangleq U_d - U_k$.

注意到 N_k 是一个随机变量, 取值范围为 $\{\overline{N}, \cdots, N\}$, 因此 M_{N_k} 是一个随机矩阵, 这进一步使得 $I - LM_{N_k}H$ 也是一个随机矩阵. 我们可以引入 m 个二值随机变量 $\gamma_i, 1 \leqslant i \leqslant m$ 来进行刻画. 这些随机变量需满足 $\gamma_i \in \{0, 1\}$

$$\gamma_1 + \gamma_2 + \cdots + \gamma_m = 1$$

以及

$$P(\gamma_i = 1) = P(\mathcal{A}_{\overline{N}-1+i}) = p_i, \quad 1 \leqslant i \leqslant m$$

因而式 (8.10) 可被改写为

$$\begin{aligned}\Delta U_{k+1} =& [\gamma_1(I - LM_{\overline{N}}H) + \gamma_2(I - LM_{\overline{N}+1}H) \\ &+ \cdots + \gamma_m(I - LM_N H)]\Delta U_k\end{aligned} \tag{8.11}$$

从而, 可以通过分析式 (8.11) 的零误差收敛性来说明原迭代算法 (8.10) 的零误差收敛性.

记 $\Gamma_i = I - LM_{\overline{N}-1+i}H, 1 \leqslant i \leqslant m$. 因而式 (8.11) 可被简化为

$$\Delta U_{k+1} = (\gamma_1 \Gamma_1 + \gamma_2 \Gamma_2 + \cdots + \gamma_m \Gamma_m)\Delta U_k \tag{8.12}$$

易知, 所有的 γ_i 是相互依赖的. 这是因为当其中一个取值为 1 时, 则其余的随机变量都必须取值为 0.

为了给出学习增益矩阵 L 的设计条件, 我们首先沿采样路径计算期望与协方差阵.

令 $\mathcal{S} = \{\Gamma_i, 1 \leqslant i \leqslant m\}$, 并记

$$Z_k = X_k X_{k-1} \cdots X_1 X_0 \tag{8.13}$$

其中, X_k 是随机矩阵, 取值自 $\mathcal{S}$, 且 $P(X_k = \Gamma_i) = P(\gamma_i = 1) = p_i, 1 \leqslant i \leqslant m, \forall k$. 由式 (8.12) 可以得出

$$\Delta U_{k+1} = Z_k \Delta U_0 \tag{8.14}$$

下述两个引理为稍后的收敛性证明做准备.

引理 8.1　令 $\mathcal{S}^k = \{Z_k$: 取所有样本路径 $\}$, 则 $\mathcal{S}$ 的均值 K_k 的递推公式为

$$K_k = \left(\sum_{i=1}^{m} p_i \Gamma_i\right) K_{k-1} \tag{8.15}$$

证明:令 $\mathcal{S}_i^k=\{Z_k\in\mathcal{S}^k: X_k=\Gamma_i\}, i=1,2,\cdots,m$. 显然, $\mathcal{S}^k$ 是不相交子集 $\mathcal{S}_i^k$ 的并集. 记

$$K_k=\sum_{Z_k\in\mathcal{S}^k}P\{Z_k\}Z_k \tag{8.16}$$

根据 X_j 的独立性, 我们可以将上述加和分解为

$$\begin{aligned}K_k&=\sum_{Z_k\in\mathcal{S}^k}P\{Z_k\}Z_k\\&=\sum_{Z_{k-1}\in\mathcal{S}^{k-1}}\sum_{i=1}^{m}P\{X_k=\Gamma_i\}P\{Z_{k-1}\}\Gamma_iZ_{k-1}\\&=\sum_{Z_{k-1}\in\mathcal{S}^{k-1}}\sum_{i=1}^{m}P\{\gamma_i=1\}P\{Z_{k-1}\}\Gamma_iZ_{k-1}\\&=\sum_{i=1}^{m}P\{\gamma_i=1\}\Gamma_i\sum_{Z_{k-1}\in\mathcal{S}^{k-1}}P\{Z_{k-1}\}Z_{k-1}\\&=\sum_{i=1}^{m}P\{\gamma_i=1\}\Gamma_iK_{k-1}\\&=\sum_{i=1}^{m}p_i\Gamma_iK_{k-1}=\left(\sum_{i=1}^{m}p_i\Gamma_i\right)K_{k-1}\end{aligned}$$

引理证毕. ■

引理 8.2　令 $\mathcal{S}^k=\{Z_k$: 取所有样本路径 $\}$, 则 $\mathcal{S}$ 的协方差阵 V_k 为

$$V_k=F_k-K_kK_k^{\mathrm{T}} \tag{8.17}$$

其中, F_k 由下式递推给出

$$F_k=\sum_{i=1}^{m}p_i\Gamma_iF_{k-1}\Gamma_i^{\mathrm{T}} \tag{8.18}$$

证明: 协方差阵的计算公式如下

$$V_k=\sum_{Z_k\in\mathcal{S}^k}P\{Z_k\}(Z_k-K_k)(Z_k-K_k)^{\mathrm{T}}$$

由加和的分解计算可得

$$V_k=\sum_{Z_{k-1}\in\mathcal{S}^{k-1}}\sum_{i=1}^{m}\left[P\{X_k=\Gamma_i\}P\{Z_{k-1}\}\times(\Gamma_iZ_{k-1}-K_k)(\Gamma_iZ_{k-1}-K_k)^{\mathrm{T}}\right]$$

$$
\begin{aligned}
&= \sum_{Z_{k-1}\in\mathcal{S}^{k-1}} \sum_{i=1}^{m} \Big[P\{\gamma_i = 1\} P\{Z_{k-1}\} \\
&\quad \times (\Gamma_i Z_{k-1} - K_k)(\Gamma_i Z_{k-1} - K_k)^{\mathrm{T}} \Big] \\
&= \sum_{i=1}^{m} p_i \Big[\sum_{Z_{k-1}\in\mathcal{S}^{k-1}} P\{Z_{k-1}\} \Gamma_i Z_{k-1} Z_{k-1}^{\mathrm{T}} \Gamma_i^{\mathrm{T}} \\
&\quad - \sum_{Z_{k-1}\in\mathcal{S}^{k-1}} P\{Z_{k-1}\} K_k Z_{k-1}^{\mathrm{T}} \Gamma_i^{\mathrm{T}} \\
&\quad - \sum_{Z_{k-1}\in\mathcal{S}^{k-1}} P\{Z_{k-1}\} \Gamma_i Z_{k-1} K_k^{\mathrm{T}} \\
&\quad + \sum_{Z_{k-1}\in\mathcal{S}^{k-1}} P\{Z_{k-1}\} K_k K_k^{\mathrm{T}} \Big] \\
&= \sum_{i=1}^{m} p_i \Big[\sum_{Z_{k-1}\in\mathcal{S}^{k-1}} P\{Z_{k-1}\} \Gamma_i Z_{k-1} Z_{k-1}^{\mathrm{T}} \Gamma_i^{\mathrm{T}} \\
&\quad - K_k K_{k-1}^{\mathrm{T}} \Gamma_i^{\mathrm{T}} - \Gamma_i K_{k-1} K_k^{\mathrm{T}} + K_k K_k^{\mathrm{T}} \Big]
\end{aligned}
$$

根据引理 8.1 有

$$
\sum_{i=1}^{m} p_i K_k K_{k-1}^{\mathrm{T}} \Gamma_i^{\mathrm{T}} = K_k K_k^{\mathrm{T}}
$$

$$
\sum_{i=1}^{m} p_i \Gamma_i K_{k-1} K_k^{\mathrm{T}} = K_k K_k^{\mathrm{T}}
$$

因此可得

$$
V_k = \sum_{i=1}^{m} p_i \Gamma_i \left(\sum_{Z_{k-1}\in\mathcal{S}^{k-1}} P\{Z_{k-1}\} Z_{k-1} Z_{k-1}^{\mathrm{T}} \right) \Gamma_i^{\mathrm{T}} - K_k K_k^{\mathrm{T}}
$$

另一方面

$$
\begin{aligned}
V_k &= E(Z_k - K_k)(Z_k - K_k)^{\mathrm{T}} \\
&= E Z_k Z_k^{\mathrm{T}} - K_k K_k^{\mathrm{T}} \\
&= \sum_{Z_k\in\mathcal{S}^k} P\{Z_k\} Z_k Z_k^{\mathrm{T}} - K_k K_k^{\mathrm{T}}
\end{aligned}
$$

记 $F_k = \sum_{Z_k\in\mathcal{S}^k} P\{Z_k\} Z_k Z_k^{\mathrm{T}}$, 则通过结合上述关于 V_k 的两个表达式可知

$$
F_k = \sum_{i=1}^{m} p_i \Gamma_i F_{k-1} \Gamma_k^{\mathrm{T}}
$$

引理证毕. ■

现在回到迭代方程 (8.12) 并据此设计学习增益矩阵 L. 注意到 H 是块下三角矩阵, 且 M_i 是块对角矩阵, $\overline{N} \leqslant i \leqslant N$. 因此, 这为我们设计学习增益矩阵 L 留出了足够大的自由度. 事实上, L 可被分块为 $L=[L_{i,j}]$, $1 \leqslant i,j \leqslant N$, 其中 $L_{i,j}$ 是维数为 $p \times q$ 的子矩阵. 矩阵 L 有如下两种设计方式.

(1) Arimoto 型增益: 仅增益矩阵 L 的对角块有取值, 即 $L_{i,i}$, $1 \leqslant i \leqslant N$ 有取值, 而其余子块均赋值为 0.

(2) 因果型增益: 仅增益矩阵 L 的下三角子块有取值, 即 $L_{i,j}$, $i \geqslant j$ 有取值, 而其余子块均赋值为 0.

对增益矩阵 L 而言, 无论采取上述哪一种增益设计方式, 都容易看出耦合矩阵 $LM_{N_K}H$ 仍为块下三角矩阵, 其对角块为 $L_{t,t}C_tB_{t-1}$, $1 \leqslant t \leqslant N_k$ 或 0, $N_k+1 \leqslant t \leqslant N$. 因此, 我们可以简单地设计 $L_{t,t}$ 满足

$$0 < I - L_{t,t}C_tB_{t-1} < I \tag{8.19}$$

注记 8.2　若选择 Arimoto 型增益, 那么更新律 (8.8) 可被分解到每个时刻上分别更新, 即 $u(t,k+1)=u(t,k)+L_{t+1,t+1}e(t+1,k)$. 这样, 高维堆积模型 (8.2) 所带来的计算负担问题被大幅降低. 然而, 从另一方面来看, 由于因果型增益中对子块 $L_{i,j}$, $i>j$ 没有任何要求, 所以可以提供更多的设计自由度和便利性.

注记 8.3　不同于增益矩阵条件 (8.19), 文献 [141] 所给出的算法收敛条件是 $\sup\|I-p(t)LCB\| \leqslant \theta$, 其中 $0 \leqslant \theta < 1$ 且 $p(t)$ 是 t 时刻存在输出的发生概率. 因此, 在文献 [141] 中需要预先已知每一种批次长度的发生概率. 而在本章中, 对增益矩阵 L 的要求仅与系统的输入/输出耦合矩阵 CB 有关, 而对批次长度的发生概率没有任何要求. 这一点更有利于实际应用的算法实现.

8.4 强收敛性

基于引理 8.1, 我们首先建立期望意义下的收敛定理, 具体内容如下.

定理 8.1　考虑系统 (8.2) 且其运行批次长度随机变化, 应用迭代学习控制更新算法 (8.8), 若增益矩阵 L 满足条件 (8.19), 则跟踪误差 E_k 的数学期望, 即 EE_k, 沿迭代轴收敛至零.

证明:由式 (8.14) 可知

$$E\Delta U_{k+1} = K_k E\Delta U_0$$

进而根据均值 K_k 的递推方程, 即式 (8.15), 显然可得

$$E\Delta U_k = \left(\sum_{i=1}^{m} p_i \varGamma_i\right)^k E\Delta U_0$$

因此, 为证明收敛性, 只需证明 $\rho\left(\sum_{i=1}^{m}p_i\Gamma_i\right)<1$. 由式 (8.19) 可知, 只需要矩阵 $I-LM_{N_K}H$ 的每个特征根, 即 $\lambda_j(I-LM_{N_K}H)$ 满足下述不等式

$$0<\lambda_j(I-LM_{N_K}H)\leqslant 1$$

$1\leqslant j\leqslant Np$, $\overline{N}\leqslant N_k\leqslant N$. 而矩阵 $I-LM_{N_K}H$ 的某个特征根 $\lambda_j(I-LM_{N_K}H)$ 为 1, 当且仅当批次长度小于最大长度, 即 $N_k<N$.

注意到 Γ_i 是一个块下三角矩阵, 因此该矩阵的特征根集是其所有对角块特征根集的并集. 以任一种矩阵 Γ_i 中自顶端起的第 l 个对角块为例. 若 $1\leqslant l\leqslant\overline{N}$, 可知其第 l 个对角块的特征根均为正数且不大于 1. 若 $\overline{N}+1\leqslant l\leqslant N$, 则其第 l 个对角块的所有特征根均为 1. 同时, 由于 $\Gamma_m=I-LM_NH=I-LH$, 该矩阵的所有特征根均小于 1, $\overline{N}+1\leqslant l\leqslant N$, 因此不可能所有可能的第 l 个对角块的特征根均为 1. 注意到 $\sum_{i=1}^{m}p_i=1$, 易知对任意 $1\leqslant j\leqslant N_p$ 有

$$0<\sum_{i=1}^{m}p_i\lambda_j(\Gamma_i)<1 \tag{8.20}$$

注意到 $EE_k=E\lfloor H\Delta U_k\rfloor_{N_k}$, 定理证毕. ■

注记 8.4 定理 8.1 给出了期望意义下的收敛性. 换言之, 对 P 型算法 (8.8), 跟踪误差的期望值沿迭代轴收敛至零. 文献 [141] 同样得到了这一收敛性结果, 不过其所使用的控制算法中引入了迭代平均算子来处理批次长度的随机性. 而本章给出了一种新的分析方法.

下述定理给出了所提算法的几乎必然收敛性.

定理 8.2 考虑系统 (8.2) 且其运行批次长度随机变化, 应用迭代学习控制更新算法 (8.8), 若增益矩阵 L 满足条件 (8.19), 则跟踪误差 E_k 在几乎必然意义下收敛至零.

证明: 注意到式 (8.20), 对适当的范数 $\|\cdot\|$, 有

$$0<\sum_{i=1}^{m}p_i\|\Gamma_i\|<1 \tag{8.21}$$

因此, 可以选择适当的常数 $0<\delta<1$ 使得

$$0<\sum_{i=1}^{m}p_i\|\Gamma_i\|<\delta \tag{8.22}$$

因为总数 m 是有限的, 即矩阵 Γ_i 的可能性总数是有限的, 所以上述加和是一个确定数量的加和.

注意到批次长度在不同批次之间随机变化，我们用随机变量 N_k 来表示第 k 批次的实际长度，N_k 沿迭代轴 k 为独立同分布. 根据式 (8.10)、式 (8.11) 及式 (8.12) 可知

$$\begin{aligned}E\|\Delta U_k\| =& E\|Z_{k-1}\|E\|\Delta U_0\| \\ =& E\|X_{k-1}\cdots X_1X_0\|E\|\Delta U_0\| \\ =& E\|X_{k-1}\|E\|X_{k-2}\|\cdots E\|X_0\|E\|\Delta U_0\| \\ =& \left(E\|X_{k-1}\|\right)^k E\|\Delta U_0\|\end{aligned}$$

另外

$$\begin{aligned}E\|X_{k-1}\| =& E\|\gamma_1\varGamma_1+\gamma_2\varGamma_2+\cdots+\gamma_m\varGamma_m\| \\ =& \sum_{i=1}^{m}P(\gamma_i=1)\|\gamma_1\varGamma_1+\gamma_2\varGamma_2+\cdots+\gamma_m\varGamma_m\| \\ =& \sum_{i=1}^{m}p_i\|\varGamma_i\|\end{aligned}$$

应用式 (8.22) 可得

$$\begin{aligned}\sum_{k=1}^{\infty}E\|\Delta U_k\| =& \sum_{k=1}^{\infty}\left(E\|X_{k-1}\|\right)^k E\|\Delta U_0\| \\ =& \sum_{k=1}^{\infty}\left(\sum_{i=1}^{m}p_i\|\Gamma_i\|\right)^k E\|\Delta U_0\| \\ <& \sum_{k=1}^{\infty}\delta^k E\|\Delta U_0\| \\ =& \frac{\delta}{1-\delta}E\|\Delta U_0\| < \infty\end{aligned}$$

根据 Markov 不等式，对任意 $\epsilon > 0$，有

$$\sum_{k=1}^{\infty}P(\|\Delta U_k\| > \epsilon) \leqslant \sum_{k=1}^{\infty}\frac{E\|\Delta U_k\|}{\epsilon} < \infty$$

因此，根据 Borel-Cantelli 引理可知 $P(\|\Delta U_k\| > \epsilon, \text{i.o.}) = 0, \forall\epsilon > 0$. 进而上述结果等价于 $P(\lim\limits_{k\to\infty}\|\Delta U_k\| = 0) = 1$. 换言之，$\Delta U_k$ 在几乎必然意义下收敛至零. 注意到 $\|E_k\| = \|\lfloor H\Delta U_k\rfloor_{N_k}\| \leqslant \|H\Delta U_k\|$，定理证毕. ■

为证明均方意义收敛性，只需要证明 $E\Delta U_k\Delta U_k^{\mathrm{T}} \to 0$. 换言之，只需要证明 $F_k \to 0$. 首先注意到由式 (8.18) 递推定义的矩阵 F_k 是正定矩阵. 其次根据递推方程 (8.18) 可以给出如下定理.

定理 8.3　考虑系统 (8.2) 且其运行批次长度随机变化, 应用迭代学习控制更新算法 (8.8), 若增益矩阵 L 满足条件 (8.19), 则跟踪误差 E_k 在均方意义下收敛至零.

证明: 完全类似于定理 8.2 的证明步骤, 存在合适的常数 $0<\eta<1$ 使得

$$0<\sum_{i=1}^{m}p_i\|\Gamma_i\|^2<\eta$$

进而可知

$$\begin{aligned}\|F_k\|&=\left\|\sum_{i=1}^{m}p_i\Gamma_iF_{k-1}\Gamma_i\right\|\\&\leqslant\sum_{i=1}^{m}p_i\|\Gamma_iF_{k-1}\Gamma_i\|\\&\leqslant\sum_{i=1}^{m}p_i\|\Gamma_i\|^2\|F_{k-1}\|\\&=\left(\sum_{i=1}^{m}p_i\|\Gamma_i\|^2\right)\|F_{k-1}\|\\&<\eta\|F_{k-1}\|\end{aligned}$$

据此可知, F_k 以指数速度收敛至零, $F_k\to0$. 换言之, 在均方意义下 $\Delta U_k\to0$. 类似的, 根据 $\|E_k\|\leqslant\|H\Delta U_k\|$, 定理证毕. ■

注记 8.5　一般而言, 几乎必然收敛与均方收敛不能相互推出. 因此, 同时建立两种意义下的收敛性往往是比较困难的. 在本章中, 我们能够同时得到定理 8.2 和定理 8.3 的原因在于均方意义下的收敛速度实际是指数级的, 这一点能够从定理 8.3 的证明中看出. 因此, 通过简单的计算可得 $\sum_{k=0}^{\infty}\mathrm{Var}(\Delta U_k)<\infty$. 进而, 根据 Chebyshev 不等式及 Borel-Cantelli 引理, 我们可以得到几乎必然收敛性.

8.5　仿真算例

为说明传统 P 型算法针对随机批次长度的有效性和鲁棒性, 考虑如下时变系统

$$x(t+1,k)=\begin{pmatrix}0.2\exp(-t/100)&-0.6&0\\0&0.50&\sin t\\0&0&0.7\end{pmatrix}x(t,k)$$

$$
\begin{aligned}
&+\begin{pmatrix} 0 \\ 0.3\sin t \\ 1.00 \end{pmatrix} u(t,k) \\
y(t,k) =&(0\ 0.1\ 1.00+0.1\cos t)x(t,k)
\end{aligned}
$$

初始状态设定为 $x(0,k)=[0\ 0\ 0]^{\mathrm{T}}$. 令跟踪目标 $y(t,d)=\sin(2\pi t/50)+\sin(2\pi t/5)$. 系统运行的最大批次长度 $N=50$. 不失一般性, 初始批次的输入简单地设定为零, 即 $u(t,0)=0,\ 0\leqslant t\leqslant N$.

批次长度在 $30\sim 50$ 范围内随机变化, 作为一个简单的示例情形, 本章假定该随机变量服从均匀分布. 需要指出, 本章所提算法对概率分布没有任何要求.

易知 $C_{t+1}B_t=1+0.03\sin t+0.1\cos t$. 选择 Arimoto 型增益, 并令 $L_{t,t}=0.5$, $\forall t$, 因此式 (8.19) 显然成立. 从图 8.1 可以看出, 第 5 批次的输出与跟踪目标相比偏差已经很小, 而第 15 批次的输出则几乎与跟踪目标完全重合. 这一收敛性能可以从图 8.2 得到进一步验证. 在图 8.2 中, 我们给出了上述三个批次的跟踪误差. 不难看出, 第 15 批次的跟踪误差几乎为零. 需要指出, 在第 5 批次、第 15 批次和第 30 批次系统的实际运行长度均不到 50. 这显示了系统批次长度随机变化的问题假设.

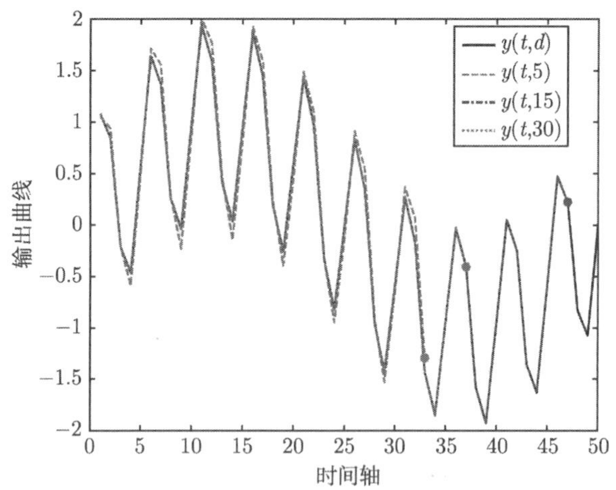

图 8.1 跟踪目标与第 5、15、30 批次的输出轨迹

进一步, 我们会自然地考虑到 P 型算法在批次长度随机变化环境下的收敛速度如何. 这一点由图 8.3 中的实线所示, 其中最大误差的定义为 $\max_{1\leqslant t\leqslant N}\|e(t,k)\|$. 从图中可以看出, 最大误差沿迭代轴迅速衰减. 作为对比, 我们同样仿真了文献 [141] 所提算法的效果, 如图 8.3 的虚线所示. 可以看出, 传统 P 型算法的收敛速度快于文献 [141] 中含迭代平均算子的高阶更新算法. 在已有文献中, 关于传

统 P 型算法与高阶迭代学习控制算法的收敛速度对比结果还非常有限 [143]. 在这里, 传统 P 型算法收敛速度较快的可能原因是, 传统 P 型算法对较大的跟踪误差有更快的响应, 而文献 [141] 的高阶形式则削弱了较大跟踪误差的影响.

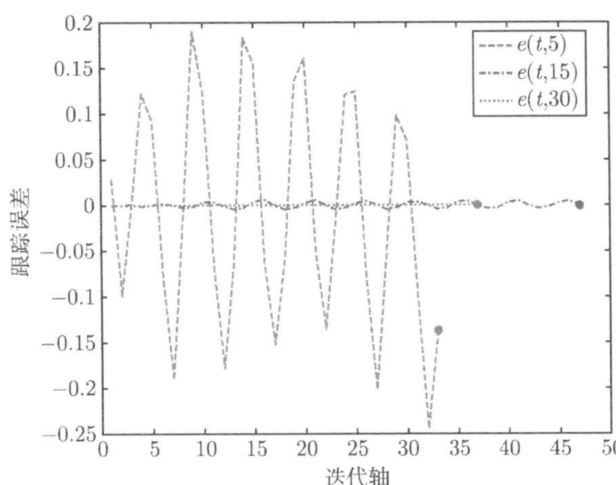

图 8.2　第 5、15、30 批次的跟踪误差曲线

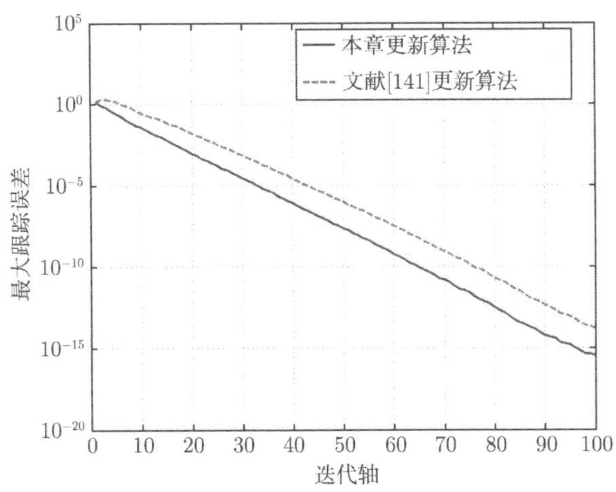

图 8.3　沿迭代轴的最大跟踪误差 $\max\limits_{1\leqslant t\leqslant N}\|e(t,k)\|$ 曲线

8.6　本 章 小 结

本章了考虑了批次长度随机变化环境下传统 P 型迭代学习控制算法的跟踪性

能. 首先计算出样本路径的概率性质, 即均值与协方差阵. 进而, 只要实际批次长度取到最大长度的概率不为零, 算法就能够保证几乎必然意义和均方意义下的收敛性, 并且明确给出了相应的学习增益矩阵需满足的充分条件. 相应的非线性系统情形将在第 9 章给出.

第 9 章　批次长度随机变化下非线性系统的迭代学习控制

本章研究离散时间仿射非线性系统在批次长度随机变化下的迭代学习控制问题. 控制器设计不要求任何关于批次长度随机变化的概率分布信息. 使用修正跟踪误差的传统 P 型迭代学习控制算法被应用于这一问题. 本章还给出一个新的技术引理来为算法的收敛性分析铺平道路.

9.1　引　　言

重复性是迭代学习控制的基本要求, 这其中包含系统运行批次长度保持不变. 而在实际系统中, 由于多种复杂因素的影响, 实际运行长度可能早于给定长度, 也可能晚于给定长度. 而且, 这种批次长度的变化往往是随机的. 在文献 [141] 和第 8 章中, 对离散时间线性系统的情形给予了较为深刻的研究, 分别对含有迭代平均算子的高阶算法与传统的 P 型算法证明了其收敛性. 文献 [142] 进一步研究了对应于文献 [141] 的连续时间非线性系统情形. 但是对于离散时间非线性系统, 文献 [142] 所给出的技巧并不能直接应用, 因此本章对这一种情形给出一种新的分析方法.

就离散系统而言, 本章与文献 [141] 有三点不同. 第一点, 文献 [141] 引入了迭代平均算子, 从而所有的历史数据都可以持续地用于算法更新, 而在本章中, 我们仍旧考虑传统 P 型算法并证明其有效性. 第二点, 文献 [141] 使用传统的 λ 范数来分析收敛性, 而在本章中我们对 λ 范数进行了修正, 以使其更适合于批次长度随机变化的环境. 最后, 文献 [141] 证明跟踪误差的期望收敛至零, 而本章给出一个新的技术引理, 并在此基础上证明跟踪误差以概率 1 收敛至零. 此外, 对初始值有小范围偏移的情形也给予了讨论.

需要指出, 在实际应用中, 虽然实际运行长度可能会长于或短于预定长度. 当实际长度超过预定长度时, 超出部分的信号将会被直接略去不用. 因此, 这种情形仍旧可以看作运行长度为预定长度. 若实际长度不到预定长度, 则在缺失时刻的输出数据不再存在, 因此也就没有相应的信息用于算法更新. 因此, 为表述简洁, 本章仅考虑运行长度等于或短于预定长度的情形.

9.2 问题描述

考虑如下离散时间仿射非线性系统

$$
\begin{aligned}
x_k(t+1) =& f(x_k(t)) + Bu_k(t) \\
y_k(t) =& Cx_k(t)
\end{aligned}
\tag{9.1}
$$

其中, $k = 0, 1, \cdots$ 表示迭代轴指标; t 是时刻指标, $t \in \{0, 1, \cdots, N_d\}$, N_d 是预定批次长度; $x_k(t) \in \mathbb{R}^n$, $u_k(t) \in \mathbb{R}^p$, $y_k(t) \in \mathbb{R}^q$ 分别表示系统的状态、输入和输出; f 为非线性函数; B 和 C 为具有适当维数的矩阵. 不失一般性, 假定 CB 为列满秩.

注记 9.1 在系统 (9.1) 中, 假定 B 和 C 为时不变矩阵仅是为了表述简洁. 这种情形可以被推广至时变情形 $B(t)$ 和 $C(t)$, 甚至是状态依赖情形 $B(x(t))$(参见下述分析细节). 此外, 下述分析将证明收敛条件是独立于非线性函数 $f(\cdot)$ 的. 这是迭代学习控制的独特优势, 换言之, 迭代学习控制关注于沿迭代轴的收敛性质而对系统信息要求很低. 进而, 非线性函数也可以是时变的.

令 $y_d(t)$, $t \in \{0, 1, \cdots, N_d\}$ 为跟踪目标. 假定 $y_d(t)$ 可实现, 换言之, 存在适当的初始状态 $x_d(0)$ 及唯一的最优输入 $u_d(t)$ 使得

$$
\begin{aligned}
x_d(t+1) =& f(x_d(t)) + Bu_d(t) \\
y_d(t) =& Cx_d(t)
\end{aligned}
\tag{9.2}
$$

为进行技术分析, 需要用到下述假设条件.

A9.1 非线性函数 $f(\cdot) : \mathbb{R}^n \to \mathbb{R}^n$ 满足全局 Lipschitz 条件, 换言之, $\forall x_1, x_2 \in \mathbb{R}^n$

$$
\|f(x_1) - f(x_2)\| \leqslant k_f \|x_1 - x_2\| \tag{9.3}
$$

其中, $k_f > 0$ 为 Lipschitz 常数.

上述关于非线性函数的全局 Lipschitz 条件是比较强的条件, 虽然这一条件是迭代学习控制领域研究非线性系统时的常用条件. 然而需要指出, 这一假设主要是为应用 λ 范数分析技巧所需要. 如果应用其他技巧, 上述假设可以推广至局部 Lipschitz 条件情形或连续时间系统情形 (参见第 6 章).

A9.2 初始状态可以被精确重置, 即 $x_k(0) = x_d(0)$, $\forall k$.

在实际应用中, 初始状态可能无法实现精确重置, 但通常在目标初始状态附近小范围内波动. 这促使我们将假设 A9.2 放宽为下述情形.

A9.3 初始状态在重置过程中可以偏离 $x_d(0)$ 但需要保持有界, 即 $\|x_d(0) - x_k(0)\| \leqslant \epsilon$, 其中 ϵ 为正实数.

令 N_d 表示预定批次长度. 实际批次长度 N_k 在不同批次内随机变化. 因此, 有两种情形需要考虑到, 即 $N_k < N_d$ 与 $N_k \geqslant N_d$. 对后一种情形, 可以看出只有前 N_d 个时刻的数据会被用来更新输入信号. 因而, 不失一般性, 我们可以将后一种情形统一看作 $N_k = N_d$. 从另一个角度来看, 我们可以将 N_d 视为所有可能产生的批次长度之最大值. 对前一种情形, 对应时刻 $N_k+1, \cdots, N_d$ 的输出数据都不存在, 因此也就无法用于更新输入信号. 换言之, 仅对应前 N_k 个时刻的输入信号会实质性更新.

本章的控制目标为: 基于可实际获得的输出数据 $y_k(t), t \in \{0, 1, \cdots, N_k\}, N_k \leqslant N_d$, 设计迭代学习控制算法, 以实现对跟踪目标 $y_d, t \in \{0, 1, \cdots, N_d\}$ 的精确跟踪, 即跟踪误差 $e_k(t)$ 随着迭代批次 k 趋于无穷而以概率 1 收敛至零, $\forall t$.

为分析收敛性方便, 我们首先给出如下技术引理.

引理 9.1　令 η 为服从伯努利二值分布的随机变量, $P(\eta = 1) = \overline{\eta}, P(\eta = 0) = 1 - \overline{\eta}$. 而 M 为正定矩阵. 则等式 $E\|I - \eta M\| = \|I - \overline{\eta} M\|$ 成立当且仅当下述条件中至少一个成立: $\overline{\eta} = 0$; $\overline{\eta} = 1$; 或 $0 < \overline{\eta} < 1$ 且 $0 < M \leqslant I$.

证明:　首先证明充分性.

首先, 若 $\overline{\eta} = 0$ 或 $\overline{\eta} = 1$, 即 $\eta \equiv 0$ 或 $\eta \equiv 1$, 则等式 $E\|I - \eta M\| = \|I - \overline{\eta} M\|$ 显然成立. 其次, 若 $M = I$, 则等式同样成立. 因此, 只需证明等式对第三种情形, 即 $0 < \overline{\eta} < 1$ 且 $0 < M < I$, 同样成立即可.

根据离散随机变量的数学期望定义, 我们有

$$
\begin{aligned}
& E\|I - \eta M\| \\
= & \|I - 0 \cdot M\| \cdot P(\eta = 0) + \|I - 1 \cdot M\| \cdot P(\eta = 1) \\
= & (1 - \overline{\eta}) + \overline{\eta}\|I - M\| \\
= & 1 + \overline{\eta}(\|I - M\| - 1)
\end{aligned}
$$

注意到 M 是一个正定矩阵, 且 $0 < M < I$, 则 $I - M$ 同样为正定矩阵. 此外, 对一个正定矩阵, 其欧氏范数等于其最大特征根, 即 $\|I - M\| = \sigma_{\max}(I - M)$. 因此, $\|I - M\| = 1 - \sigma_{\min}(M)$. 这进一步说明

$$
E\|I - \eta M\| = 1 - \overline{\eta}\sigma_{\min}(M)
$$

另外, 注意到 $0 < \overline{\eta} < 1$

$$
\begin{aligned}
\|I - \overline{\eta} M\| = & \sigma_{\max}(I - \overline{\eta} M) \\
= & 1 - \sigma_{\min}(\overline{\eta} M) \\
= & 1 - \overline{\eta}\sigma_{\min}(M)
\end{aligned}
$$

接下来证明必要性.

为此, 只需证明若 $M > I$ 且 $0 < \overline{\eta} < 1$, 则等式 $E\|I - \eta M\| = \|I - \overline{\eta} M\|$ 不成立. 在这种情形下, 不难得到

$$\begin{aligned} E\|I - \eta M\| &= 1 + \overline{\eta}(\|I - M\| - 1) \\ &= 1 + \overline{\eta}(\sigma_{\max}(M - I) - 1) \\ &= 1 + \overline{\eta}\sigma_{\max}(M) - 2\overline{\eta} \end{aligned}$$

而关于范数 $\|I - \overline{\eta} M\|$, 有三种情形需要分别讨论.

(1) 若 $I - \overline{\eta} M$ 为负定矩阵, 即 $I - \overline{\eta} M < 0$, 则 $\|I - \overline{\eta} M\| = \overline{\eta}\sigma_{\max}(M) - 1$.

(2) 若 $I - \overline{\eta} M$ 为正定矩阵, 即 $I - \overline{\eta} M > 0$, 则 $\|I - \overline{\eta} M\| = 1 - \overline{\eta}\sigma_{\min}(M)$.

(3) 若 $I - \overline{\eta} M$ 为不定矩阵, 则 $\|I - \overline{\eta} M\| = \max\{\overline{\eta}\sigma_{\max}(M) - 1, 1 - \overline{\eta}\sigma_{\min}(M)\}$.

因此, 只需验证下述结论, $E\|I - \eta M\|$ 既不等于 $\overline{\eta}\sigma_{\max}(M) - 1$, 也不等于 $1 - \overline{\eta}\sigma_{\min}(M)$. 假设 $E\|I - \eta M\| = \overline{\eta}\sigma_{\max}(M) - 1$, 则可知 $1 + \overline{\eta}\sigma_{\max}(M) - 2\overline{\eta} = \overline{\eta}\sigma_{\max}(M) - 1$. 这意味着 $\overline{\eta} = 1$, 从而与 $0 < \overline{\eta} < 1$ 相矛盾. 否则假设 $E\|I - \eta M\| = 1 - \overline{\eta}\sigma_{\min}(M)$, 则可得 $1 + \overline{\eta}\sigma_{\max}(M) - 2\overline{\eta} = 1 - \overline{\eta}\sigma_{\min}(M)$, 这意味着 $\sigma_{\max}(M) + \sigma_{\min}(M) = 2$, 从而与 $M > I$ 相矛盾.

引理证毕. ■

9.3 迭代学习控制算法

在本章中, 记实际批次长度的最小值为 N_m. 那么实际批次长度在离散整数集 $\{N_m, \cdots, N_d\}$ 内随机取值, 换言之, 对应时刻 $t = 0, 1, \cdots, N_m$ 的输出总是可获得的, 而对应时刻 $t = N_m + 1, \cdots, N_d$ 的输出是否可获取则是随机发生的.

为了刻画批次长度的随机性, 记时刻 t 的输出出现的概率为 $p(t)$. 那么从上述表述中可以看出, $p(t) = 1, 0 \leqslant t \leqslant N_m$, 而 $0 < p(t) < 1, N_m + 1 \leqslant t \leqslant N_d$. 不仅如此, 若时刻 t_0 的输出是可获得的, 则对所有在 t_0 以前的时刻 $t, t < t_0$, 其对应的输出总是可获得的. 这意味着所定义的概率值之间满足 $p(N_m) > p(N_m + 1) > \cdots > p(N_d)$. 需要特别指出的是, 我们是针对具体时刻而不是针对批次长度来定义相应的概率.

将第 k 批次的运行长度记为 N_k, 这是一个取值于 $\{N_m, \cdots, N_d\}$ 的随机变量. 令 $\mathcal{A}_{N_k}$ 表示第 k 批次长度为 N_k 的事件. 其次, 若批次长度为 N_k, 这意味着对应于时刻 $0 \leqslant t \leqslant N_k$ 的输出是可获得的, 而对应于时刻 $N_k + 1 \leqslant t \leqslant N_d$ 的输出则不存在. 因此, 第 k 批次的运行长度为 N_k 的概率为 $P(\mathcal{A}_{N_k}) = p(N_k) - p(N_{k+1})$. 此外, $\sum\limits_{t=N_m}^{N_d} P(\mathcal{A}_t) = 1$.

注记 9.2 在文献 [141] 中, 作者首先针对批次长度定义了概率, 然后计算出每个时刻上输出的发生概率. 而在本章中, 我们交换了计算顺序, 也就是说, 本章先针对每个时刻定义其输出的发生概率, 然后计算出各种批次长度的概率. 不过, 这两种定义概率的方式在逻辑上是相互等价的.

只要 $N_k < N_d$, 实际可获得的输出信息就是不完备的, 即只有前 N_k 个时刻的输出可以用于输入信号的更新. 而对其余的时刻, 输入信号保持不变, 直到有相应的输出信号产生. 在这一假定下, 我们可以令相应的跟踪误差为零, 即相当于没有获得相关的跟踪信息. 换言之, 可以定义如下修正跟踪误差

$$e_k^*(t) = \begin{cases} e_k(t), & 0 \leqslant t \leqslant N_k \\ 0, & N_k + 1 \leqslant t \leqslant N_d \end{cases} \tag{9.4}$$

其中, $e_k(t) \triangleq y_d(t) - y_k(t)$ 是原跟踪误差.

为使表述简洁, 引入示性函数 $1(t \leqslant N_k)$, 当其括号内事件为真时函数取值为 1, 否则取值为 0. 进而, 式 (9.4) 可改写为

$$e_k^*(t) = 1(t \leqslant N_k) e_k(t) \tag{9.5}$$

注记 9.3 对任意给定的 $t \leqslant N_m$, 事件 $\{t \leqslant N_k\}$ 的发生概率为 1. 对任意给定的 $t > N_m$, 事件 $\{t \leqslant N_k\}$ 是不相交事件 $\{N_k = t\}, \{N_k = t+1\}, \cdots, \{N_k = N_d\}$ 的并集. 因此, 事件 $\{1(t \leqslant N_k) = 1\}$ 的概率为 $P(1(t \leqslant N_k) = 1) = \sum_{i=t}^{N_d} P(\mathcal{A}_i) = p(t)$, $t > N_m$. 综合这两种情形, 可知 $P(1(t \leqslant N_k) = 1) = p(t), \forall t$. 此外, $E(1(t \leqslant N_k)) = P(1(t \leqslant N_k) = 1) \times 1 + P(1(t \leqslant N_k) = 0) \times 0 = p(t)$.

基于修正跟踪误差, 现在给出如下输入信号的更新算法

$$u_{k+1}(t) = u_k(t) + L e_k^*(t+1) \tag{9.6}$$

其中, L 是学习增益矩阵, 稍后定义, $L \in \mathbb{R}^{p \times q}$.

注记 9.4 一般而言, 在实际应用中为了使算法在高频信号环境下也具有良好的跟踪性能, 往往会在算法中集成一个低通滤波器. 换言之, 将更新算法 (9.6) 改写为 $u_{k+1}(t) = Q(q)(u_k(t) + L e_k^*(t+1))$, 其中 $Q(q)$ 表示低通滤波器[13]. 新引入的 Q 滤波器可以削减信号中的高频部分而通过其低频部分. 因此, 此低通滤波器会直接影响到算法的收敛性条件[13]. 在本章中, 为分析推导步骤简洁, 我们只考虑 $Q(q) = I$ 的情形.

9.4　收敛性分析

当初始状态可以精确重置时, 下述定理给出了 9.3 节所提迭代学习控制算法的零误差收敛性. 在本章中, λ 范数不同于其传统意义. 具体修正定义为, 以 $\|\theta(t)\|_\lambda$ 表示向量 $\theta(t)$ 的 λ 范数, $\lambda>0$, 定义表达式为 $\|\theta(t)\|_\lambda=\sup_{t\in\mathcal{S}}\alpha^{-\lambda t}E\|\theta(t)\|$, 其中 $\alpha>1$ 为适当选择的常数, $\mathcal{S}$ 为有限个离散时刻 t 的集合.

定理 9.1　*考虑离散时间仿射非线性系统 (9.1) 及迭代学习控制算法 (9.6), 假定 A9.1 与 A9.2 成立. 若学习增益矩阵 L 满足条件 $0<LCB<I$, 则跟踪误差随迭代批次数 k 趋于无穷而渐近收敛至零, 即 $\lim\limits_{k\to\infty}e_k(t)=0,\ t=1,\cdots,N_d$.*

证明: 将式 (9.6) 的两侧去减 $u_d(t)$ 可得

$$\delta u_{k+1}(t)=\delta u_k(t)-Le_k^*(t+1)\tag{9.7}$$

其中, $\delta u_k(t)\triangleq u_d(t)-u_k(t)$ 为输入误差.

由式 (9.1) 与式 (9.2) 可得

$$\begin{aligned}\delta x_k(t+1)&=(f(x_d(t))-f(x_k(t)))+B\delta u_k(t)\\ e_k(t)&=C\delta x_k(t)\end{aligned}\tag{9.8}$$

其中, $\delta x_k(t)\triangleq x_d(t)-x_k(t)$, 进而有

$$e_k(t+1)=C\delta x_k(t+1)=CB\delta u_k(t)+C(f(x_d(t))-f(x_k(t)))\tag{9.9}$$

将式 (9.9) 与式 (9.5) 代入式 (9.7) 得

$$\begin{aligned}\delta u_{k+1}(t)=&\delta u_k(t)-1(t\leqslant N_k)Le_k(t+1)\\ =&\delta u_k(t)-1(t\leqslant N_k)L[CB\delta u_k(t)+C(f(x_d(t))-f(x_k(t)))]\\ =&(I-1(t\leqslant N_k)LCB)\delta u_k(t)-1(t\leqslant N_k)LC(f(x_d(t))-f(x_k(t)))\end{aligned}$$

对上式两端同时取欧氏范数

$$\begin{aligned}\|\delta u_{k+1}(t)\|\leqslant&\|(I-1(t\leqslant N_k)LCB)\delta u_k(t)\|\\ &+\|1(t\leqslant N_k)LC(f(x_d(t))-f(x_k(t)))\|\\ \leqslant&\|(I-1(t\leqslant N_k)LCB)\|\|\delta u_k(t)\|\\ &+\|1(t\leqslant N_k)LC\|\|(f(x_d(t))-f(x_k(t)))\|\\ \leqslant&\|(I-1(t\leqslant N_k)LCB)\|\|\delta u_k(t)\|\\ &+k_f\|1(t\leqslant N_k)LC\|\|\delta x_k(t)\|\end{aligned}$$

注意到事件 $t \leqslant N_k$ 与 $\delta u_k(t)$ 和 $\delta x_k(t)$ 是相互独立的. 因此, 对上述不等式两端取数学期望, 可得

$$\begin{aligned}E\|\delta u_{k+1}(t)\| \leqslant & E(\|(I-1(t \leqslant N_k)LCB)\|\|\delta u_k(t)\|) \\ & +k_f E(\|1(t \leqslant N_k)LC\|\|\delta x_k(t)\|) \\ \leqslant & \|(I-p(t)LCB)\|E\|\delta u_k(t)\| \\ & +k_f\|p(t)LC\|E\|\delta x_k(t)\|\end{aligned} \tag{9.10}$$

其中, 在最后一个不等号处使用了引理 9.1 及 $0 < LCB < I$.

另外, 在式 (9.8) 两端取欧氏范数

$$\begin{aligned}\|\delta x_k(t+1)\| \leqslant & \|B\|\|\delta u_k(t)\| + \|f(x_d(t)) - f(x_k(t))\| \\ \leqslant & \|B\|\|\delta u_k(t)\| + k_f\|x_d(t) - x_k(t)\| \\ = & \|B\|\|\delta u_k(t)\| + k_f\|\delta x_k(t)\|\end{aligned} \tag{9.11}$$

再取数学期望

$$E\|\delta x_k(t+1)\| \leqslant k_b E\|\delta u_k(t)\| + k_f E\|\delta x_k(t)\| \tag{9.12}$$

其中, $k_b \geqslant \|B\|$. 根据递推关系式 (9.12) 及假设 A9.2 可知

$$\begin{aligned}E\|\delta x_k(t+1)\| \leqslant & k_b E\|\delta u_k(t)\| + k_f k_b E\|\delta u_k(t-1)\| + k_f^2 E\|\delta x_k(t-1)\| \\ \leqslant & k_b E\|\delta u_k(t)\| + k_b k_f E\|\delta u_k(t-1)\| + \cdots \\ & + k_b k_f^{t-1} E\|\delta u_k(1)\| + k_b k_f^t E\|\delta u_k(0)\| + k_f^t E\|\delta x_k(0)\| \\ = & k_b \sum_{i=0}^{t} k_f^{t-i} E\|\delta u_k(i)\|\end{aligned} \tag{9.13}$$

进而

$$E\|\delta x_k(t)\| \leqslant k_b \sum_{i=0}^{t-1} k_f^{t-1-i} E\|\delta u_k(i)\| \tag{9.14}$$

进一步, 将式 (9.14) 代入式 (9.10) 可得

$$\begin{aligned}E\|\delta u_{k+1}(t)\| \leqslant & \|(I-p(t)LCB)\|E\|\delta u_k(t)\| \\ & + k_b\|p(t)LC\| \sum_{i=0}^{t-1} k_f^{t-i} E\|\delta u_k(i)\|\end{aligned} \tag{9.15}$$

对上述不等式两侧应用 λ 范数, 即将上述不等式两侧同时乘以 $\alpha^{-\lambda t}$ 并关于所有时刻 t 取上确界, 可得

$$\begin{aligned}
&\sup_t \alpha^{-\lambda t} E\|\delta u_{k+1}(t)\| \\
\leqslant & \sup_t \|(I-p(t)LCB)\| \cdot \sup_t \alpha^{-\lambda t} E\|\delta u_k(t)\| \\
&+ k_b \cdot \sup_t \|p(t)LC\| \cdot \sup_t \alpha^{-\lambda t}\left(\sum_{i=0}^{t-1} k_f^{t-i} E\|\delta u_k(i)\|\right)
\end{aligned} \tag{9.16}$$

令 $\alpha > k_f$, 不难看出

$$\begin{aligned}
&\sup_t \alpha^{-\lambda t}\left(\sum_{i=0}^{t-1} k_f^{t-i} E\|\delta u_k(i)\|\right) \\
\leqslant & \sup_t \alpha^{-\lambda t}\left(\sum_{i=0}^{t-1} \alpha^{t-i} E\|\delta u_k(i)\|\right) \\
\leqslant & \sup_t \left(\sum_{i=0}^{t-1} \alpha^{-(\lambda-1)t-i} E\|\delta u_k(i)\|\right) \\
\leqslant & \sup_t \left(\sum_{i=0}^{t-1} \alpha^{-\lambda i} E\|\delta u_k(i)\| \cdot \alpha^{-(\lambda-1)(t-i)}\right) \\
\leqslant & \sup_t \left(\sum_{i=0}^{t-1} \sup_t \left(\alpha^{-\lambda i} E\|\delta u_k(i)\|\right) \alpha^{-(\lambda-1)(t-i)}\right) \\
\leqslant & \sup_t \left(\alpha^{-\lambda i} E\|\delta u_k(i)\|\right) \sup_t \left(\sum_{i=0}^{t-1} \alpha^{-(\lambda-1)(t-i)}\right) \\
\leqslant & \sup_t \left(\alpha^{-\lambda i} E\|\delta u_k(i)\|\right) \times \frac{1-\alpha^{-(\lambda-1)N_d}}{\alpha^{\lambda-1}-1}
\end{aligned}$$

因此, 由式 (9.16) 得

$$\begin{aligned}
&\|\delta u_{k+1}(t)\|_\lambda \\
\leqslant & \sup_t \|(I-p(t)LCB)\| \|\delta u_k(t)\|_\lambda \\
&+ k_b \cdot \sup_t \|p(t)LC\| \|\delta u_k(t)\|_\lambda \times \frac{1-\alpha^{-(\lambda-1)N_d}}{\alpha^{\lambda-1}-1} \\
\leqslant & \left(\rho + k_b \varphi \frac{1-\alpha^{-(\lambda-1)N_d}}{\alpha^{\lambda-1}-1}\right) \|\delta u_k(t)\|_\lambda
\end{aligned}$$

其中, ρ 与 φ 定义如下

$$\rho = \sup_t \|(I-p(t)LCB)\|$$

$$\varphi = \sup_t \|p(t)LC\|$$

由于学习增益矩阵 L 满足 $0 < LCB < I$, 且 $0 < p(t) \leqslant 1, \forall t$, 易知 $\|I - p(t)LCB\| < 1, \forall t$. 因为 $0 \leqslant t \leqslant N_d$ 只有有限个可能的取值, 所以 $0 < \rho < 1$. 令 $\alpha > \max\{1, k_f\}$, 那么总存在足够大的 λ 使得 $k_b\varphi\dfrac{1-\alpha^{-(\lambda-1)N_d}}{\alpha^{\lambda-1}-1} < 1-\rho$, 进而可知

$$\overline{\rho} \triangleq \rho + k_b\varphi\frac{1-\alpha^{-(\lambda-1)N_d}}{\alpha^{\lambda-1}-1} < 1 \tag{9.17}$$

这说明

$$\lim_{k\to\infty} \|\delta u_k(t)\|_\lambda = 0, \quad \forall t$$

根据离散时刻 t 的有限性可得

$$\lim_{k\to\infty} E\|\delta u_k(t)\| = 0, \quad \forall t \tag{9.18}$$

注意到 $\|\delta u_k(t)\| \geqslant 0$, 由式 (9.18) 可以推出

$$\lim_{k\to\infty} \|\delta u_k(t)\| = 0, \quad \forall t \tag{9.19}$$

然后沿时间轴 t 使用数学归纳法, 不难证明 $\lim\limits_{k\to\infty} \delta x_k(t) = 0$ 及 $\lim\limits_{k\to\infty} e_k(t) = 0, \forall t$. 定理证毕. ■

注记 9.5　读者可能会有疑问, 学习增益矩阵 L 需要满足的收敛条件 $0 < LCB < I$ 会不会保守性比较强? 对这一问题, 我们的观点是, 对学习增益矩阵 L 的条件实质要兼顾算法设计与应用范围二者之间的折中平衡. 在文献 [141] 中, 对 L 的条件相对宽松, 但其算法需要预先已知各种批次长度的发生概率, 当这些概率未知时, 需要通过其他办法进行适当估计. 而在本章中, 对 L 的条件相对严格, 但对批次长度的发生概率却不作任何要求. 因此, 后者更有利于实际应用中的实现. 这里, 如果 CB 的信息可获取, 有两种简单的设计方案. 其一是设计 L_* 使得 $L_*CB > 0$, 再在其基础上乘以一个适当小的正数 μ 以使得 $\mu L_*CB < I$, 那么 $L = \mu L_*$. 其二是直接设计 $L = \dfrac{(CB)^{\mathrm{T}}}{\beta + \|CB\|^2}$, 其中 $\beta > 0$.

注记 9.6　系统运行长度在批次之间随机变化, 而定理 9.1 却声明跟踪误差收敛至零是对所有时刻成立的. 换言之, 这里对随机变化批次长度的影响没有给出相应的表述. 对这一点, 我们解释如下. 一方面, 在证明中我们引入了所谓的 λ 范数, 其定义中通过取数学期望将批次长度的随机性消除, 即去除了代表随机性的示性函数 $1(t \leqslant N_k)$ 并将表达式转化为确定形式. 因此, 最终的结果与随机变化批次长度无关. 另一方面, 实际运行长度达到最大长度 N_d 的概率不为零, 因此每一个时刻的

输入都会被不停地更新，虽然更新的频率有高有低. 具体而言，对应时刻 $t \leqslant N_m$ 的输入在所有批次中会保持持续更新，而对应时刻 $N_m < t \leqslant N_d$ 的输入则会在其中一部分批次中得以更新. 所以，在不同时刻的输入可能会具有不同的收敛速度，但它们都是要收敛至目标输入的.

注记 9.7 本章考虑了时不变模型 (9.1). 这一情形可以被很容易地推广至时变情形，此时收敛条件也需要相应地修改为 $0 < L(t)C(t+1)B(t) < I$. 这一推广情形的证明步骤与本章所给出的证明方法完全相同，只是符号略有不同. 本章所给出的 P 型算法 (9.6) 也可以推广至其他迭代学习控制算法，如 PD 型迭代学习控制算法等，只需要对证明过程及收敛性条件稍作修改即可. 再者，本章所考虑模型假定相对阶为 1，换言之，CB 列满秩. 这引导我们使用算法 (9.6) 并在定理中得出收敛条件 $0 < LCB < I$. 在其他一些情形下，系统可以具有更高的相对阶 $\tau > 1$，换言之，$C\dfrac{\partial f^{\tau-1}(f(x)+Bu)}{\partial u}$ 为列满秩且 $C\dfrac{\partial f^{i}(f(x)+Bu)}{\partial u} = 0,\ 0 \leqslant i \leqslant \tau - 2$，其中 $f^i(x) = f^{i-1} \circ f(x)$，$\circ$ 表示复合函数符号[144]. 对这种情形，本章的分析步骤仍旧成立，只需要将算法修改为 $u_{k+1}(t) = u_k(t) + Le_k^*(t+\tau)$，收敛条件修改为 $0 < LC\dfrac{\partial f^{\tau-1}(f(x)+Bu)}{\partial u} < I$.

注记 9.8 对运行长度随机变化的离散时间非线性系统，本章给出了一种基于修正 λ 范数意义下的收敛性分析. 而在迭代学习控制领域，我们往往对向量范数意义下的单调收敛更感兴趣. 为此，定义堆积的超向量为 $U_k \triangleq [E\|\delta u_k(0)\|^{\mathrm{T}}, E\|\delta u_k(1)\|^{\mathrm{T}}, \cdots, E\|\delta u_k(N-1)\|^{\mathrm{T}}]^{\mathrm{T}}$，且从式 (9.15) 可给出其相匹配的矩阵 Γ. Γ 为块下三角矩阵，其各块为式 (9.15) 中的参数，则由式 (9.15) 可得 $\|U_{k+1}\|_1 \leqslant \|\Gamma\|_\infty \|U_k\|_1$，其中 $\|\cdot\|_1$ 与 $\|\cdot\|_\infty$ 分别表示向量的 1 范数与矩阵的 ∞ 范数. 从而，只要我们能够设计 L 满足 $\|\Gamma\|_\infty < 1$，就可保证输入误差单调衰减至零.

初始值精确重置条件 A9.2 是为了保证上述分析步骤简洁易懂，这一条件能否进一步放宽对其实际应用有重要意义. 事实上，现实系统的初始值往往不能做到精确重置，但可以保证重置初始值在一个小范围内波动. 在这种情况下，分析目标为证明跟踪误差收敛到某一个小范围内，而这个小范围的上界正比于初始状态偏差. 下述定理阐述了这一结果.

定理 9.2 考虑离散时间仿射非线性系统 (9.1) 及迭代学习控制算法 (9.6)，假定 A9.1 与 A9.3 成立. 若学习增益矩阵 L 满足 $0 < LCB < I$，则跟踪误差将收敛至有界区域内，且该有界区域的上界正比于 ϵ，即 $\limsup_{k\to\infty} E\|e_k(t)\| \leqslant \gamma\epsilon,\ t = 1, \cdots, N_d$，其中 γ 为合适的常数.

证明: 本定理的证明步骤与定理 9.1 类似, 仅需要作出少量的技术修正. 式 (9.7) 与式 (9.12) 的推导步骤保持不变. 而式 (9.13) 变为

$$E\|\delta x_k(t+1)\| \leqslant k_b \sum_{i=0}^{t} k_f^{t-i} E\|\delta u_k(i)\| + k_f^t E\|\delta x_k(0)\| \tag{9.20}$$

结合 A9.3 可得

$$E\|\delta x_k(t)\| \leqslant k_b \sum_{i=0}^{t-1} k_f^{t-1-i} E\|\delta u_k(i)\| + k_f^{t-1}\epsilon \tag{9.21}$$

进而, 将式 (9.21) 代入式 (9.10) 可得

$$\begin{aligned} E\|\delta u_{k+1}(t)\| \leqslant & \|(I-p(t)LCB)\|E\|\delta u_k(t)\| \\ & + k_b\|p(t)LC\| \sum_{i=0}^{t-1} k_f^{t-i} E\|\delta u_k(i)\| + \|p(t)LC\| k_f^t \epsilon \end{aligned} \tag{9.22}$$

对上述不等式的两端应用 λ 范数, 类似于定理 9.1 的推导步骤, 可得

$$\|\delta u_{k+1}(t)\|_\lambda \leqslant \overline{\rho}\|\delta u_k(t)\|_\lambda + \sup_t \alpha^{-\lambda t}\|p(t)LC\| k_f^t \epsilon \tag{9.23}$$

因为时刻 t 只有有限个, 所以存在常数 ϑ 使得 $\sup_t \alpha^{-\lambda t}\|p(t)LC\|k_f^t < \vartheta$, 从而

$$\|\delta u_{k+1}(t)\|_\lambda \leqslant \overline{\rho}\|\delta u_k(t)\|_\lambda + \vartheta\epsilon \tag{9.24}$$

这意味着

$$\limsup_{k\to\infty} \|\delta u_{k+1}(t)\|_\lambda \leqslant \frac{\vartheta\epsilon}{1-\overline{\rho}} \tag{9.25}$$

从而可得

$$\limsup_{k\to\infty} E\|\delta u_{k+1}(t)\| \leqslant \frac{\alpha^{\lambda t}\vartheta\epsilon}{1-\overline{\rho}}$$

进而结合式 (9.21), 不难看出 $E\|\delta x_k(t)\|$ 有界, 且其上界正比于 ϵ. 因此存在合适的 γ 使得 $\limsup\limits_{k\to\infty} E\|e_k\| \leqslant \gamma\epsilon$. 定理证毕. ■

9.5 仿真算例

为了展示所提出迭代学习控制算法的有效性, 考虑如下仿射非线性系统

$$\begin{aligned} x_k^{(1)}(t+1) &= \cos(x_k^{(1)}(t)) + 0.3x_k^{(2)}(t)x_k^{(1)}(t) \\ x_k^{(2)}(t+1) &= 0.4\sin(x_k^{(1)}(t)) + \cos(x_k^{(2)}(t)) + u_k(t) \\ y_k(t) &= x_k^{(2)}(t) \end{aligned}$$

此即说明系统 (9.1) 中矩阵分别为 $B=[0\ 1]^{\mathrm{T}}$ 与 $C=[0\ 1]$. 而系统状态为 $x_k(t)=[x_k^{(1)}(t),x_k^{(2)}(t)]^{\mathrm{T}}$.

预定批次长度 $N_d=50$. 为了刻画批次长度随机变化现象, 令实际长度最小值 $N_m=40$. 从而, 批次长度 N_k 在整数集 $\{40,41,\cdots,50\}$ 中随机取值. 作为一个简单的示例, 令 N_k 服从离散型均匀分布. 需要指出, 具体的概率分布在算法设计中没有任何要求. 然而, 不同的概率分布可能会影响到收敛速度. 这是因为, 一般而言, 发生概率越高意味着相应输入被更新的频率越高, 从而收敛速度越快. 若 $P(N_d)$ 非常接近 1, 换言之, 绝大多数的批次都能够完成最大批次长度, 因此沿迭代轴的收敛表现与批次长度固定不变的情形十分类似, 从而可以得到一个较快的收敛速度.

跟踪目标为

$$y_d(t)=0.8\sin\left(\frac{2\pi t}{50}\right)+2\sin\left(\frac{2\pi t}{25}\right)+\sin\left(\frac{\pi t}{5}\right)$$

初始状态设定为 $x_k(0)=[0,0]^{\mathrm{T}}$. 不失一般性, 初始批次的输入信号设定为零, 即 $u_0(t)=0,\ 0\leqslant t\leqslant N_d$. 显然, CB 等于 1, 因此我们将更新算法 (9.6) 中的学习增益设定为 0.5. 算法运行 50 批次. 跟踪目标及第 50 批次的输出轨迹如图 9.1 所示, 其中实线代表跟踪目标, 带有黑点的虚线代表第 50 批次的输出轨迹. 可以看出, 系统输出达到了优秀的跟踪性能.

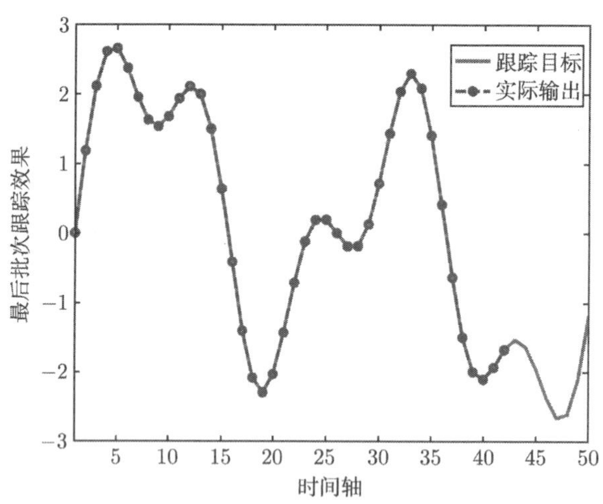

图 9.1　第 50 批次的输出跟踪效果

图 9.2 显示了第 15、20、30、40 批次在整个运行区间的跟踪误差曲线. 可以看出, 第 15 批次的跟踪误差已经非常小. 在第 20 批次时, 跟踪误差已经达到可接受的程度. 同时可以看出, 不同批次的误差曲线结束时刻彼此不同, 这展示了批次长度随机变化的环境设定.

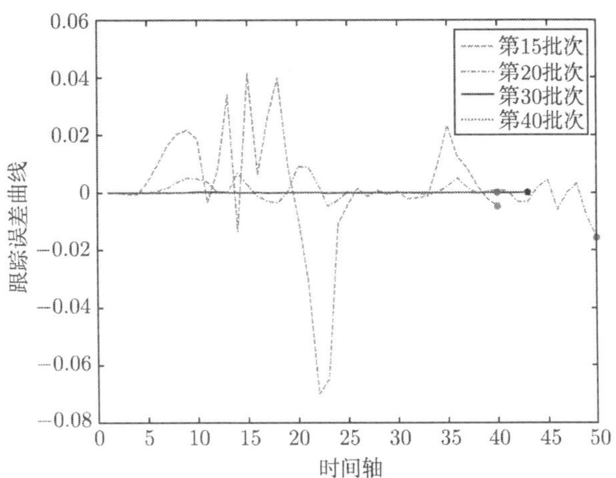

图 9.2　第 15、20、30、40 批次的跟踪误差曲线

在图 9.3 中, 带有圆圈的实线显示了沿迭代轴方向的收敛性能, 其中最大跟踪误差的定义为 $\max_t |e_k(t)|$. 正如注记 9.7 所指出的, 本章所给出的算法可以推广至 PD 型算法. 这里, 我们同时对 PD 型更新算法 $u_{k+1}(t) = u_k(t) + L_p e_k^*(t+1) + K_d(e_k^*(t+1) - e_k^*(t))$ 进行了仿真, 其中增益选取 $L_p = 0.4$, $K_d = 0.3$. 应用 PD 型算法时, 其最大跟踪误差曲线为图 9.3 中标记三角形的实线. 正如图 9.3 中曲线所示, 两种算法下的最大跟踪误差均快速地收敛至零.

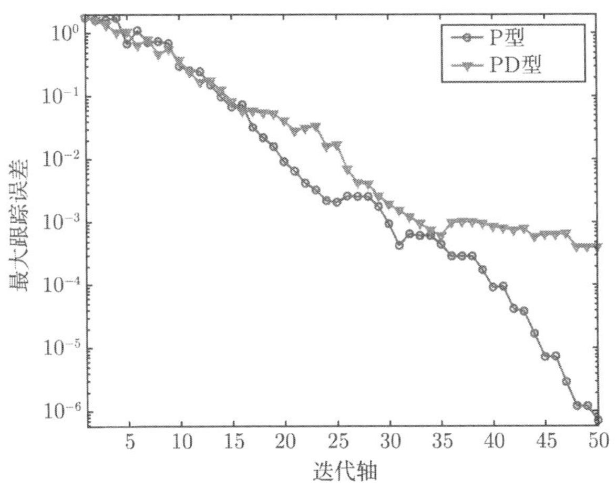

图 9.3　沿迭代轴方向的最大跟踪误差曲线

为了验证变化的初始状态问题, 我们令初始状态的每一个维度服从 $[-\epsilon, \epsilon]$ 的均匀分布, 其中尺度 ϵ 取值包括 0.01、0.05 和 0.2 三种情形. 在这种初始状态偏移环境下, 算法的跟踪性能要差于初始状态精确重置的情形. 然而如图 9.4 所示, 本

章算法仍具有良好的鲁棒性. 此外, 图 9.4 的跟踪效果还表明大的初始值偏移会导致大的跟踪误差上界.

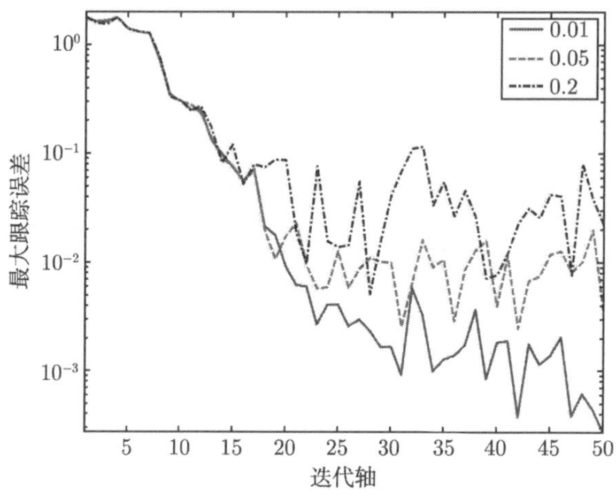

图 9.4　初始值迭代变动的最大跟踪误差曲线

9.6　本章小结

本章给出了离散时间仿射非线性系统在批次长度随机变化下的迭代学习控制收敛性分析. 本章首先引入一个随机变量来刻画随机变化的批次长度. 进而, 根据实际情形对跟踪误差进行修正. 基于此修正跟踪误差, 本章选择了传统 P 型更新算法, 并进行了收敛性分析. 若初始状态精确重置, 则跟踪误差随迭代批次数趋于无穷而收敛至零. 若初始状态在一个小范围内波动, 则跟踪误差将收敛至某一有界范围内, 且该范围的上界正比于初始状态的偏移尺度. 在这些研究基础上, 进一步考虑一般化的非线性系统具有重要的研究价值.

第 10 章 量化误差下随机系统的迭代学习控制

本章研究基于量化误差的迭代学习控制算法设计与分析问题, 同时考虑含有随机噪声的线性系统和非线性系统. 为了持续地改进跟踪性能, 本章采用对数量化器对跟踪误差进行量化. 为了抑制随机噪声与量化误差, 本章在算法中引入衰减序列来保证算法的收敛性. 最后证明算法所产生的输入序列渐近收敛至最优控制.

10.1 引 言

为了增强系统的便利性与容错性, 越来越多的系统采取网络化控制系统架构. 在这一架构下, 被控系统与控制器被分在两地, 通过有线/无线网络进行数据传输. 由于实际传输中存在有限的带宽, 数据传输负担是一个重要的议题. 因而在许多实际系统中, 对模拟信号进行量化后再进行传输可以有效地降低传输负担. 部分已有研究[145-149] 已经涵盖了估计与辨识等多方面的问题. 然而, 在量化迭代学习控制这一方向上还没有成熟的结果.

Bu 及其合作者对量化迭代学习控制问题进行了初步尝试[150], 其中对量测输出采用对数量化器进行量化, 然后将量化数据传回用于算法更新. 作者基于对数量化器的扇形有界性质及传统的压缩映像方法, 证明了跟踪误差收敛到某一有界区域, 该区域的上界依赖于量化器的量化密度. 换言之, 量测输出数值越大, 最终跟踪误差的上界越大. 为了实现零误差收敛, 文献 [151] 进一步提出了对跟踪误差进行量化再传输的更新策略. 在这一框架下, 首先将跟踪目标传输至系统本地, 产生输出后与跟踪目标进行对比得到跟踪误差, 对数量化器对此误差进行量化后再传回控制器用于算法更新. 基于这一设定, 可以证明跟踪误差沿迭代轴渐近收敛至零. 然而, 文献 [150] 和文献 [151] 都只考虑了确定性系统.

本章进一步考虑了随机系统下的相关问题. 在这种情形下, 系统噪声与量化误差会耦合在一起, 因此相应的跟踪性能如何需要进行深入的探讨. 具体而言, 本章考虑了线性系统和非线性系统两种情形, 并且给出了基于量化误差的更新算法. 为处理随机噪声, 本章在算法中引入了衰减学习增益序列. 本章结果表明, 传统 P 型算法在随机噪声与量化误差下仍具有良好的跟踪性能.

10.2 问题描述

考虑如下离散时间随机线性系统

$$\begin{aligned} x_k(t+1) =& A(t)x_k(t) + B(t)u_k(t) + w_k(t+1) \\ y_k(t) =& C(t)x_k(t) + v_k(t) \end{aligned} \tag{10.1}$$

其中, $k = 1, 2, \cdots$ 代表迭代轴批次; $t = 0, 1, \cdots, N$ 代表一个批次内的不同时刻, 这里 N 是迭代批次长度; $x_k(t) \in \mathbb{R}^n$, $u_k(t) \in \mathbb{R}$, $y_k(t) \in \mathbb{R}$ 分别表示系统的状态、输入、输出; $A(t)$、$B(t)$、$C(t)$ 为具有适当维数的系统矩阵; $w_k(t)$ 与 $v_k(t)$ 分别为系统噪声和量测噪声.

系统跟踪目标为 $y_d(t), t = \{0, 1, \cdots, N\}$. 跟踪误差定义为 $e_k(t) = y_d(t) - y_k(t)$.

令 $\mathcal{F}_k \triangleq \sigma\{y_j(t), x_j(t), w_j(t), v_j(t), 0 \leqslant j \leqslant k, t \in \{0, \cdots, N\}\}$ 表示由 $y_j(t)$, $x_j(t)$, $w_j(t)$, $v_j(t)$, $0 \leqslant t \leqslant N$, $0 \leqslant j \leqslant k$ 生成的非降 σ- 代数. 进而, 容许控制定义如下

$$U = \{u_{k+1}(t) \in \mathcal{F}_k, \sup_k \|u_k(t)\| < \infty, \text{a.s.}, t \in \{0, \cdots, N-1\}, k = 0, 1, 2, \cdots\}$$

由容许集合 U 的定义可知, 对容许控制序列 $\{u_k(t), k = 0, 1, 2, \cdots\}$ 有两个要求. 其一是输入序列需要在几乎必然意义下是有界的. 其二是 $u_{k+1}(t)$ 为 $\mathcal{F}_k$ 可量测的, 即输入 $u_{k+1}(t)$ 可以由 $\mathcal{F}_k$ 中的信息进行表示, 这也是迭代学习控制的基本要求. 因此容许集合 U 是紧的.

本章的控制目标为寻找输入序列 $\{u_k(t), k = 0, 1, 2, \cdots\} \subset U$, 使得下述渐近平均跟踪误差达到最小, $\forall t \in \{0, 1, \cdots, N\}$

$$V(t) = \limsup_{n \to \infty} \frac{1}{n} \sum_{k=1}^{n} \|y_d(t) - y_k(t)\|^2 \tag{10.2}$$

为进行收敛性分析, 我们需要如下假设.

A 10.1　输入/输出耦合常数 $C(t+1)B(t)$ 为未知非零常数, 代表其控制方向的符号假定已知. 不失一般性, 在本章中假定 $C(t+1)B(t) > 0$.

注记 10.1　注意到 $C(t+1)B(t) \neq 0$ 暗示系统的输入/输出相对阶为 1. 在本章其余部分, 不致引起误解时, 符号 $C(t+1)B(t)$ 可能会被简写为 $C^+B(t)$.

结合假设 A10.1 及系统模型 (10.1) 可知, 存在合适的初始状态 $x_d(0)$ 及最优输入 $u_d(t)$ 使得

$$\begin{aligned} x_d(t+1) &= A(t)x_d(t) + B(t)u_d(t) \\ y_d(t) &= C(t)x_d(t) \end{aligned} \tag{10.3}$$

事实上, 根据 A10.1, 在初始状态 $x_d(0)$ 下, 可知系统 (10.3) 的递推解为

$$u_d(t)=(C^+B(t))^{-1}(y_d(t+1)-C(t+1)A(t)x_d(t))$$

我们将这一点整理成下述假设.

A 10.2　*跟踪目标 $y_d(t)$ 可实现, 即存在合适的初始状态 $x_d(0)$ 及唯一的输入 $u_d(t)$ 使得*

$$\begin{aligned} x_d(t+1)&=A(t)x_d(t)+B(t)u_d(t)\\ y_d(t)&=C(t)x_d(t) \end{aligned} \tag{10.4}$$

A 10.3　*对任一时刻 t, $\{w_k(t),k=0,1,\cdots\}$ 与 $\{v_k(t),k=0,1,\cdots\}$ 均为独立同分布序列, 且两者相互独立, 且 $Ew_k(t)=0$, $Ev_k(t)=0$, $\sup_k Ew_k^2(t)<\infty$, $\sup_k Ev_k^2(t)<\infty$, $\lim\limits_{n\to\infty}\frac{1}{n}\sum\limits_{k=1}^{n}w_k^2(t)=R_w^t$, $\lim\limits_{n\to\infty}\frac{1}{n}\sum\limits_{k=1}^{n}v_k^2(t)=R_v^t$, a.s., 其中 R_w^t 与 R_v^t 未知.*

注意到上述关于噪声的假设是沿迭代轴而非时间轴给出的, 而系统运行不断重复, 所以上述假设条件并不苛刻.

A 10.4　*初始状态序列 $\{x_k(0)\}$ 为独立同分布序列, 且 $Ex_k(0)=x_d(0)$, $\sup_k Ex_k^2(0)<\infty$, $\lim\limits_{n\to\infty}\frac{1}{n}\sum\limits_{k=1}^{n}x_k^2(0)=R_x^0$. 同时, $\{x_k(0),k=0,1,\cdots\}$ 与 $\{w_k(t),k=0,1,\cdots\}$ 及 $\{v_k(t),k=0,1,\cdots\}$ 相互独立.*

为表达简洁, 记 $w_k(0)=x_k(0)-x_d(0)$. 则可以进一步定义 $\lim\limits_{n\to\infty}\frac{1}{n}\sum\limits_{k=1}^{n}w_k^2(0)=R_w^0$, 以使得初始状态的假设条件与 A10.3 相吻合. 换言之, A10.4 可以被包含进假设 A10.3 中.

引理 10.1　*考虑随机系统 (10.1) 及跟踪目标 $y_d(t+1)$, 假定 A10.1~A10.4 成立, 那么对任意时刻 $t+1$, 若控制序列 $\{u_k(t)\}$ 可容许且满足 $u_k(i)\xrightarrow[k\to\infty]{}u_d(i)$, $i=0,1,\cdots,t$, 那么指标 (10.2) 达到最小. 在这种情形下, 称 $\{u_k(t)\}$ 为最优控制序列.*

本引理的证明与定理 5.3 几乎相同, 此处省略不再重复.

10.3　迭代学习控制及其收敛性

在传统迭代学习控制中, 跟踪误差 $e_k(t)$ 被传输回控制器用于算法更新. 换言之, 输入更新算法为

$$u_{k+1}(t)=u_k(t)+a_ke_k(t+1) \tag{10.5}$$

其中, a_k 为学习步长.

本章考虑系统的网络化实现框架, 即被控系统和控制器分布在两地, 两者通过有线/无线网络传输数据, 如图 10.1 所示. 为降低传输负担, 对给定的跟踪目标, 我们首先在系统运行之前将其传输至系统本地, 然而跟踪误差产生后先量化后传回控制器. 因此, 在学习算法运行之前, 跟踪目标的传输需要花费较多的努力. 然而, 在当前的框架设定中, 从控制器到被控系统的网络假定良好, 因此跟踪目标可以被精确地传输.

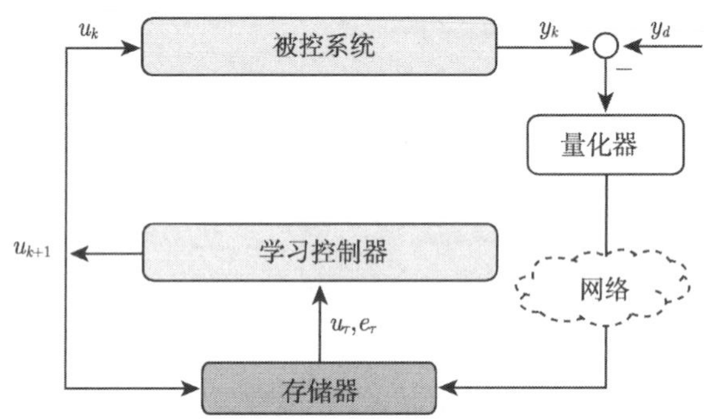

图 10.1　含量化器的网络化控制系统框架图

本章所使用的更新算法为

$$u_{k+1}(t) = u_k(t) + a_k \boldsymbol{Q}(e_k(t+1)) \tag{10.6}$$

其中, a_k 为学习步长; $\boldsymbol{Q}(\cdot)$ 为量化器. 本章选择类似文献 [150] 和文献 [152] 的对数量化器

$$U = \{\pm z_i : z_i = \mu^i z_0, i = 0, \pm 1, \pm 2, \cdots\} \cup \{0\}, \quad 0 < \mu < 1, \quad z_0 > 0 \tag{10.7}$$

其中, μ 为相应的量化密度. 量化器 $\boldsymbol{Q}(\cdot)$ 由下式给出

$$\boldsymbol{Q}(v) = \begin{cases} z_i, & \dfrac{1}{1+\zeta} z_i < v \leqslant \dfrac{1}{1-\zeta} z_i \\ 0, & v = 0 \\ -\boldsymbol{Q}(-v), & v < 0 \end{cases} \tag{10.8}$$

其中, $\zeta = (1-\mu)/(1+\mu)$. 显然, 由式 (10.8) 所定义的量化器 $\boldsymbol{Q}(\cdot)$ 为对称且时不变的.

文献 [153] 提出了一个处理量化误差的扇形有界方法. 在本章中, 对给定的量化密度 μ, 有

$$\boldsymbol{Q}(e_k(t)) - e_k(t) = \eta_k^t \cdot e_k(t) \tag{10.9}$$

其中, $|\eta_k^t| \leqslant \zeta, \zeta = (1-\mu)/(1+\mu)$.

问题描述: 在随机线性系统 (10.1) 及假设条件 A10.1~A10.4 下, 选择合适的步长 $\{a_k\}$ 及量化器参数 μ, 以使得由更新算法 (10.6) 所产生的输入序列能够最小化跟踪指标 (10.2).

下述定理给出了算法 (10.6) 的收敛性结果.

定理 10.1　考虑随机线性系统 (10.1) 及指标 (10.2), 假定 A10.1~A10.4 成立, 若学习步长 a_k 满足 $a_k > 0$, $a_k \to 0$, $\sum_{k=1}^{\infty} a_k = \infty$, $\sum_{k=1}^{\infty} a_k^2 < \infty$, 而量化器参数 μ 在 $(0,1)$ 范围内任意选择, 则由更新算法 (10.6) 基于量化跟踪误差所产生的输入序列为最优控制序列. 换言之, 随着迭代批次 $k \to \infty$, 输入 $u_k(t)$ 收敛到 $u_d(t)$ a.s., $\forall t \in [0, N-1]$.

证明:定义 $\delta x_k(t) \triangleq x_d(t) - x_k(t)$ 与 $\delta u_k(t) \triangleq u_d(t) - u_k(t)$. 由式 (10.6) 可知

$$\delta u_{k+1}(t) = \delta u_k(t) - a_k \boldsymbol{Q}(e_k(t+1)) \tag{10.10}$$

将式 (10.9) 代入式 (10.10) 可得

$$\delta u_{k+1}(t) = \delta u_k(t) - a_k(1+\eta_k^{t+1})e_k(t+1) \tag{10.11}$$

其中, $|\eta_k^t| \leqslant \zeta < 1, \forall t$. 因此, 我们有

$$\begin{aligned}
\delta u_{k+1}(t) =& \delta u_k(t) - a_k(1+\eta_k^{t+1})e_k(t+1) \\
=& \delta u_k(t) - a_k(1+\eta_k^{t+1})(C(t+1)A(t)\delta x_k(t) + C^+B(t)\delta u_k(t)) \\
& + a_k(1+\eta_k^{t+1})(v_k(t+1) + C(t+1)w_k(t+1)) \\
=& (1 - a_k(1+\eta_k^{t+1})C^+B(t))\delta u_k(t) - a_k(1+\eta_k^{t+1})C(t+1)A(t)\delta x_k(t) \\
& + a_k(1+\eta_k^{t+1})(v_k(t+1) + C(t+1)w_k(t+1)) \\
=& (1 - a_k(1+\eta_k^{t+1})C^+B(t))\delta u_k(t) \\
& - a_k(1+\eta_k^{t+1})C(t+1) \times \sum_{i=1}^{t}\left(\prod_{l=i}^{t} A(l)\right) B(i-1)\delta u(i-1) \\
& + a_k(1+\eta_k^{t+1})\left(v_k(t+1) + C(t+1)\sum_{i=0}^{t+1}\left(\prod_{l=i}^{t} A(l)\right) w_k(i)\right)
\end{aligned}$$

定义

$$H=\begin{bmatrix} C^{+}B(0) & 0 & \cdots & 0 \\ C(2)A(1)B(0) & C^{+}B(1) & \cdots & 0 \\ \vdots & \vdots & & \vdots \\ C(N)\prod_{l=1}^{N-1}A(l)B(0) & \cdots & \cdots & C^{+}B(N-1) \end{bmatrix}$$

$$\varGamma_k=\begin{bmatrix} 1+\eta_k^1 & 0 & \cdots & 0 \\ 0 & 1+\eta_k^2 & \cdots & 0 \\ \vdots & \vdots & & \vdots \\ 0 & 0 & \cdots & 1+\eta_k^N \end{bmatrix}$$

进而, 将输入堆积为向量形式 $\delta U_k=[\delta u_k(0),\delta u_k(1),\cdots,\delta u_k(N-1)]^{\mathrm{T}}$, 而将噪声堆积为

$$\xi_k=\begin{bmatrix} C(1)\sum_{i=0}^{1}\left(\prod_{l=i}^{0}A(l)\right)w_k(i)+v_k(1) \\ C(2)\sum_{i=0}^{2}\left(\prod_{l=i}^{1}A(l)\right)w_k(i)+v_k(2) \\ \vdots \\ C(N)\sum_{i=0}^{N}\left(\prod_{l=i}^{N-1}A(l)\right)w_k(i)+v_k(N) \end{bmatrix}$$

从上述表达式中, 我们可以看出

$$\delta U_{k+1}=(I-a_k\varGamma_kH)\delta U_k+a_k\varGamma_k\xi_k \tag{10.12}$$

其中, I 代表具有适当维数的单位矩阵.

注意到 $\varGamma_k$ 为对角矩阵, 而 H 为下三角矩阵, 故矩阵 $\varGamma_kH$ 仍为下三角矩阵, 因而矩阵 $\varGamma_kH$ 的特征根为其对角元素. 根据矩阵 $\varGamma_k$ 与 H 的定义可知, 矩阵 $\varGamma_kH$ 的特征根为 $(1+\eta_k^1)C^{+}B(0),\cdots,(1+\eta_k^N)C^{+}B(N-1)$. 由于 $|\eta_k^t|<1$, 显然 $1+\eta_k^t>0$, $\forall t$. 结合 A10.1, 我们可知 $(1+\eta_k^t)C^{+}B(t-1)$ 为正数, $1\leqslant t\leqslant N$. 此外, $\eta_k^t>-\zeta=-(1-\mu)/(1+\mu)$, 所以 $1+\eta_k^t>2\mu/(1+\mu)$. 因此, 矩阵 $\varGamma_kH$ 的所有特征根存在一个下界. 这意味着存在正定矩阵 P 使得

$$(\varGamma_kH)^{\mathrm{T}}P+P\varGamma_kH\geqslant I$$

令

$$\varPhi_{k,j}=(I-a_k\varGamma_kH)\cdots(I-a_j\varGamma_jH),\quad \forall k\geqslant j \tag{10.13}$$

现在, 我们首先给出关于 $\Phi_{k,j}$ 增长速度的估计. 具体而言, 存在常数 $c_0>0$ 与 $c>0$ 使得

$$\|\Phi_{k,j}\|\leqslant c_0\exp\left[-c\sum_{i=j}^{k}a_i\right],\quad \forall k\geqslant j,\quad \forall j\geqslant 0 \tag{10.14}$$

注意到

$$\begin{aligned}\Phi_{k,j}^{\mathrm{T}}P\Phi_{k,j}=&\Phi_{k-1,j}^{\mathrm{T}}(I-a_k\Gamma_kH)^{\mathrm{T}}P(I-a_k\Gamma_kH)\Phi_{k-1,j}\\=&\Phi_{k-1,j}^{\mathrm{T}}(P+a_k^2H^{\mathrm{T}}\Gamma_k^{\mathrm{T}}P\Gamma_kH\\&-a_kH^{\mathrm{T}}\Gamma_k^{\mathrm{T}}P-a_kP\Gamma_kH)\Phi_{k-1,j}\\\leqslant&\Phi_{k-1,j}^{\mathrm{T}}(P+a_k^2H^{\mathrm{T}}\Gamma_k^{\mathrm{T}}P\Gamma_kH-a_kI)\Phi_{k-1,j}\\=&\Phi_{k-1,j}^{\mathrm{T}}P^{\frac{1}{2}}(I-a_kP^{-1}+a_k^2P^{-\frac{1}{2}}H^{\mathrm{T}}\Gamma_k^{\mathrm{T}}P\Gamma_kHP^{-\frac{1}{2}})P^{\frac{1}{2}}\Phi_{k-1,j}\end{aligned}$$

不失一般性, 假定 j_0 为足够大的整数, 使得 $\forall j\geqslant j_0, k\geqslant j$

$$\|I-a_kP^{-1}+a_k^2P^{-\frac{1}{2}}H^{\mathrm{T}}\Gamma_k^{\mathrm{T}}P\Gamma_kHP^{-\frac{1}{2}}\|\leqslant 1-2ca_k<e^{-2ca_k} \tag{10.15}$$

其中, $c>0$ 为某常数, 第一个不等式成立根据 $a_k\to 0$, $P^{-1}>0$, $k\geqslant j$, 而第二个不等式为基本不等式. 这进一步推出

$$\Phi_{k,j}^{\mathrm{T}}P\Phi_{k,j}\leqslant\left(\exp\left(-2c\sum_{i=j}^{k}a_i\right)\right)I$$

因此存在合适的常数 $c_0>0$ 使得估计式 (10.14) 对足够大的 $j\geqslant j_0$ 总能够成立. 进一步, j_0 为有限数值, 因此选择合适的常数 $c_0>0$ 与 $c>0$, 估计式 (10.14) 对任意 $k\geqslant j$ 同样成立.

对比文献 [41] 中的引理 3.1.1, 只要我们能够证明 $\sum_{k=1}^{\infty}a_k\Gamma_k\xi_k<\infty$, 则本定理的剩余证明步骤可以沿引理 3.3.1 的证明步骤进行. 需要指出的是, 矩阵 Γ_k 的对角元素 $1+\eta_k^t$ 依赖于 $e_k(t)$, 并因此进而依赖于 $u_k(t-1)$, $\forall t$. 换言之, 矩阵 Γ_k 依赖于 δU_k. 即 $\{\Gamma_k\xi_k\}$ 不是独立序列.

然而, 根据 $\mathcal{F}_k$ 与 δU_k 的定义, 以及假设 A10.3 和 A10.4, 可以看出 Γ_k 独立于 ξ_k. 进而, $E(\Gamma_k\xi_k|\mathcal{F}_{k-1})=\Gamma_kE(\xi_k|\mathcal{F}_{k-1})=0$. 此外, $\{a_k\}$ 为事先给定的序列. 因此, $(a_k\Gamma_k\xi_k,\mathcal{F}_k)$ 为鞅差列.

注意到 $|\eta_k^t|<1$, 因此 Γ_k 有界, 即 $\|\Gamma_k\|^2<c_1$, $c_1>0$ 为合适的常数. 进而可得

$$\sum_{k=1}^{\infty}E\|a_k\Gamma_k\xi_k\|^2\leqslant c_1\sum_{k=1}^{\infty}a_k^2E\|\xi_k\|^2\leqslant c_1c_2\sum_{k=1}^{\infty}a_k^2<\infty$$

其中, $c_2>0$ 为适当的常数, 此常数依赖于 R_w^t、R_v^t 及 R_0. 根据鞅差收敛定理, 显然 $\sum_{k=1}^{\infty} a_k\Gamma_k\xi_k<\infty$. 定理证毕. ■

注记 10.2 从定理 10.1 可以看出, 无论对数量化器的密度如何, 输入序列均收敛至最优控制. 换言之, 输入序列的收敛性独立于量化器的参数 ζ 或 μ. 这意味着, 即便我们选择了一个比较粗糙的量化器, 算法仍能够表现良好, 因此我们可以节省很多元件成本. 其内在的原因在于量化误差被实际跟踪误差所界住. 从而, 较大的跟踪误差意味着较大的量化误差, 然而, 这一点在实际应用中可以接受, 因为在这一阶段的学习可以比较粗糙. 而当跟踪误差收敛至零时, 量化误差也随之衰减至零.

注记 10.3 由于随机噪声的存在, 实际跟踪误差不可能收敛至零, 这进一步导致量化误差也不可能收敛至零. 这里学习步长序列 $\{a_k\}$ 起到两个作用. 其一是保证输入序列在概率 1 意义下实现零误差收敛, 其二是沿迭代轴方向抑制随机噪声和量化误差. 然而需要指出, 学习步长 a_k 的衰减性质减缓了所提算法的收敛速度. 这可以视为跟踪性能与收敛速度的折中.

注记 10.4 既然是否达到最优跟踪性能是独立于量化器的, 这就给算法的设计预留了自由度. 若系统拓宽至多输入多输出情形, 此时 $C^+B(t)$ 变成一个矩阵, 因此需要在算法中引入一个学习增益矩阵 L_t 作为控制方向的学习机制, 以使得 $L_tC^+B(t)$ 是一个方阵且其所有特征根均为正数. 对随机系统而言, 这一条件是十分宽松的.

10.4 非线性系统情形

本节将线性时变系统 (10.1) 拓展至下述仿射非线性系统

$$\begin{aligned} x_k(t+1)=&f(t,x_k(t))+B(t,x_k(t))u_k(t)\\ y_k(t)=&C(t)x_k(t)+v_k(t) \end{aligned} \tag{10.16}$$

其中, $f(t,x_k(t))$ 与 $B(t,x_k(t))$ 为连续函数; $x_k(t)\in\mathbb{R}^n$, $u_k(t)\in\mathbb{R}$, $y_k(t)\in\mathbb{R}$. 控制目标仍为设计算法使得输入序列最小化指标 (10.2).

假设条件修订如下.

A10.5 跟踪目标 $y_d(t)$ 是可实现的, 即存在 $u_d(t)$ 与 $x_d(0)$ 使得

$$\begin{aligned} x_d(t+1)=&f(t,x_d(t))+B(t,x_d(t))u_d(t)\\ y_d(t)=&C(t)x_d(t) \end{aligned} \tag{10.17}$$

A10.6 函数 $f(\cdot,\cdot)$ 与 $B(\cdot,\cdot)$ 关于第二个变量为连续函数.

A10.7　输入/输出耦合系数 $C(t+1)B(t,x_d(t))$ 为未知非零常数, 但其符号假定预先已知. 不失一般性, 假定 $C^+B_d(t) \triangleq C(t+1)B(t,x_d(t)) > 0$. 这里 $x_d(t)$ 为系统 (10.17) 的解.

A10.8　初始状态可以渐近精确重置, 即随着 $k \to \infty$, $x_k(0) \to x_d(0)$.

A10.9　对任一 t, 量测噪声 $\{v_k(t)\}$ 为沿迭代轴的独立同分布序列, 且 $Ev_k(t) = 0$, $\sup_k Ev_k^2(t) < \infty$, $\lim\limits_{n\to\infty} \dfrac{1}{n}\sum\limits_{k=1}^{n} v_k^2(t) = R_v^t$, a.s., 其中 R_v^t 未知.

为符号简洁, 记 $f_k(t) = f(t,x_k(t))$, $f_d(t) = f(t,x_d(t))$, $B_k(t) = B(t,x_k(t))$, $B_d(t) = B(t,x_d(t))$, $\delta f_k(t) = f_d(t) - f_k(t)$, $\delta B_k(t) = B_d(t) - B_k(t)$.

下述引理为收敛性证明中所需的技术引理, 其证明步骤与引理 2.1 相同, 此处从略.

引理 10.2　考虑非线性系统 (10.16) 并假定 A10.5~A10.8 成立. 若 $\lim\limits_{k\to\infty} \delta u_k(s) = 0$, $s = 0,1,\cdots,t$, 则 $\|\delta x_k(t+1)\| \to 0$, $\|\delta f_k(t+1)\| \to 0$, $\|\delta B_k(t+1)\| \to 0$.

基于引理 10.2, 则引理 10.1 对非线性系统 (10.16) 同样成立, 只要将假设 A10.1~A10.4 替换为 A10.5~A10.9 并采用相似的步骤. 相应的结论及证明不再复制到这里.

我们有如下收敛性定理.

定理 10.2　考虑含有量测噪声的非线性系统 (10.16) 及指标 (10.2), 假定 A10.5~A10.9 成立, 若学习步长 a_k 满足 $a_k > 0$, $a_k \to 0$, $\sum\limits_{k=1}^{\infty} a_k = \infty$, $\sum\limits_{k=1}^{\infty} a_k^2 < \infty$, 且量化器参数 μ 在 $(0,1)$ 范围内任意选取, 则更新算法 (10.6) 基于量化跟踪误差的输入序列为最优控制序列. 换言之, 随着迭代批次 $k \to \infty$, 输入序列 $u_k(t)$ 收敛到 $u_d(t)$ a.s., $\forall t \in [0, N-1]$.

证明: 由于系统中存在非线性函数 $f_k(t)$ 与 $B_k(t)$, 所以很难应用 10.3 节中针对线性系统的证明步骤. 针对非线性系统情形, 证明将沿时间轴 t 应用数学归纳法完成.

类似于线性系统情形, 式 (10.10) 与式 (10.11) 对非线性系统仍旧成立. 则对任意给定时刻 t, 我们有

$$\begin{aligned}\delta u_{k+1}(t) =& \delta u_k(t) - a_k(1+\eta_k^{t+1})e_k(t+1) \\ =& \delta u_k(t) - a_k(1+\eta_k^{t+1})(C^+B_k(t)\delta u_k(t) \\ &+ \theta_k(t) - v_k(t+1))\end{aligned} \tag{10.18}$$

其中

$$\theta_k(t) = C^+\delta f_k(t) + C^+\delta B_k(t)u_d(t)$$

初始步骤: $t=0$. 递推表达式 (10.18) 即

$$\delta u_{k+1}(0)=(1-a_k(1+\eta_k^1)C^+B_k(0))\delta u_k(0) - a_k(1+\eta_k^1)\theta_k(t)+a_k(1+\eta_k^1)v_k(1) \quad (10.19)$$

从 A10.6 可知 $B_k(0)$ 关于初始状态为连续函数, 而根据 A10.8 可知 $B_k(0)\to B_d(0)$. 则根据 A10.7, $C^+B_k(0)$ 将收敛至某个正常数. 因此

$$(1+\eta_k^1)C^+B_k(0)>\epsilon, \forall k\geqslant k_0 \quad (10.20)$$

其中, $\epsilon>0$ 为适当的常数, 而 k_0 为足够大的整数.

令

$$\psi_{k,j}=(1-a_k(1+\eta_k^1)C^+B_k(0))\cdots\times(1-a_j(1+\eta_j^1)C^+B_j(0)), \quad \forall k\geqslant j \quad (10.21)$$

显然, 对足够大的整数 k, 如 $k\geqslant k_0$, 有 $1-a_k(1+\eta_k^1)C^+B_k(0)>0$ 成立, 其中 k_0 符合式 (10.20). 则对任意 $j\geqslant k_0$, 我们有

$$\begin{aligned}\psi_{k,j}&=\psi_{k-1,j}(1-a_k(1+\eta_k^1)C^+B_k(0))\\&\leqslant\psi_{k-1,j}(1-a_k\epsilon)\\&\leqslant\psi_{k-1,j}\exp(-\epsilon a_k)\\&\leqslant\exp\left(-\epsilon\sum_{i=j}^k a_i\right)\end{aligned}$$

注意到 k_0 为有限的整数, 我们可知对任意 $j\geqslant 1$

$$|\psi_{k,j}|\leqslant|\psi_{k,k_0}||\psi_{k_0-1,j}|\leqslant c_1\exp\left(-\epsilon\sum_{i=j}^k a_i\right)$$

其中, $c_1>0$ 为适当的常数. 至此, 我们给出了 $\psi_{k,j}$ 的增长速度估计.

由式 (10.19) 可知

$$\delta u_{k+1}(0)=\psi_{k,1}\delta u_1(0)-\sum_{j=1}^k\psi_{k,j+1}a_j(1+\eta_j^1)\theta_k(0)+\sum_{j=1}^k\psi_{k,j+1}a_j(1+\eta_j^1)v_j(1) \quad (10.22)$$

其中, 上式右侧第一项趋于零, 其原因在于 $\psi_{k,j}$ 的估计式.

类似于定理 10.1 的证明, $\{(1+\eta_j^1)v_k(1),\mathcal{F}_k\}$ 为鞅差列, 且 $\sum_{k=1}^{\infty}E(a_k(1+\eta_k^1)v_k(1))^2 \leqslant 4R_v^1\sum_{k=1}^{\infty}a_k^2<\infty$. 因此

$$\sum_{k=1}^{\infty}a_k(1+\eta_k^1)v_k(1)<\infty \tag{10.23}$$

另外, 由 A10.6 与 A10.8 可得 $\theta_k(0)\to 0$. 进而, 由于 $|1+\eta_k^1|<1+|\eta_k^1|=1+\zeta<2$, $(1+\eta_k^1)\theta_k(0)\to 0$ a.s.

因此, 式 (10.22) 右侧的最后两项也随着 $k\to\infty$ 而趋于零, 其证明步骤与文献 [41] 的引理 3.1.1 的证明类似. 简言之, 定理结论对 $t=0$ 成立.

递推步骤: 假定输入序列的最优性对 $s=0,1,\cdots,t-1$ 均成立, 下面证明定理结论对时刻 t 同样成立.

根据归纳假设, 即 $\delta u_k(s)\to 0$, $s=0,1,\cdots,t-1$, 结合引理 10.2, 有 $\delta x_k(t)\to 0$, $\delta f_k(t)\to 0$, 及 $\delta B_k(t)\to 0$. 这说明 $\theta_k(t)\to 0$. 类似于时刻 $t=0$ 的证明步骤, 可以推出 $\delta u_k(t)\to 0$. 即定理结论对时刻 t 同样成立. 定理证毕. ■

10.5 仿真算例

为说明结果的有效性, 本节给出两个仿真示例. 此外, 为了对比实验效果, 本节还同时仿真了文献 [150] 中所给出的基于量化输出的更新算法与本章算法但使用均匀量化器的两种情形. 具体而言, 前一种对比算法为

$$u_{k+1}(t)=u_k(t)+a_k[y_d(t+1)-\boldsymbol{Q}(y_k(t+1))] \tag{10.24}$$

而后一种对比算法的表达式为

$$u_{k+1}(t)=u_k(t)+a_k\boldsymbol{Q}_u(y_d(t+1)-y_k(t+1)) \tag{10.25}$$

其中, 均匀量化器 $\boldsymbol{Q}_u$ 定义如下

$$\boldsymbol{Q}_u(v)=\begin{cases}(m+0.5)\nu, & m\nu<v\leqslant(m+1)\nu,\ m\geqslant 0\\ 0, & v=0\\ -\boldsymbol{Q}_u(-v), & v<0\end{cases}$$

为表述简洁, 在本节中更新算法式 (10.6)、式 (10.24) 与式 (10.25) 分别称为误差对数量化更新律 (error logarithmic quantization law, ELQL), 输出对数量化更新律 (output logarithmic quantization law, OLQL) 以及误差均匀量化更新律 (error uniform quantization law, EUQL).

1. **线性情形**

考虑下述含有随机噪声的线性系统

$$
\begin{aligned}
x_k(t+1) &= \begin{bmatrix} -0.8+0.02\sin t & -0.22 \\ 1 & 0 \end{bmatrix} x_k(t) \\
&\quad + \begin{bmatrix} 0.5 \\ 1-0.05\cos(t/10) \end{bmatrix} u_k(t) + w_k(t+1) \\
y_k(t) &= \begin{bmatrix} 1 & 0.5+0.5\mathrm{e}^{-t} \end{bmatrix} x_k(t) + v_k(t)
\end{aligned} \tag{10.26}
$$

其中, $w_k(t)=[w_k^{(1)}(t), w_k^{(2)}(t)]^{\mathrm{T}}$, $w_k^{(1)}(t)\sim N(0,0.1)$, $w_k^{(2)}(t)\sim N(0,0.1)$, $v_k(t)\sim N(0,0.1)$, $\forall k,t$.

跟踪目标为 $y_d(t)=5\sin(4t/25)+3\sin(2t/25)$, $t\in[0,100]$. 对应跟踪目标的初始状态为 $x_d(0)=0$. 根据假设 A10.4, 令实际运行的初始状态为 $x_k(0)\sim N(0,0.1)$. 初始批次的输入信号为 $u_0(t)=0$, $\forall t$.

对数量化器的参数设定为 $z_0=20$, $\mu=0.7$. 显然, 在一定意义上这是一个比较粗糙的量化器. 均匀量化器的参数设定为 $\nu=2/3$. 学习步长 a_k 选择 $a_k=2.3/k$, 满足定理 10.1 的要求. 算法运行 100 批次.

图 10.2 展示了第 2、5 及 100 批次的跟踪性能. 可以看出, 在第 5 批次时输出跟踪效果已经可以接受, 而在第 100 批次的时候输出轨迹已经几乎与跟踪目标重合. 因此, 本章所给算法可以有效地完成学习跟踪问题.

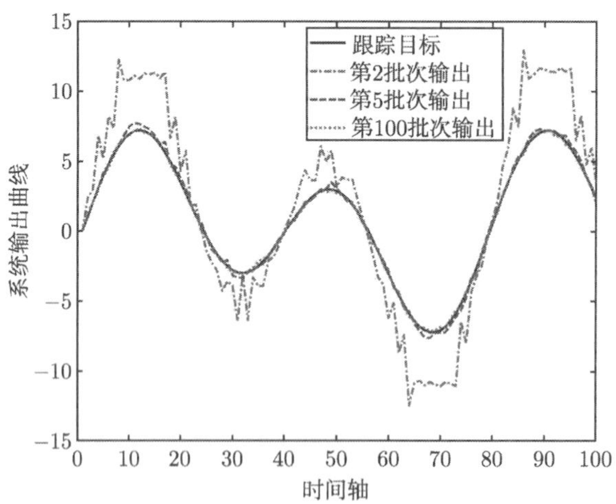

图 10.2 第 2、5、100 批次跟踪性能: 线性情形

图 10.3 验证了 ELQL、OLQL 与 EUQL 三种算法下输入序列的收敛性, 分别对应于图中的实线、虚线及点划线, 图中纵坐标选择最大输入误差, 其定义为

$\max_t |u_d(t) - u_k(t)|$. 为了更清晰地展示出差别, 该图采用对数坐标轴. 因此输入序列的收敛性等同于图中的曲线收敛至零. 从图中可以看出, ELQL 情形下算法保持一个下降趋势, 而另外两种情况则迅速地收敛到一个非零数值. 同时, ELQL 情形的最大输入误差也要明显小于其他两种情形. 这说明 ELQL 算法相较于其他两种对比算法具有更好的收敛性能.

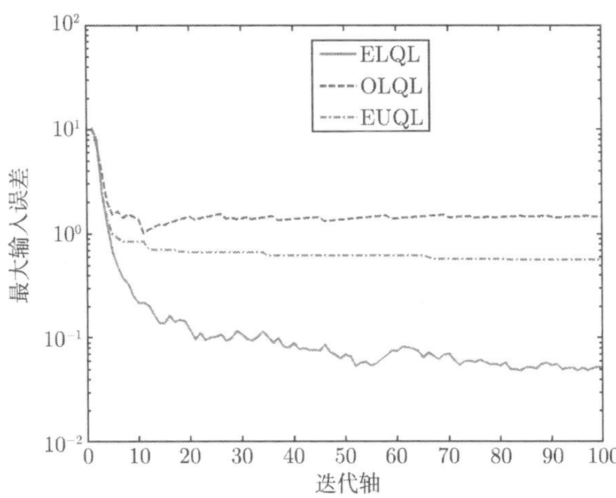

图 10.3　输入序列的收敛性: 线性情形

最大跟踪误差 $\max_t |e_k(t)|$ 在图 10.4 中给出, 此图可以进一步验证本章所提算法的有效性. 在图 10.4 中, 实线、虚线以及点划线分别代表 ELQL、OLQL 及 EUQL 三种情形. 注意到在 ELQL 情形下, 量化误差会随着跟踪误差的衰减而衰减, 而在

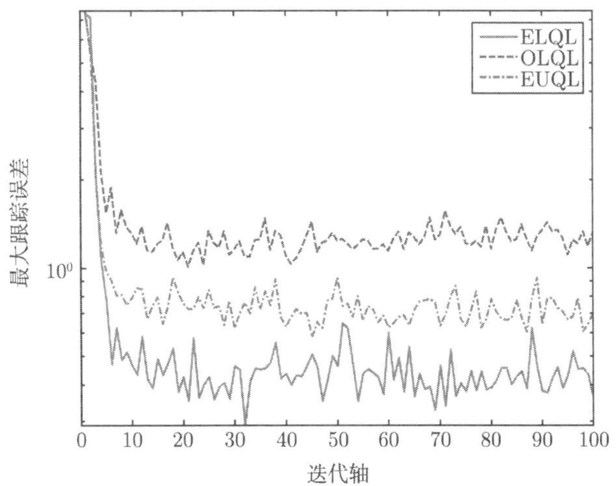

图 10.4　最大跟踪误差 $\max_t |e_k(t)|$: 线性情形

OLQL 情形下, 跟踪目标数值越大, 量化误差越大, 在 EUQL 情形下, 若跟踪误差进入均匀量化器所限定的小范围内后量化误差将不再会进一步减小. 因此, ELQL 情形下的跟踪性能要优于其他两种情形. 但是需要说明的是, 由于随机噪声存在且无法消除, 所以跟踪误差不可能完全收敛到零.

为了对 ELQL、OLQL、EUQL 三种情形下的性能有一个直观的对比, 我们进一步对 100 批次下的跟踪指标 $V(t)$ 作了计算, 结果如图 10.5 所示. 可以看出, ELQL 情形下的跟踪指标值明显小于 OLQL 与 EUQL 两种情形. 其原因在于, ELQL 情形下跟踪指标 $V(t)$ 的值主要由随机噪声主导, 而在 OLQL 与 EUQL 两种情形下, 跟踪指标 $V(t)$ 的值包含两部分, 一部分是随机噪声, 另一部分是量化误差.

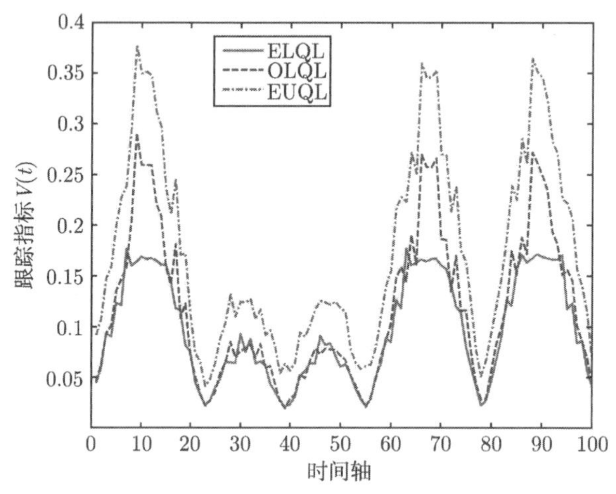

图 10.5　跟踪指标曲线: 线性情形

OLQL 算法是对系统输出进行量化, 因此输出越大, 量化误差越大, 并且此量化误差与量化器的选择有关. 因此, 为了获得一个良好的跟踪效果, 应选择量化密度较大的量化器. 也就是说, 参数 μ 的数值应该选得适当大. 事实上, 我们进一步仿真了 $\mu = 0.9$ 情形下的实验, 实验结果表明, 此时 OLQL 算法与 ELQL 算法的差距有明显缩小. 因此 OLQL 算法依赖于量化器的选择, 而本章所给出的 ELQL 算法则对量化器的选择没有太多要求.

引入学习步长 a_k 是为了保证收敛性及抑制随机噪声. 因此, 我们要求 $\{a_k\}$ 需满足定理中所给出的条件. 显然 $a_k = a/k$ 都满足上述要求, 只要 $a > 0$. 在实际应用中, 参数 a 可以适当选择得大一些, 以获得一个较快的收敛速度, 但同时这也可能会导致比较糟糕的瞬态性能.

2. 非线性情形

对非线性情形, 考虑如下系统

$$
\begin{aligned}
x_k(t+1) &= \begin{bmatrix} -0.75\sin(x_k^{(1)}(t)) \\ -0.5\cos(x_k^{(2)}(t)) \end{bmatrix} + \begin{bmatrix} 0.5+0.1\cos(x_k^{(1)}(t)/5) \\ 1 \end{bmatrix} u_k(t) \\
y_k(t) &= [0.1\ 0.02t^{1/3}]x_k(t) + v_k(t)
\end{aligned} \tag{10.27}
$$

其中, $x_k(t)=[x_k^{(1)}(t),x_k^{(2)}(t)]^{\mathrm{T}}$; 噪声 $v_k(t)$ 的设定与线性情形相同.

跟踪目标为 $y_d(t)=5\sin(3t/50)$, $t\in[0,200]$. 初始状态设定为 $x_k(0)=x_d(0)=0$. 初始批次输入信号为 $u_0(t)=0$, $\forall t$.

量化器参数的设定与线性情形相同. 学习增益 a_k 选择 $a_k=6.5/k$. 算法运行 100 批次.

图 10.6 展示了第 2、5 及 100 批次的跟踪性能. 可以看出, 第 100 批次的跟踪效果已经令人满意. 而在 ELQL、OLQL 与 EUQL 三种情形下的输入序列的收敛性如图 10.7 所示. 这里, 输入误差中同时耦合了非线性与随机噪声. 同时, 衰减增益 a_k 也对输入的改进起到了帮助, 但收敛速度较慢. 换言之, 为了进一步改进输入序列的性能还需要更多的迭代批次. 然而需要指出的是, ELQL 情形下的最大输入误差保持一个下降趋势, 这一点明显不同于其他两种情形.

沿迭代轴的最大跟踪误差 $\max_t|e_k(t)|$ 如图 10.8 所示, 而跟踪指标在图 10.9 中给出. 从图中可以看出, 类似线性情形的结论对非线性情形同样成立.

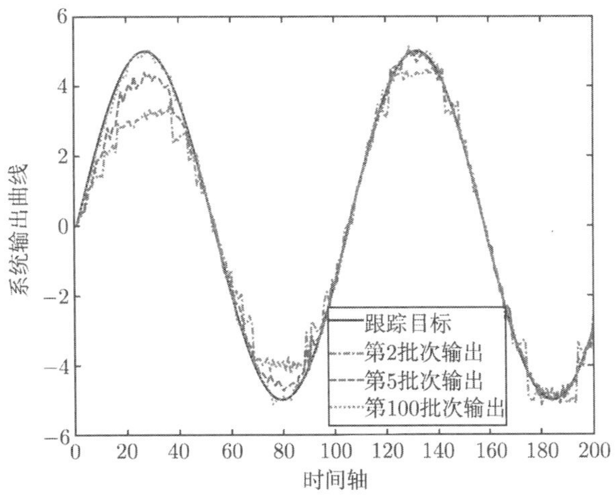

图 10.6　第 2、5、100 批次的跟踪性能: 非线性情形

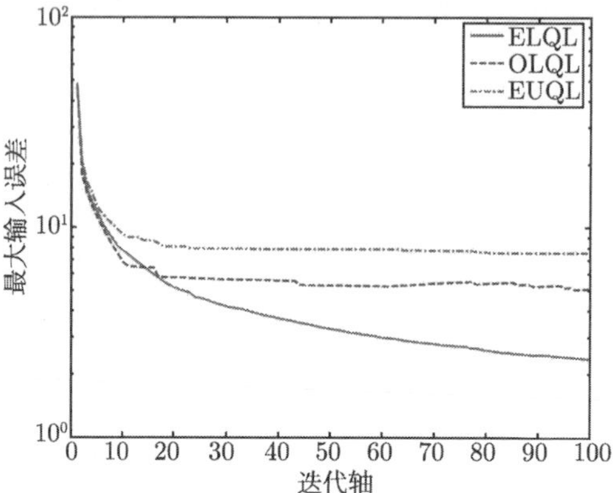

图 10.7　输入序列的收敛性: 非线性情形

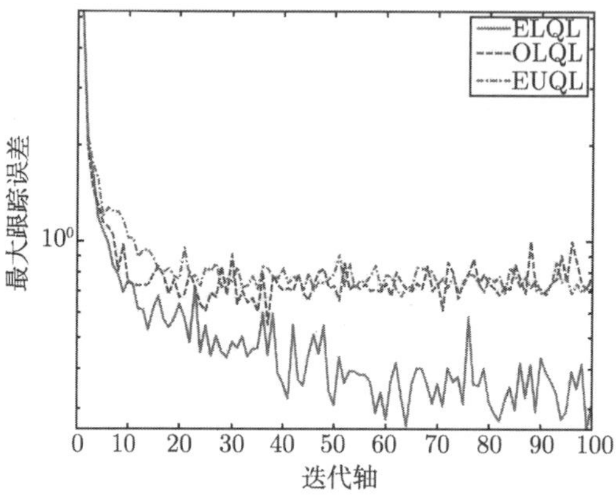

图 10.8　最大跟踪误差 $\max_t |e_k(t)|$: 非线性情形

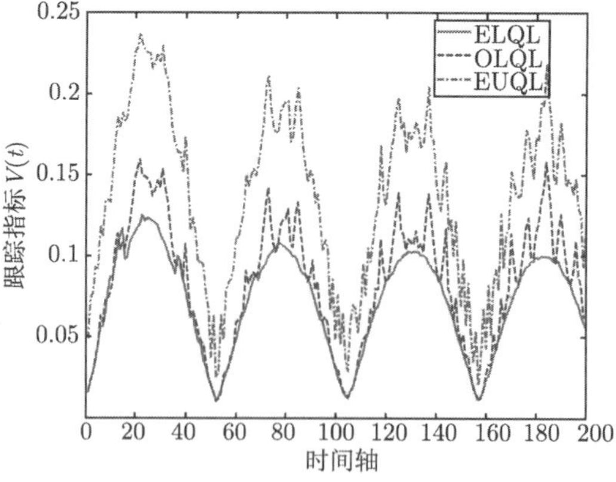

图 10.9　跟踪指标曲线: 非线性情形

10.6　本 章 小 结

本章针对线性与非线性离散时间系统, 研究了网络化控制框架下基于量化信息进行迭代学习控制的问题. 本章提出了一种新的量化迭代学习框架, 首先将跟踪目标传输至当地, 然后将系统输出与跟踪目标进行对比得到跟踪误差, 进而对跟踪误差进行量化并传回控制器用于算法更新. 在这一框架下, 随机噪声与量化误差耦合在一起, 本章进一步引入衰减学习增益来实现随机环境下的收敛性. 输入序列被证明沿迭代轴收敛到最优控制. 本章最后通过两个仿真算例来验证相应框架及算法的有效性.

第 11 章　大规模非线性系统的迭代学习控制

本章研究的对象为离散时间大规模非线性系统, 即由多个子系统通过状态相互关联在一起的系统. 其中每个子系统为仿射非线性系统. 子系统之间为非线性关联, 关联关系表示为整个大规模系统的状态向量对每个子系统有影响. 重点考虑子系统之间通信可能存在的丢包与延迟现象. 本章给出异步分散式迭代学习控制算法并证明其收敛性.

11.1　引　　言

本章所考虑大规模系统是指由多个子系统通过状态相互关联而组成的系统, 其中每个子系统的控制仅依赖于其自身所产生的信息. 这种情形下, 系统结构往往比较复杂且含有多种未知的不确定性. 石油化工系统、电力系统、网络化控制系统等都是典型的大规模系统. 这类系统在实际系统中广泛存在[154].

在迭代学习控制领域, 对大规模系统的研究文献还比较有限. 在文献 [155] 中, 作者对确定连续时间线性系统构造了 D 型学习算法并基于压缩映像方法给出了收敛性分析, 其中 D 型算法指算法更新中使用跟踪误差的微分信号. 文献 [156] 和文献 [157] 分别针对线性时不变与线性时变的大规模系统得到了类似的结果. 在文献 [158] 中, 作者给出了 PID 型更新算法，以处理时不变连续时间线性大规模系统对非重复跟踪目标的跟踪问题, 并且证明了算法在 $\mathcal{L}_p$ 范数意义下保持有界. 注意到文献 [158] 的系统为单输入单输出情形, 其相应的多输入多输出情形在文献 [93] 中给出, 仿射非线性系统情形在文献 [92] 中给出. 需要指出, 所有这些结果都是考虑连续时间系统, 且子系统之间是线性关联的关系, 并且没有考虑随机噪声的影响.

而对于随机系统的研究结果, 迭代学习控制已有不少研究, 具体可参见第 1 章的相关内容, 这里不再赘述. 本章将在此基础上进一步考虑离散时间大规模系统的迭代学习控制问题, 其中子系统之间通过大状态向量非线性关联. 特别指出, 本章的算法同时考虑到子系统之间通信可能存在的丢包、延迟及异步更新等多种情形. 每个子系统的控制都仅依赖于子系统自身信息.

11.2　问 题 描 述

考虑由 n 个子系统相关联组成的大规模系统, 其中第 i 个子系统由下述方程刻画

$$\begin{cases} x_i(t+1,k) = f_i(t,x(t,k)) + b_i(t,x(t,k))u_i(t,k) \\ y_i(t,k) = c_i(t)x_i(t,k) + w_i(t,k) \end{cases} \tag{11.1}$$

其中, 下标 i 表示子系统的序号; $t \in \{0,1,\cdots,T\}$ 表示一个运行过程中的不同时刻; $k = 1,2,\cdots$ 表示不同的运行过程; $u_i(t,k) \in \mathbb{R}$, $x_i(t,k) \in \mathbb{R}^{n_i}$, $y_i(t,k) \in \mathbb{R}$ 分别表示第 i 个子系统的输入、状态及输出. 记

$$x(t,k) = [x_1^{\mathrm{T}}(t,k),\cdots,x_n^{\mathrm{T}}(t,k)]^{\mathrm{T}} \tag{11.2}$$

它表示整个大规模系统的状态向量. $f_i(t,x(t,k))$ 表示第 i 个子系统的系统矩阵, 而 $c_i(t)$、$b_i(t,x(t,k))$ 分别为适当维数的未知输出与输入系数矩阵. 这里 $f_i(t,x(t,k))$ 表示不同子系统之间未知的影响关系.

对每个子系统, 跟踪目标为 $y_i(t,d), t \in \{0,1,\cdots,T\}$.

用 $\mathcal{F}_{i,k} \triangleq \sigma(y_i(t,j),\ x(t,j),\ w_i(t,j),\ 0 \leqslant j \leqslant k,\ t \in \{0,1,\cdots,T\})$ 表示非降 σ 代数, 由 $y_i(t,j)$, $x(t,j)$, $w_i(t,j)$, $0 \leqslant j \leqslant k$, $t \in \{0,1,\cdots,T\}$ 所产生. 用 $\mathcal{F}_{i,k}^y \triangleq \sigma(y_i(t,j),\ 0 \leqslant j \leqslant k,\ t \in \{0,1,\cdots,T\})$ 表示另一非降 σ 代数, 由 $y_i(t,j)$, $0 \leqslant j \leqslant k$, $t \in \{0,1,\cdots,T\}$ 产生. 对第 i 个子系统, 容许控制定义为

$$U_i = \{u_i(t,k+1) \in \mathcal{F}_{i,k}^y, \sup_k \|u_i(t,k)\| < \infty, \text{a.s. } t \in \{0,1,\cdots,T-1\},\quad k = 0,1,2,\cdots\}$$

本章控制目标为寻找控制序列 $\{u_i(t,k), k = 0,1,2,\cdots\} \in U_i$, $\forall i = 1,\cdots,n$, 使得下述跟踪误差指标达到最小

$$V_i(t) = \limsup_n \frac{1}{n}\sum_{k=1}^{n} \|y_i(t,d) - y_i(t,k)\|^2, \quad \forall t \in \{0,1,\cdots,T\} \tag{11.3}$$

注记 11.1　从 U_i 的定义可知, 每个子系统的控制仅能根据自身的输入/输出信号及跟踪目标设计控制更新律, 故为分散式控制律. 各子系统之间的关联通过状态信号相互影响, 但影响函数 $f_i(\cdot)$ 未知.

对第 i 个子系统 (11.1), $\forall i \in \{1,\cdots,n\}$, 有如下假设条件.

A 11.1　跟踪目标 $y_i(t,d)$ 可实现, 即存在目标输入 $u_i(t,d)$ 及初始状态信号 $x_i(0,d)$ 使得

$$\begin{cases} x_i(t+1,d) = f_i(t,x(t,d)) + b_i(t,x(t,d))u_i(t,d) \\ y_i(t,d) = c_i(t)x_i(t,d) \end{cases} \tag{11.4}$$

其中, $x(t,d)$ 的定义类似式 (11.2).

A 11.2　初始状态渐近精确重置, 即 $x_i(0,k) - x_i(0,d) \xrightarrow[k\to\infty]{} 0$.

A11.3　函数 $f_i(\cdot,\cdot)$ 与 $b_i(\cdot,\cdot)$ 关于第二个变量为连续函数.

实际上, 从后续引理及定理的证明中可以看出, 对非线性函数 $f_i(t,x)$ 及 $b_i(t,x)$, 允许其在 $x=x(t,d)$ 以外的其他位置存在不连续点. 但是由于 $x=x(t,d)$ 是未知的, 所以我们使用这一假设条件.

A11.4　输入/输出耦合常数 $c_i(t+1)b_i(t,x)$ 的值未知, 但符号已知且不为 0. 不失一般性, 假定 $c_i(t+1)b_i(t,x)>0$.

A11.5　量测噪声 $\{w_i(t,k)\}$ 对每一时刻 t 关于过程 k 为相互独立的随机变量且 $Ew_i(t,k)=0$, $\sup_k Ew_i^2(t,k)<\infty$, 及

$$\lim_{n\to\infty}\frac{1}{n}\sum_{k=1}^{n}w_i^2(t,k)=R_i^t,\quad \text{a.s.}\quad \forall t\in[0,T] \tag{11.5}$$

其中, R_i^t 未知.

在大规模系统中, 经常存在如下两种情形. 一是由于存在数据随机丢失, 而当数据丢失时系统输入不发生更新, 从而子系统存在不更新的过程. 二是在实际运行中, 各子系统的运行效率不同, 因而不同子系统的更新未必一致. 因此在每个更新过程中, 仅有 $\{1,\cdots,n\}$ 的某个子集所对应的那些子系统发生更新.

为后面方便表述, 记

$$\begin{aligned}
&f_i(t,k)\triangleq f_i(t,x(t,k)),\quad f_i(t,d)\triangleq f_i(t,x(t,d))\\
&b_i(t,k)\triangleq b_i(t,x(t,k)),\quad b_i(t,d)\triangleq b_i(t,x(t,d))\\
&e_i(t,k)\triangleq y_i(t,d)-y_i(t,k)\\
&\delta x_i(t,k)\triangleq x_i(t,d)-x_i(t,k),\quad \delta u_i(t,k)\triangleq u_i(t,d)-u_i(t,k)\\
&\delta f_i(t,k)\triangleq f_i(t,d)-f_i(t,k),\quad \delta b_i(t,k)\triangleq b_i(t,d)-b_i(t,k)\\
&c^+f_i(t,k)\triangleq c(t+1)f_i(t,k),\quad c^+b_i(t,k)\triangleq c(t+1)b_i(t,k)
\end{aligned}$$

11.3　最优控制

本节将给出式 (11.3) 所定义指标的最优值, 并指出如何达到这个最优值. 为此, 我们需要如下引理.

引理 11.1　对系统 (11.1), 设 A11.1~A11.3 成立, 若 $\forall i=1,2,\cdots,n$, $\lim\limits_{k\to\infty}\delta u_i(t,k)=0$, $s=0,1,\cdots,t$, 则 $\forall i$, 对 $t+1$ 时刻有

$$\|\delta x_i(t+1,k)\|\xrightarrow[k\to\infty]{}0,\quad \|\delta f_i(t+1,k)\|\xrightarrow[k\to\infty]{}0,\quad \|\delta b_i(t+1,k)\|\xrightarrow[k\to\infty]{}0$$

本引理的证明与引理 2.1 相同, 从略.

至此, 我们有如下关于最优控制的存在性定理.

定理 11.1　对系统 (11.1) 及指标 (11.3), 设 A11.1~A11.5 成立. 对任意容许控制序列 $\{u_i(t,k), i=1,\cdots,n, t\in[0,T]\}$ 有

$$V_i(t) \geqslant R_i^t, \quad \text{a.s.} \quad \forall i, t$$

当 $\delta u_i(t,k) \xrightarrow[k\to\infty]{} 0$ 时, 上述不等式取等号. 进而, 任意满足 $\delta u_i(t,k) \xrightarrow[k\to\infty]{} 0$ 的输入序列 $\{u_i(t,k)\}$ 均为最优控制序列, 即使上式等号成立.

证明: 由 A11.5 及 $\mathcal{F}_{i,k}$ 的定义知, $\mathcal{F}_{i,k}$ 与 $\{w_i(t,l), l=k+j, j=1,2,\cdots,\forall i, \forall t\in[0,T]\}$ 相互独立, $\{w_i(t,k), \mathcal{F}_{i,k}\}$ 为鞅差列, 且 $\sup_k E[w_i^2(t,k)|\mathcal{F}_{i,k}] < \infty$ a.s. 同时, 输入/输出信号及状态变量关于 $\mathcal{F}_{i,k}$ 均为适应信号. 于是由式 (11.1) 可知

$$\begin{aligned}
V_i(t) =& \limsup_{n\to\infty} \frac{1}{n}\sum_{k=1}^{n} |y_i(t,d)-y_i(t,k)|^2 \\
=& \limsup_{n\to\infty} \frac{1}{n}\sum_{k=1}^{n} |c(t)(x_i(t,d)-x_i(t,k))-w_i(t,k)|^2 \\
=& \limsup_{n\to\infty} \frac{1}{n}\sum_{k=1}^{n} |c(t)(x_i(t,d)-x_i(t,k))|^2(1+o(1)) + \limsup_{n\to\infty} \frac{1}{n}\sum_{k=1}^{n} w_i^2(t,k) \\
\geqslant& \limsup_{n\to\infty} \frac{1}{n}\sum_{k=1}^{n} w_i^2(t,k) \\
=& R_i^t
\end{aligned}$$

其中, 第三个等号成立是由文献 [51] 的定理 2.8 所保证, $o(1) \xrightarrow[n\to\infty]{} 0$. 上面不等号变为等号的充要条件是

$$\limsup_{n\to\infty} \frac{1}{n}\sum_{k=1}^{n} |c(t)(x_i(t,d)-x_i(t,k))|^2 = 0$$

若控制序列满足 $\delta u_i(t,k) \xrightarrow[k\to\infty]{} 0, \forall i, t\in[0,T]$, 由引理 11.1 知上式成立, 此时跟踪误差达到最小. 定理证毕. ■

11.4　迭代学习控制及其收敛性

在每个迭代批次 k, 并不是所有的子系统都会发生更新动作, 因此构造异步的分散式迭代学习控制律对大规模系统的控制更有意义. 为此, 我们以 $Y_k \subseteq \{1,2,\cdots,n\}$ 表示在整体系统第 k 次更新时, 所发生更新的子系统的序号集合. 以 $v(i,k)$ 表示到第 k 批次时, 第 i 个子系统已经累积更新的次数, 即 $v(i,k)=\sum_{m=1}^{k} I\{i\in Y_m\}$, 其中 $I\{A\}$ 为示性函数, 当其所指代的随机事件 A 发生时取值为 1, 否则取值为 0.

虽然每个子系统并不需要在每个迭代批次都参与更新, 但其仍需要有足够频率的更新. 为此, 我们给出如下假设.

A11.6 *存在足够大的正整数 K, 使得 $\forall k, i$, 有*

$$v(i,k+K)-v(i,k)>0,\quad \forall i=1,2,\cdots,n,\quad \forall k=1,2,\cdots \tag{11.6}$$

这一条件实际上相当于存在足够大的正整数 K, 使得整体系统每发生 K 次更新, 第 i 个系统至少参与其中一次输入更新. K 值不要求已知, 只要求存在.

现在给出异步分散式迭代学习控制算法, 以使得跟踪指标 (11.3) 达到最小. 对第 i 个子系统, 其在第 $k+1$ 批次的输入信号 $u_i(t,k+1)$ 定义如下

$$u_i(t,k+1)=u_i(t,k)+a(v(i,k))I\{i\in Y_k\}e_i(t+1,k) \tag{11.7}$$

其中, $a(k)$ 为学习步长, 满足

$$a(k)>0,\quad \sum_{k=0}^{\infty}a(k)=\infty,\quad \sum_{k=0}^{\infty}a(k)^2<\infty \tag{11.8}$$

$$a(j)=a(k)\big(1+O(a(k))\big) \tag{11.9}$$

$\forall j=k-K+1,\cdots,k-1,k,\ k\to\infty$.

显然 $a(k)=\dfrac{1}{k+1}$ 满足式 (11.8) 和式 (11.9).

注记 11.2 *Y_k 是所有子系统标号 $\{1,2,\cdots,n\}$ 的子集, 表示在第 k 次更新时发生更新的子系统标号的集合. Y_k 是随机集合, 体现了各子系统运行的异步性. 而 $v(i,k)$ 表示整体系统已发生 k 次更新时, 第 i 个子系统真实发生更新的次数, $v(i,k)\leqslant k$.*

注记 11.3 *上述算法 (11.7) 本质上是异步随机逼近算法, 而异步随机逼近算法在很多文献中都有研究, 如文献 [159]~[162] 及其参考文献. 基于随机逼近的迭代学习控制首先由文献 [40] 和文献 [52] 给出, 然而, 这些文献考虑的都是同步集中式的算法.*

对任意固定时刻 t, 我们改写算法 (11.7) 为

$$\begin{aligned}u_i(t,k+1)=&u_i(t,k)+a(v(i,k))I\{i\in Y_k\}\times(y_i(t+1,d)-y_i(t+1,k))\\=&u_i(t,k)+a(v(i,k))I\{i\in Y_k\}\\&\times[c^+b_i(t,k)\delta u_i(t,k)+\varphi_i(t,k)-w_i(t+1,k)]\end{aligned}$$

或

$$\begin{aligned}\delta u_i(t,k+1)=&\delta u_i(t,k)-a(v(i,k))I\{i\in Y_k\}\\&\times[c^+b_i(t,k)\delta u_i(t,k)+\varphi_i(t,k)-w_i(t+1,k)]\end{aligned} \tag{11.10}$$

其中

$$\varphi_i(t,k)=c^+\delta f_i(t,k)+c^+\delta b_i(t,k)u_i(t,d) \tag{11.11}$$

在此算法中, 噪声分为两部分, 其中 $I\{i\in Y_k\}\varphi_i(t,k)$ 为结构噪声, 而 $I\{i\in Y_k\}w_i(t+1,k)$ 为量测噪声.

定理 11.2　考虑系统 (11.1) 及跟踪指标 (11.3), 假定 A11.1~A11.6 成立, $i=1,\cdots,n$, 则由算法 (11.7) 给出的控制序列 $\{u_i(t,k)\}$ 为最优控制序列.

证明: 我们将沿时间 t 归纳地完成证明, 证明同时对所有子系统进行.

任意固定子系统 i, 对时刻 $t=0$, 此时算法 (11.7) 为

$$\delta u_i(0,k+1)=(1-\alpha_k h_k)\delta u_i(0,k)-\beta_k\epsilon_{k+1} \tag{11.12}$$

其中

$$\begin{aligned}
\alpha_k &\triangleq a(v(i,k))\\
\beta_k &\triangleq a(v(i,k))I\{i\in Y_k\}\\
h_k &\triangleq I\{i\in Y_k\}c^+b_i(0,k)\\
\epsilon_{k+1} &\triangleq \varphi_i(0,k)-w_i(1,k)
\end{aligned}$$

显然, $\sum\limits_{k=1}^{\infty}\alpha_k=\infty$. 由 $v(i,k)$ 与 Y_k 定义, 集合 $\{\beta_k\}$ 中的非零元素与集合 $\{a(0), a(1), a(2), \cdots\}$ 中的元素形成一对一关系. 因此, 根据式 (11.8) 有 $\sum\limits_{k=1}^{\infty}\beta_k^2<\infty$. 由

$$v(i,k)=v(i,l)+\sum_{j=l+1}^{k}I\{i\in Y_j\} \tag{11.13}$$

可得 $v(i,k)\leqslant v(i,j)+K$, 根据式 (11.9) 可知, 随着 $k\to\infty$, 对 $j=k-K+1,\cdots,k-1,k$, 有

$$\begin{aligned}
a(v(i,j))&=a(v(i,k))\big(1-\frac{a(v(i,k))-a(v(i,j))}{a(v(i,k))}\big)\\
&=a(v(i,k))(1+O(a(v(i,k))))
\end{aligned}$$

即 $\forall j=k-K+1,\cdots,k-1,k$ 使得

$$\alpha_j=\alpha_k(1+O(\alpha_k)) \tag{11.14}$$

根据 A11.3, $b_i(0,s)$ 关于 s 为连续函数, 因此由 A11.2 可知 $b_i(0,k)\xrightarrow[k\to\infty]{}b_i(0,d)$ 且 $c^+b_i(0,k)$ 收敛至某一个正常数. 进而, 由 A11.6 可得对足够大的 k, 有

$$\sum_{j=k-K+1}^{k} -h_j < -\gamma, \quad \gamma > 0 \tag{11.15}$$

令 $\phi_{k,j} \triangleq (1-\alpha_k h_k)\cdots(1-\alpha_j h_j)$, $k \geqslant j$, $\phi_{j,j+1} \triangleq 1$.
对所有足够大的 j, 记 $j \geqslant j_0$, 有 $1-\alpha_j h_j > 0$.
根据式 (11.14) 和式 (11.15), 对任意 $k \geqslant j+K$, $j \geqslant j_0$, 可得

$$\begin{aligned}
\phi_{k,j} =& \phi_{k-K,j}\left(1-\sum_{l=k-K+1}^{k}\alpha_l h_l + o(\alpha_k)\right)\\
=& \phi_{k-K,j}\left(1-\alpha_k\sum_{l=k-K+1}^{k} h_l + o(\alpha_k)\right)\\
\leqslant& \phi_{k-K,j}(1-\beta\alpha_k + o(\alpha_k))\\
=& \phi_{k-K,j}\left(1-\frac{\beta}{K}\sum_{l=k-K+1}^{k}\alpha_l + o(\alpha_k)\right)\\
\leqslant& \exp\left(-c\sum_{l=k-K+1}^{k}\alpha_l\right)\phi_{k-K,j}, \quad c>0
\end{aligned}$$

由此可知, 对某常数 $c_1 > 0$, $\phi_{k,j} \leqslant c_1 \exp\left(-\frac{c}{2}\sum_{l=j}^{k}\alpha_l\right)$, $\forall j \geqslant j_0$, 且存在一个合适的常数 c_2 使得 $|\phi_{k,j}| \leqslant c_2 \exp\left(-\frac{c}{2}\sum_{l=j}^{k}\alpha_l\right)$ $\forall k \geqslant j+K$, $j \geqslant j_0$.

因此, $\forall k \geqslant j_0 + K$, $\forall j \geqslant 0$, 有

$$|\phi_{k,j}| \leqslant |\phi_{k,j_0}|\cdot|\phi_{j_0-1,j}| \leqslant c_0 \exp\left(-\frac{c}{2}\sum_{l=j}^{k}\alpha_l\right) \tag{11.16}$$

其中, $c_0 > 0$ 为适当的常数.

从式 (11.12) 可知

$$\delta u_i(0,k+1) = \phi_{k,0}\delta u_i(0,0) + \sum_{j=0}^{k}\phi_{k,j+1}\beta_j\epsilon_{j+1} \tag{11.17}$$

其中, 基于式 (11.16) 可知式 (11.17) 右侧的第一项随着 $k\to\infty$ 而趋于零.

由 A11.2 和 A11.3 可知 $\varphi_i(0,k) \xrightarrow[k\to\infty]{} 0$.

由 A11.5 可知

$$\sum_{k=1}^{\infty}\beta_k w_i(1,k)<\infty \tag{11.18}$$

由于 $\epsilon_{k+1}\triangleq\varphi_i(0,k)-w_i(1,k)$, 式 (11.17) 的最后一项因此随 $k\to\infty$ 而趋于零. 针对这一点, 可类似于文献 [41] 中引理 3.1.1 的方法进行证明. 因此, 控制序列 $u_i(0,k)\xrightarrow[k\to\infty]{}u_i(0,d)$ 的最优性得证.

归纳地, 假定定理结论对时刻 $t=0,1,\cdots,s-1$ 成立. 接下来证明结论对时刻 $t=s$ 仍旧成立.

根据归纳假设有

$$\delta u_i(t,k)\xrightarrow[k\to\infty]{}0$$

其中, $i=1,\cdots,n$, $t=0,1,\cdots,s-1$, 进而根据引理 11.1 有

$$\begin{aligned}&\delta x_i(s,k)\xrightarrow[k\to\infty]{}0\\&\delta f_i(s,k)\xrightarrow[k\to\infty]{}0\\&\delta b_i(s,k)\xrightarrow[k\to\infty]{}0,\quad\forall i=1,2,\cdots,n\end{aligned}$$

因此, 可知

$$\varphi_i(s,k)\xrightarrow[k\to\infty]{}0,\quad\forall i=1,2,\cdots,n$$

类似于时刻 $t=0$ 情形的证明, 我们可以得出 $u_i(s,k)\xrightarrow[k\to\infty]{}u_i(s,d)$, $\forall i$. 这说明定理结论对时刻 $t=s$ 仍成立. 定理证毕. ■

接下来考虑子系统之间的通信延迟问题. 对很多实际系统, 第 i 个子系统在第 k 批次的信息可能不能在 $k+1$ 批次时就传到第 j 个子系统, 而会在之后的某个批次传到.

为此, 令第 i 个子系统由下式刻画

$$\begin{cases}x_i(t+1,k)=f_i(t,\overline{x}(t,k))+b_i(t,\overline{x}(t,k))u_i(t,k)\\y_i(t,k)=c_i(t)x_i(t,k)+w_i(t,k)\end{cases}\tag{11.19}$$

其中

$$\overline{x}(t,k))\triangleq[x_1^{\mathrm{T}}(t,k-\tau_{1i}(k)),\cdots,x_n^{\mathrm{T}}(t,k-\tau_{ni}(k))]^{\mathrm{T}} \tag{11.20}$$

其中, $\tau_{ji}(k)>0$, $j\neq i$ 表示第 i 个子系统在第 k 批次接收到来自第 j 个子系统的延迟, 而每个子系统获取自身信息则没有任何延迟, 即 $\tau_{ii}=0$. 换言之, 在第 k 批次, 第 i 个子系统所接收到的来自第 j 个子系统的信息为 $x_j(t,k-\tau_{ji}(k))$, 而 $m>k-\tau_{ji}(k)$ 批次时的信息 $x_j(t,m)$ 无法被第 i 个子系统在第 k 批次时接收到.

对这一延迟 $\tau_{ji}(k)$ 问题, 有如下条件.

A11.7 存在整数 M 使得 $\tau_{ji}(k) < M,\ \ \forall j, i, k$.

定理 11.3 考虑系统 (11.19) 及跟踪指标 (11.3), 假定 A11.1~A11.7 成立, $i = 1, \cdots, n$, 则由算法 (11.7) 给出的控制序列 $\{u_i(t,k)\}$ 为最优控制序列.

证明框架: 直观上容易理解, 只要子系统之间的通信延迟一致有界, 算法的收敛性就成立. 这是因为各个子系统所接收到的信息有早有晚. 更确切地说, 对第 i 个子系统, 通信延迟 $\{\tau_{ji}(k)\}$ 的影响包含在由式 (11.11) 所定义的 $\varphi_i(t,k)$ 中, 而在算法收敛性的分析中最关键的步骤是证明 $\varphi_i(t,k) \xrightarrow[k\to\infty]{} 0$. 注意到式 (11.19) 与式 (11.20), 我们可以看出, 无论 $\tau_{ji}(k) = 0$ 还是 $\tau_{ji}(k) > 0$, 只要 $\{\tau_{ji}(k)\}$ 有界, 则随着 $k \to \infty$ 有 $\varphi_i(t,k)$ 趋于零. 因此, 完全类似于定理 11.2 的证明步骤可知本定理成立. ■

注记 11.4 在 A11.4 中, 我们假定 $c^+ b_i(t,k)$ 的符号是已知的, 但实际系统中 $c^+ b_i(t,k)$ 未知的情形同样值得研究. 针对这种情形, 我们可以用类似第 7 章的方法对算法 (11.7) 进行修正, 修改为基于扩张截断的随机逼近算法. 其核心思想是: 若控制算法取到了错误的控制方向, 则系统输出将会发散并达到截断界, 进而控制算法切换到正确的控制方向并同时扩大截断界. 类似第 7 章的证明步骤, 可以证明上述扩张截断仅有有限次, 且之后算法变为具有正确控制方向的式 (11.7), 由此可得出控制序列的最优性.

11.5 仿真算例

对大规模系统而言, 其子系统个数 n 都是比较大的数. 这里为了表述方便, 考虑 $n = 3$ 的情况.

三个子系统分别以下标 1、2、3 进行区分, 且表达式如下

$$
\begin{aligned}
x_1(t+1,k) &= 1.05x_1(t,k) + 0.2\sin(x_2(t,k-\tau_{21}(k))) + 0.45u_1(t,k)\\
y_1(t,k) &= x_1(t,k) + w_1(t,k)\\
x_2(t+1,k) &= 1.1x_2(t,k) + 0.2\sin(x_3(t,k-\tau_{32}(k))) + 0.5u_2(t,k)\\
y_2(t,k) &= x_2(t,k) + w_2(t,k)\\
x_3(t+1,k) &= 0.33\sin(x_1(t,k-\tau_{13}(k))) + 1.15x_3(t,k) + 0.8u_3(t,k)\\
y_3(t,k) &= x_3(t,k) + w_3(t,k)
\end{aligned}
$$

其中, $t \in \{1, \cdots, 8\}$. 假定噪声为 $w_i(t,k) \in \mathcal{N}(0, 0.01)$, $i = 1,2,3$. 从第 i 个子系统到第 j 个子系统的延迟 $\tau_{ij}(k)$ 以概率 $p = 0.5$ 随机地取值为 1 或 0, $i, j \in \{1,2,3\}$.

为模拟数据丢失, 即在条件 A11.6 下实现随机异步控制更新. 这里取 $K = 3$. 迭代批次按照三个一组进行分组, 即 $\{1,2,3\}$, $\{4,5,6\}$, $\{7,8,9\}$, $\cdots$, 然后在每一组

中随机选取一个批次不进行更新.

对三个子系统, 跟踪目标分别为 $y_1(t,d)=2.4t$, $y_2(t,d)=2t$, $y_3(t,d)=2.3t$, $t\in\{1,\cdots,8\}$. 初始批次的输入设定为 $u_1(t,0)=u_2(t,0)=u_3(t,0)\equiv 0$, $\forall t\in\{1,\cdots,8\}$.

控制算法运行 300 批次. 三个子系统在第 300 批次的输出跟踪效果分别在图 11.1、图 11.2 及图 11.3 中给出, 其中在每个图中, 实线表示跟踪目标, 带圆圈的虚线表示子系统的输出.

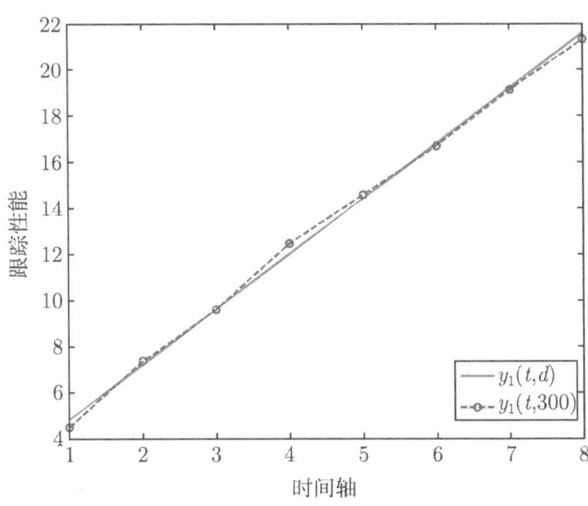

图 11.1　$y_1(t,300)$ 与 $y_1(t,d)$

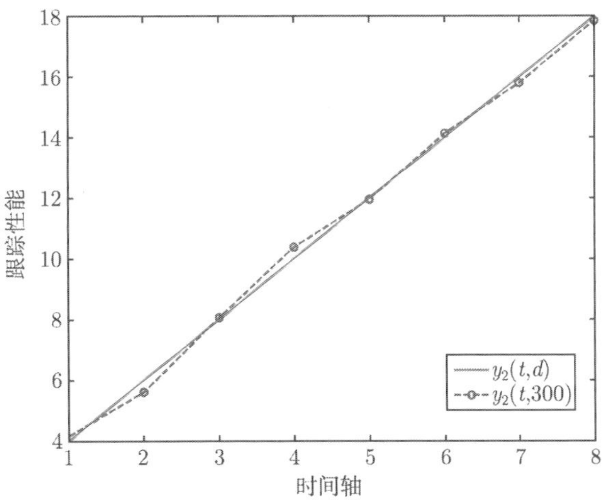

图 11.2　$y_2(t,300)$ 与 $y_2(t,d)$

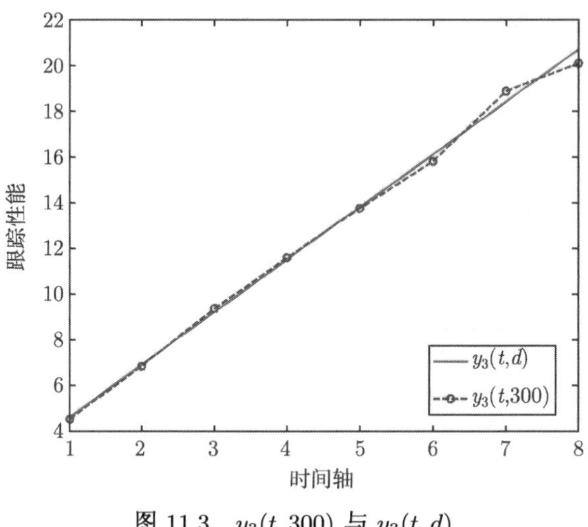

图 11.3　$y_3(t,300)$ 与 $y_3(t,d)$

为了给出跟踪误差曲线, 任选 $t=3$ 与 $t=5$ 两个时刻. 三个子系统的跟踪误差曲线分别展示在图 11.4、图 11.5 与图 11.6 中.

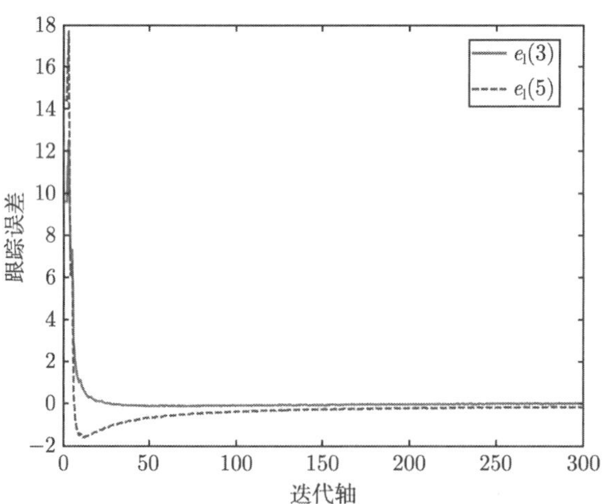

图 11.4　时刻 $t=3$ 与 $t=5$ 的跟踪误差 $e_1(t,k)$

从上述图中可以看出, 本章所给出的异步迭代学习控制对大规模系统具有良好的控制性能.

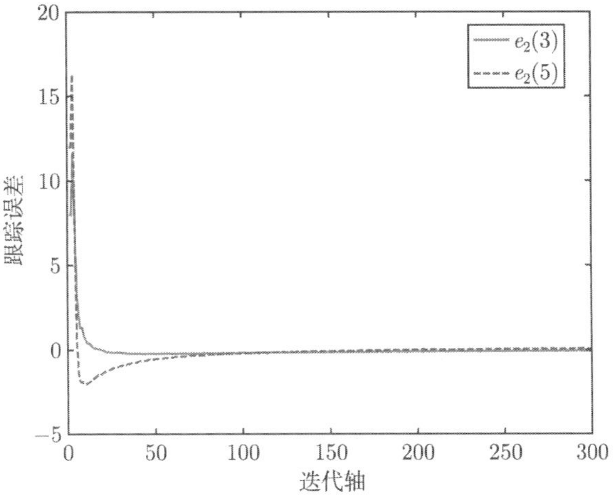

图 11.5　时刻 $t = 3$ 与 $t = 5$ 的跟踪误差 $e_2(t, k)$

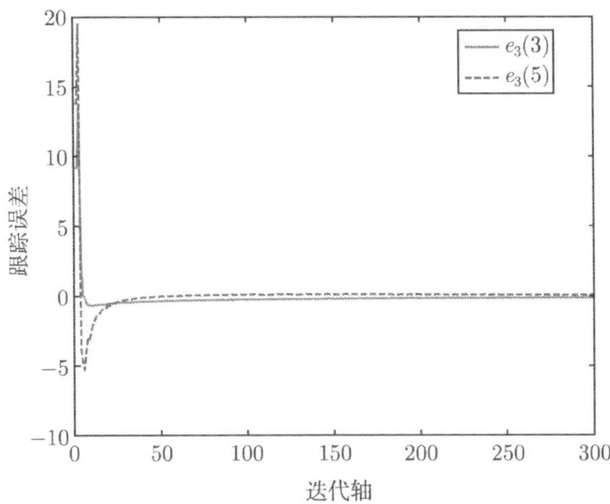

图 11.6　时刻 $t = 3$ 与 $t = 5$ 的跟踪误差 $e_3(t, k)$

11.6　本 章 小 结

本章给出了含有量测噪声的大规模系统的迭代学习控制. 由于实际系统中或存在传输数据丢失, 或因各子系统运行效率不同, 往往不能实现同步更新, 所以本章构造了异步的分布式迭代学习控制更新律, 每个子系统仅根据自己的输入/输出信息及跟踪目标调整输入信号. 所给算法以概率 1 收敛到最优控制. 进而, 将算法应用于存在过程传输延迟的大规模系统, 同样得到了以概率 1 收敛到最优控制的结果.

附录　随机逼近算法

许多控制问题最终都可以转化为求解未知函数零点的问题, 而且函数的观测值往往存在量测噪声, 随机逼近算法便可以用于解决这类问题. 随机逼近算法由 Robbins 和 Monro 在 1951 年首先提出[163], 其收敛性分析已经有多种方法, 如概率方法[164]、ODE 方法[44]、弱收敛方法[165] 等. 由 Chen[41] 给出的基于轨线子序列 (TS) 分析的扩张截断随机逼近算法, 对算法的稳定性条件及噪声条件要求均最弱.

令 $f(\cdot):\mathbb{R}^p\to\mathbb{R}^p$ 及 $J\triangleq\{x:f(x)=0\}$, 取正实数列 M_k 满足

$$M_{k+1}>M_k,\quad M_k\xrightarrow[k\to\infty]{}\infty$$

考虑算法

$$x_{k+1}=(x_k+a_ky_{k+1})I_{[\|x_k+a_ky_{k+1}\|\leqslant M_{\sigma_k}]}+x^*I_{[\|x_k+a_ky_{k+1}\|>M_{\sigma_k}]}\tag{A.1}$$

$$y_{k+1}=f(x_k)+\epsilon_{k+1}\tag{A.2}$$

$$\sigma_k=\sum_{i=1}^{k-1}I_{[\|x_i+a_iy_{i+1}\|>M_{\sigma_i}]},\quad \sigma_0=0\tag{A.3}$$

其中, y_{k+1} 为 $f(\cdot)$ 在 x_k 处的量测; ϵ_{k+1} 为量测噪声; a_k 为步长因子; x_k 为对 $f(\cdot)$ 的零点集 J 的逼近. 下述定理来自文献 [41].

定理 A.1　假定下述条件 AA.1~AA.4 成立.

AA.1　$a_k>0$, $a_k\xrightarrow[k\to\infty]{}0$, 且 $\sum_{k=1}^{\infty}a_k=\infty$.

AA.2　存在连续可微函数 $v(\cdot):\mathbb{R}^p\to\mathbb{R}$ 使得对任意 $\Delta>\delta>0$, 有

$$\sup_{\delta\leqslant d(x,J)\leqslant\Delta}f^{\mathrm{T}}(x)\frac{\partial v(x)}{\partial x}<0$$

其中, $d(x,J)=\inf_y\|x-y\|, y\in J$, 且 $v(J)$ 无处稠密. 还要求存在 $c_0>0$ 使得 $\|x^*\|<c_0$ 且 $v(x^*)<\inf_{\|x\|=c_0}v(x)$.

AA.3　定义

$$m(k,T)\triangleq\max\left\{m:\sum_{i=k}^{m}a_i\leqslant T\right\}$$

对任意收敛的 x_{n_k} 下标 $\{n_k\}$, 对足够大的 K, 下式成立

$$\lim_{T\to0}\limsup_{k\to\infty}\frac{1}{T}\left\|\sum_{i=n_k}^{m(n_k,T_k)}a_i\epsilon_{i+1}I_{[\|x_i\|\leqslant K]}\right\|=0,\quad\forall T_k\in[0,T]$$

AA.4　$f(\cdot)$ 可测且局部有界, 则对任意初始值 x_0, 由式 (A.1)~式 (A.3) 定义的算法所定义的 x_k 满足

$$d(x_k, J) \xrightarrow[k\to\infty]{} 0, \quad \text{a.s.}$$

定理 A.1 考虑时不变回归函数 $f(\cdot)$, 但也可讨论时变回归函数 $f_k(\cdot)$

$$y_{k+1} = f_k(x_k) + \epsilon_{k+1}$$

条件 AA.2 及 AA.4 相应地修改如下.

AA.5　存在连续可微函数 $v(\cdot): \mathbb{R}^p \to \mathbb{R}$ 使得对任意 $\Delta > \delta > 0$, 有

$$\sup_k \sup_{\delta \leqslant d(x,J) \leqslant \Delta} f_k^{\mathrm{T}}(x) v_x(x) < 0 \tag{A.4}$$

且 $v(J)$ 无处稠密, 其中 $J = \bigcup_{j=1}^{\infty} \bigcap_{k=1}^{\infty} J_{k+j}$, $J_k = \{x : f_k(x) = 0\}$; $v_x(\cdot)$ 表示 $v(\cdot)$ 的梯度. 还要求存在 $c_0 > 0$ 使得 $\|x^*\| < c_0$ 且 $v(x^*) < \inf_{\|x\|=c_0} v(x)$.

AA.6　对任意 k, $f_k(\cdot)$ 可测且一致局部有界, 即对任意常数 $c \geqslant 0$, 有

$$\sup_k \sup_{\|x\|<c} \|f_k(x)\| < \infty \tag{A.5}$$

定理 A.2　对任意初始值 x_0, $\{x_k\}$ 由算法 (A.1)~算法 (A.3) 给出. 假定 AA.1、AA.5、AA.3、AA.6 成立, 则 $d(x_k, J^*) \xrightarrow[k\to\infty]{} 0$, 其中 J^* 为 $\overline{J}$ 的连通子集, $\overline{J}$ 表示 J 的闭包.

上述定理中的算法稳定性条件是对每个回归函数 $f_k(\cdot)$ 成立的, 若 AA.5、AA.6 变为 AA.7 和 AA.8.

AA.7　存在 $K \in \mathbb{Z}^+$ 及连续可微函数 $v(\cdot): \mathbb{R}^p \to \mathbb{R}$ 使得对任意 $\Delta > \delta > 0$, 有

$$\sup_i \sup_{\delta \leqslant d(x,J) \leqslant \Delta} \sum_{k=i}^{i+K-1} f_k^{\mathrm{T}}(x) v_x(x) < 0$$
$$\sup_{\delta \leqslant d(x,J) \leqslant \Delta} f_k^{\mathrm{T}}(x) v_x(x) \leqslant 0$$

且 $v(J)$ 无处稠密, 其中 $J = \bigcup_{j=1}^{\infty} \bigcap_{k=1}^{\infty} J_{k+j}$, $J_k = \{x : f_k(x) = 0\}$; $v_x(\cdot)$ 表示 $v(\cdot)$ 的梯度. 还要求存在 $c_0 > 0$ 使得 $\|x^*\| < c_0$ 且 $v(x^*) < \inf_{\|x\|=c_0} v(x)$.

AA.8　对任意 k, $f_k(\cdot)$ 可测, 且 $\forall \theta \in \mathbb{R}^l$, $\exists r(\theta) > 0$, 使得 $\forall x, y \in \{x : \|x-\theta\| \leqslant r(\theta)\}$

$$\sup_k \|f_k(x) - f_k(y)\| \leqslant c(\theta, r)\|x - y\| \tag{A.6}$$

并且 $f_k(\cdot)$ 一致局部有界, 即对 $c \geqslant 0$

$$\sup_k \sup_{\|x\|\leqslant c} \|f_k(x)\| < \infty \tag{A.7}$$

定理 A.3 对任意初始值 x_0, $\{x_k\}$ 由算法 (式 (A.1)~式 (A.3)) 给出. 假定 AA.1、AA.3、AA.7、AA.8 成立, 则 $d(x_k, J^*) \xrightarrow[k\to\infty]{} 0$, 其中 J^* 为 $\overline{J}$ 的连通子集, $\overline{J}$ 表示 J 的闭包.

以上算法的收敛速度由下面的定理给出[41].

定理 A.4 假定定理 A.1 中的 AA.2 成立, 且同时有如下条件成立.

AA.9 $a_k > 0$, $a_k \xrightarrow[k\to\infty]{} 0$, $\sum\limits_{k=1}^{\infty} a_k = \infty$, 且

$$\frac{a_k - a_{k+1}}{a_k a_{k+1}} \xrightarrow[k\to\infty]{} \alpha \geqslant 0 \tag{A.8}$$

A A.10 对给定的样本 ω, 在式 (A.2) 中出现的噪声 $\{\epsilon_k\}$ 可分为两部分, $\epsilon_k = \epsilon_k' + \epsilon_k''$ 使得

$$\sum_{k=1}^{\infty} a_k^{1-\delta} \epsilon_k' < \infty, \quad \epsilon_k'' = O(a_k^{\delta}) \tag{A.9}$$

其中, $\delta \in (0, 1]$.

AA.11 $f(\cdot)$ 可测, 局部有界, 且在单根 x^0 处可微, 当 $x \to x^0$ 时有

$$f(x) = F(x - x^0) + \Delta(x), \quad \Delta(x^0) = 0, \quad \Delta(x) = o(\|x - x^0\|)$$

且 $F + \alpha\delta I$ 稳定, 其中 α 与 δ 分别由式 (A.8) 和式 (A.9) 给出.

那么, 由式 (A.1)~式 (A.3) 给出的 x_k 以如下速度收敛到 x^0

$$\|x_k - x^0\| = o(a_k^{\delta})$$

其中, δ 由式 (A.9) 给出.

引理 A.1 令 H_k 与 H 为 $l \times l$ 维矩阵. 假定 H 为稳定阵且 $H_k \xrightarrow[k\to\infty]{} H$. 若 $\{a_k\}$ 满足 AA.9 且 l 维向量 e_k, ν_k 满足

$$\sum_{k=1}^{\infty} a_k e_{k+1} < \infty, \qquad \nu_k \xrightarrow[k\to\infty]{} 0 \tag{A.10}$$

对任意初始值 x_0, x_k 由下式给出

$$x_{k+1} = x_k + a_k H_k x_k + a_k(e_{k+1} + \nu_{k+1}) \tag{A.11}$$

则 $x_k \xrightarrow[k\to\infty]{} 0$.

参 考 文 献

[1] Uchiyama M. Formulation of high-speed motion pattern of a mechanical arm by trial. Transactions of SICE(Soc. Instrum. Contr. Eng.), 1978, 14(6): 706-712.

[2] Arimoto S, Kawamura S, Miyazaki F. Bettering operation of robots by learning. Journal of Robotic Systems, 1984, 1(2): 123-140.

[3] Casalino G, Bartolini G. A learning procedure for the control of movements of robotic manipulators. Proceedings of IASTED Symposium on Robotics and Automation, 1984: 108-111.

[4] Craig J J. Adaptive control of manipulators through repeated trials. Proceedings of American Control Conference, 1984: 1566-1573.

[5] Moore K L. Iterative learning control control for deterministic systems. Advances in Industrial Control, London: Springer-Verlag, 1993.

[6] Bien Z, Xu J X. Iterative Learning Control - Analysis, Design, Integration and Applications. Norwell: Kluwer Academic Publishers, 1998.

[7] Chen Y Q, Wen C. Iterative learning control: Convergence, robustness and applications. LNCIS-248, London: Springer-Verlag, 1999.

[8] Xu J X, Tan Y. Linear and nonlinear iterative learning control. Lecture Notes in Control and Information Sciences, New York: Springer-Verlag, 2003.

[9] Ahn H S, Moore K L, Chen Y Q. Iterative learning control: Robustness and monotonic convergence for interval systems. Communications and Control Engineering Series, London: Springer-Verlag, 2007.

[10] Xu J X, Panda S K, Lee T H. Real-time iterative learning control. Advances in Industrial Control, London: Springer-Verlag, 2009.

[11] Owens D H. Iterative learning control-An optimization paradigm. Advances in Industrial Control, London: Springer-Verlag, 2016.

[12] Wang D W, Ye Y, Zhang B. Practical iterative learning control with frequency domain design and sampled data implementation. Advances in Industrial Control, London: Springer-Verlag, 2014.

[13] Bristow D A, Tharayil M, Alleyne A G. A survey of iterative learning control: A learning-based method for high-performance tracking control. IEEE Control Systems Magazine, 2006, 26(3): 96-114.

[14] Ahn H S, Chen Y Q, Moore K L. Iterative learning control: Survey and categorization from 1998 to 2004. IEEE Transactions on System Man and Cybernetics Part C, 2007, 37(6): 1099-1121.

[15] Wang Y, Gao F, Lii F J D. Survey on iterative learning control, repetive control and run-to-run control. Journal of Process Control, 2009, 19(10): 1589-1600.

[16] Moore K L, Xu J X. Special issue on iterative learning control. International Journal

of Control, 2000, 73(10): 819-999.

[17] Special issue on iterative learning control. Asian Journal of Control, 2002, 4(1): 1-118.

[18] Ahn H S, Moore K L. Special issue on iterative learning control. Asian Journal of Control, 2011, 13(1): 1-212.

[19] Tayebi A, Abdul S, Zaremba M B, et al. Robust iterative learning control design: Application to a robot manipulator. IEEE/ASME Transactions on Mechatronics, 2008, 13(5): 608-613.

[20] Freeman C, Lewin P, Rogers E, et al. Iterative learning control applied to a gantry robot and conveyor system. Transactions of the Institute of Measurement and Control, 2010, 32(3): 251-264.

[21] Inaba K. Iterative learning control for industrial robots with end effector sensing. Berkeley: University of California, 2008.

[22] Hoelzle D J, Alleyne A G, Johnson A J W. Iterative learning control for robotic deposition using machine vision. Proceedings of American Control Conference, Washington, 2008: 4541-4547.

[23] Chen Y Q, Moore K L, Yu J, et al. Iterative learning control and repetitive control in hard disk drive industry-A tutorial. International Journal of Adaptive Control and Signal Processing, 2008, 22(4): 325-343.

[24] Wu S C, Tomizuka M. An iterative learning control design for self-servo writing in hard disk drives. Mechatronics, 2010, 20(1): 53-58.

[25] Liu T, Gao F. IMC-based iterative learning control for batch processes with time delay variation. Journal of Process Control, 2010, 20(2): 173-180.

[26] Liu T, Gao F. Robust two-dimensional iterative learning control for batch processes with state delay and time-varying uncertainties. Chemical Engineering Science, 2010, 65(23): 6134-6144.

[27] Xu J X. A survey on iterative learning control for nonlinear systems. International Journal of Control, 2011, 84(7): 1275-1294.

[28] Tan Y, Dai H H, Huang D, et al. Unified iterative learning control schemes for nonlinear dynamic systems with nonlinear input uncertainties. Automatica, 2012, 48(12): 3173-3182.

[29] Wang Y C, Chien C J. Design and analysis of fuzzy-neural discrete adaptive iterative learning control for nonlinear plants. International Journal of Fuzzy Systems, 2013, 15(2): 149-158.

[30] Owens D H, Hätönen J. Iterative learning control-An optimization paradigm. Annual Reviews in Control, 2005, 29(1): 57-70.

[31] Zhang B, Tang G, Zheng S. PD-type iterative learning control for nonlinear time-delay system with external disturbance. Journal of Systems Engeering and Electronics, 2006, 17(3): 600-605.

[32] Chien C J, Yao C Y. An output-based adaptive iterative learning controller for high relative degree uncertain linear systems. Automatica, 2004, 40(1): 145-153.

[33] Saab S S. A discrete-time stochastic learning control algorithm. IEEE Transactions on Automatic Control, 2001, 46(6): 877-887.

[34] Saab S S. On a discrete-time stochastic learning control algorithm. IEEE Transactions on Automatic Control, 2001, 46(8): 1333-1336.

[35] Saab S S. Stochastic P-type/D-type iterative learning control algorithms. International Journal of Control, 2003, 76(2): 139-148.

[36] Saab S S. A stochastic iterative learning control algorithm with application to an induction motor. International Journal of Control, 2004, 77(2): 144-163.

[37] Saab S S. Selection of the learning gain matrix of an iterative learning control algorithm in presence of measurement noise. IEEE Transactions on Automatic Control, 2005, 50(11): 1761-1774.

[38] Saab S S. Optimal selection of the forgetting matrix into an iterative learning control algorithm. IEEE Transactions on Automatic Control, 2005, 50(12): 2039-2043.

[39] Saab S S. Optimality of first-order ILC among higher order ILC. IEEE Transactions on Automatic Control, 2006, 51(8): 1332-1336.

[40] Chen H F. Almost surely convergence of iterative learning control for stochastic systems. Science in China (Series F), 2003, 46(1): 69-79.

[41] Chen H F. Stochastic Approximation and Its Applications. Dordrecht. The Netherlands: Kluwer, 2002.

[42] Spall J C. Multivariate stochastic approximation using a simultaneous perturbation gradient approximation. IEEE Transactions on Automatic Control, 1992, 37(2): 332-341.

[43] Chen H F, Duncan T E, Pasik-Duncan B. A Kiefer-Wolfowitz algorithm with randomized differences. IEEE Transactions on Automatic Control, 1999, 44(3): 442-453.

[44] Kushner H J, Yin G. Stochastic Approximation Algorithms and Applications. New York: Springer-Verlag, 1997.

[45] Shen D, Hou Z S. Iterative learning control with unknown control direction: A novel data-based approach. IEEE Transactions on Neural Networks, 2011, 22(12): 2237-2249.

[46] Meng D, Jia Y, Du J, et al. Robust learning controller design for MIMO stochastic discrete-time systems: An H_∞-based approach. International Journal of Adaptive Control and Signal Processing, 2011, 25(7): 653-670.

[47] Butcher M, Karimi A, Longchamp R. A statistical analysis of certain iterative learning control algorithms. Internationla Journal of Control, 2008, 81(1): 156-166.

[48] Gunnarrson S, Norrlöf M. On the disturbance properties of high order iterative learning control algorithms. Automatica, 2006, 42(11): 2031-2034.

[49] Norrlöf M. Disturbance rejection using an ILC algorithm with iteration varying filters. Asian Journal of Control, 2004, 6(3): 432-438.

[50] Bristow D A. Frequency domain analysis and design of iterative learning control for systems with stochastic disturbances. The 2008 Proc. American Control Conference, Seattle, Washington, 2008: 3901-3907.

[51] Chen H F, Guo L. Identification and Stochastic Adaptive Control. Boston: Birkhäuser, 1991.

[52] Chen H F, Fang H T. Output tracking for nonlinear stochastic systems by iterative learning control. IEEE Transactions on Automatic Control, 2004, 49(4): 583-588.

[53] Shen D, Chen H F. Iterative learning control for a class of nonlinear systems. Journal of System Science and Mathematical Science, 2008, 28(9): 1053-1064.

[54] Shen D, Chen H F. A Kiefer-Wolfowitz algorithm based iterative learning control for Hammerstein-Wiener systems. Asian Journal of Control, 2012, 14(4): 1070-1083.

[55] Ahn H S, Chen Y Q, Moore K L. Intermittent iterative learning control. Proceedings of the 2006 IEEE International Symposium on Intelligent Control, Munich, 2006: 832-837.

[56] Ahn H S, Moore K L, Chen Y Q. Discrete-time intermittent iterative learning controller with independent data dropouts. Proceedings of the 2008 IFAC World Congress, Seoul, 2008: 12442-12447.

[57] Ahn H S, Moore K L, Chen Y Q. Stability of discrete-time iterative learning control with random data dropouts and delayed controlled signals in networked control systems. Proceedings of the IEEE International Conference Control Automation, Robotics and Vision, 2008: 757-762.

[58] Bu X, Hou Z S, Yu F. Stability of first and high order iterative learning control with data dropouts. International Journal of Control, Automation and Systems, 2011, 9(5): 843-849.

[59] Bu X, Yu F, Hou Z S, et al. Iterative learning control for a class of nonlinear systems with measurement dropouts. Control Theory & Applications, 2012, 29(11): 1458-1464.

[60] Bu X, Yu F, Hou Z S, et al. Iterative learning control for a class of nonlinear systems with random packet losses. Nonlinear Analysis: Real World Applications, 2013, 14(1): 567-580.

[61] Bu X, Hou Z S, Yu F, et al. H_∞ iterative learning controller design for a class of discrete-time systems with data dropouts. International Journal of Systems Science, 2014, 45(9): 1902-1912.

[62] Liu C, Xu J X, Wu J. Iterative learning control for network systems with communication delay or data dropout. Proc. Joint 48th IEEE Conf. Decision and Control and 28th Chineses Control Conference, Shanghai, 2009: 4858-4863.

[63] Sinopoli B, Schenato L, Franceschetti M, et al. Kalman filtering with intermittent

observations. IEEE Transactions on Automatic Control, 2004, 49(9): 1453-1464.

[64] Shen D, Chen H F. Iterative learning control for large scale nonlinear systems with observation noise. Automatica, 2012, 48(3): 577-582.

[65] Li X D, Chow T W S, Ho J K L. 2D system theory based iterative learning control for linear continuous systems with time delays. IEEE Transactions on Circuits and Systems, 2005, 52(7): 1421-1430.

[66] Meng D, Jia Y, Du J, et al. Robust iterative learning control design for uncertain time-delay systems based on a performance index. IET Control Theory and Applications, 2010, 4(5): 759-772.

[67] Shen D, Mu Y, Xiong G. Iterative learning control for non-linear systems with dead-zone input and time delay in presence of measurement noise. IET Control Theory and Applications, 2011, 5(12): 1418-1425.

[68] Xu J X, Chen Y, Lee T H, et al. Terminal iterative learning control with an application to RTPCVD thickness control. Automatica, 1999, 35(9): 1535-1542.

[69] Chen Y, Xu J X, Wen C. A high-order terminal iterative learning control scheme. Proceedings of the 36th Conference on Decision and Control, 1997: 3771-3772.

[70] Zhang L P, Yang F W. Study on the application of iterative learning control to terminal control of linear time-varying systems. Acta Automatica Sinica, 2005, 31(2): 309-313.

[71] Gauthier G, Boulet B. Terminal iterative learning control design with singular value decomposition decoupling for thermoforming ovens. Proceedings of American Control Conference, 2009: 1640-1645.

[72] Gauthier G, Boulet B. Robust design of terminal ILC with an internal model control using μ -analysis and a genetic algorithm approach. Proceedings of American Control Conference, 2010: 2069-2075.

[73] Boudria S, Gauthier G. High order robust terminal iterative learning control design using genetic algorithm. Proceedings of the 38th Annual Conference on IEEE Industrial Electronics Society, 2012: 2313-2318.

[74] Xu J X, Huang D. Initial state iterative learning for final state control in motion systems. Automatica, 2008, 44(12): 3162-3169.

[75] Hou Z, Wang Y, Yin C, et al. Terminal iterative learning control based station stop control of a train. International Journal of Control, 2011, 84(7): 1263-1274.

[76] Chi R, Wang D, Hou Z, et al. Data-driven optimal terminal iterative learning control. Journal of Process Control, 2012, 22(10): 2026-2037.

[77] Son T D, Ahn H S. Terminal iterative learning control with multiple intermediate pass points. Proceedings of American Control Conference, 2011: 3651-3656.

[78] Park J, Chang P H, Park H S, et al. Design of learning input shaping techniques for residual vibration suppression in an industrial robot. IEEE/ASME Trans. Mechatronics, 2006, 11(1): 55-65.

[79] van de Wijdeven J, Bosgra O. Residual vibration suppression using Hankel iterative learning control. International Journal of Robust and Nonlinear Control, 2008, 18(10): 1034-1051.

[80] Ding H, Wu J. Point-to-point control for a high-acceleration positioning table via cascaded learning schemes. IEEE Transactions on Industrial Electronics, 2007, 54(5): 2735-2744.

[81] Freeman C, Cai Z, Rogers E, et al. Iterative learning control for multiple point-to-point tracking application. IEEE Transactions on Control System Technology, 2011, 19(3): 590-600.

[82] Son T D, Ahn H S, Moore K L. Iterative learning control in optimal tracking problems with specific data points. Automatica, 2013, 49(5): 1465-1472.

[83] Owens D H, Freeman C, Dinh T V. Norm-optimal iterative learning control with intermediate point weighting: Theory, algorithms and experimental evaluation. IEEE Transactions on Control System Technology, 2013, 21(3): 999-1007.

[84] Freeman C, Tan Y. Iterative learning control with mixed constraints for point-to-point tracking. IEEE Transactions on Control System Technology, 2013, 21(3): 604-616.

[85] Freeman C T, Tan Y. Point-to-point iterative learning control with mixed constraints. Proceedings of American Control Conference, 2011: 3657-3662.

[86] Freeman C. Constrained point-to-point iterative learning control with experimental verification. Control Engineering Practice, 2012, 20(5): 489-498.

[87] Shen D, Wang Y. Iterative learning control for stochastic point-to-point tracking system. Proceedings of the 12th International Conference on Control, Automation, Robotics and Vision (ICARCV 2012), Guangzhou, 2012: 480-485.

[88] Saab S S, Vogt W G, Mickle M H. Learning control algorithms for tracking "slowly" varying trajectories. IEEE Transactions on System, Man and Cybernetics-Part B, 1997, 27(4): 657-670.

[89] Xu J X. Direct learning of control efforts for trajectories with different magnitude scales. Automatica, 1997, 33(12): 2191-2195.

[90] Xu J X. Direct learning of control efforts for trajectories with different time scales. IEEE Transactions on Automatic Control, 1998, 43(7): 1027-1030.

[91] Xu J X, Xu J, Viswanathan B. Recursive direct learning of control efforts for trajectories with different magnitude scales. Asian Journal of Control, 2002, 4(1): 49-59.

[92] Ruan X, Chen F, et al. Decentralized iterative learning controllers for nonlinear large-scale systems to track trajectories with different magnitudes. Acta Automatica Sinica, 2008, 34(4): 426-432.

[93] Ruan X, Wu H, Li N, et al. Convergence analysis in sense of Lebesgue-p norm of decentralized non-repetitive iterative learning control for linear large-scale systems. Journal of System Science and Complexity, 2009, 22(3): 422-434.

[94] Xu J X, Xu J. On iterative learning from different tracking tasks in the presence of time-varying uncertainties. IEEE Transactions on Systems, Man and Cybernetics-Part B, 2004, 34(1): 589-597.

[95] Chi R, Hou Z, Xu J X. Adaptive ILC for a class of discrete-time systems with iteration-varying trajectory and random initial condition. Automatica, 2008, 44(8): 2207-2213.

[96] Yin C, Xu J X, Hou Z. An ILC scheme for a class of nonlinear continuous-time systems with time-iteration-varying parameters subject to second-order internal model. Asian Journal of Control, 2011, 13(1): 126-135.

[97] Chien C J. A combined adaptive law for fuzzy iterative learning control of nonlinear systems with varying control tasks. IEEE Transactions on Fuzzy Systems, 2008, 16(1): 40-51.

[98] Schoellig A, Alonso-Mora J, D'Andrea R. Limited benefit of joint estimation in multi-agent iterative learning. Asian Journal of Control, 2012, 14(3): 613-623.

[99] Schoellig A, D'Andrea R. Sensitivity of joint estimation in multi-agent iterative learning control. Proceedings of the 18th IFAC World Congress, Millano, 2011: 1204-1212.

[100] Meng D, Jia Y. Finite-time consensus for multi-agent systems via terminal feedback iterative learning. IET Control Theory and Applications, 2011, 5(18): 2098-2110.

[101] Meng D, Jia Y. Iterative learning approaches to design finite-time consensus protocols for multi-agent systems. Systems & Control Letters, 2012, 61(1): 187-194.

[102] Meng D, Jia Y, Du J, et al. Tracking control over a finite interval for multi-agent systems with a time-varying reference trajectory. Systems & Control Letters, 2012, 61(7): 807-818.

[103] Liu Y, Jia Y. An iterative learning approach to formation control of multi-agent systems. Systems & Control Letters, 2012, 61(1): 148-154.

[104] Ahn H S, Chen Y Q. Multi-agent coordination by iterative learning control: Centralized and decentralized strategies. ICROS-SICE International Joint Conference 2009, Fukuoka, 2009: 3111-3116.

[105] Ahn H S, Moore K L, Chen Y Q. Trajectory-keeping in satellite formation flying via robust periodic learning control. International Journal of Robust and Nonlinear Control, 2010, 20(14): 1655-1666.

[106] Oh K K, Ahn H S. Formation control of mobile agents based on inter-agent distance dynamics. Automatica, 2011, 47(10): 2306-2312.

[107] Tao G, Kokotovic P V. Adaptive control of plants with unknown dead-zone. IEEE Transactions on Automatic Control, 1994, 39(1): 59-68.

[108] Tao G, Kokotovic P V. Discrete-time adaptive control of systems with unknown dead-zone. International Journal of Control, 1995, 61(1): 1-17.

[109] Taware A, Tao G. An adaptive dead-zone inverse controller for systems with sandwiched dead-zone. International Journal of Control, 2003, 76(8): 755-769.

[110] Kung M, Womack B F. Discrete time adaptive control of linear systems with preload nonlinearity. Automatica, 1984, 20(4): 477-479.

[111] Bai E. Identification of linear systems with hard input nonlinearities of known structure. Automatica, 2002, 38(5): 853-860.

[112] Annaswamy A M, Wong J E. Adaptive control in the presence of saturation nonlinearity. International Journal of Adaptive Control and Signal Processing, 1997, 11(1): 3-19.

[113] Kapila V, Grigoriadis K M. Actuator Saturation Control. New York: Marcel Dekker, 2002.

[114] Hideg L M. Time delays in iterative learning control schemes. Proceedings of the 1995 IEEE International Symposium on Intelligent Control, Monterey, CA, 1995: 215-220.

[115] Chen Y Q, Gong Z, Wen C. Analysis of a high-order iterative learning control algorithm for uncertain nonlinear systems with state delay. Automatica, 1998, 34(3): 345-353.

[116] Sun M X, Wang D W. Iterative learning control design for uncertain dynamics systems with delayed states. Dynamics and Control, 2000, 10(4): 341-357.

[117] Sun M X, Wang D W. Initial condition issues on iterative learning control for nonlinear systems with time delay. International Journal of Systems Science, 2001, 32(11): 1365-1375.

[118] Meng D, Jia Y, Du J, et al. Robust design of a class of time-delay iterative learning control systems with initial shifts. IEEE Transactions on Circuits and Systems I: Regular Papers, 2009, 56(8): 1744-1757.

[119] Meng D, Jia Y, Du J, et al. Stability analysis of continuous-time iterative learning control systems with multiple state delays. Acta Automatica Sinica, 2010, 36(5): 696-703.

[120] Hu Q, Xu J X, Lee T H. Iterative learning control design for smith predictor. System & Control Letters, 2001, 44(3): 201-210.

[121] Zhang T P, Ge S S. Adaptive neural control of MIMO nonlinear state time-varying delay systems with unknown dead-zones and gain signs. Automatica, 2007, 43(6): 1021-1033.

[122] Zhang T P, Ge S S. Adaptive dynamic surface control of nonlinear systems with unknown dead zone in pure feedback form. Automatica, 2008, 44(7): 1895-1903.

[123] Chow Y S, Teicher H. Probability Theory: Independence, Interchangeability, Martingales. 3rd Edition. New York: Springer-Verlag, 1997.

[124] Koronacki J. Random-seeking methods for the stochastic uncertained optinization. International Journal of Control, 1975, 21: 517-527.

[125] Gerencsér L, Vágó Z S. The mathematics of noise-free SPSA. Proceedings of 40th IEEE Conference on Decision and Control, Orlando, FL, 2001: 4400-4405.

[126] Chen H, Jiang P. Adaptive iterative learning control for nonlinear systems with unknown control gain. ASME Journal of Dynamic systems, Measurement and Control, 2004, 126: 916-920.

[127] Xu J X, Yan R. Iterative learning control design without a prior knowledge of the control direction. Automatica, 2004, 40(10): 1803-1809.

[128] Nussbaum R D. Some remarks on the conjecture in parameter adaptive control. Systems & Control Letters, 1983, 3: 243-246.

[129] Sun M X, Wang D W. Initial shift issues on discrete-time iterative learning control with system relative degree. IEEE Transactions on Automatic Control, 2003, 48(1): 144-148.

[130] Xu J X, Yan R. On initial conditions in iterative learning control. IEEE Transactions on Automatic Control, 2005, 50(9): 1349-1354.

[131] Park K H. An average operator-based PD-type iterative learning control for variable initial state error. IEEE Transactions on Automatic Control, 2005, 50(6): 865-869.

[132] Benaim M. A dynamical systems approach to stochastic approximation. SIAM Journal of Control and Optimization, 1996, 34: 437-472.

[133] Knopp K. Theory and Application of Infinite Series. London: Blackie, 1928.

[134] Bu X, Hou Z S. Stability of iterative learning control with data dropouts via asynchronous dynamical system. International Journal of Automation and Computing, 2011, 8(1): 29-36.

[135] Bu X, Hou Z S, Yu F, et al. Effect analysis of data dropout on iterative learning control. Control and Decisions, 2014, 29(3): 443-448.

[136] Hassibi A, Boyd S P, How J P. Control of asynchronous dynamical system with rate constraints on events. Proceedings of the 38th IEEE Conference on Decision and Control, Phoenix, AZ, 1999: 1345-1351.

[137] Jiang P, Chen H, Bamforth C A. A universal iterative learning stabilizer for a class of MIMO systems. Automatica, 2006, 42(6): 973-981.

[138] Chen Y Q, Wen C, Gong Z, et al. An iterative learning controller with initial state learning. IEEE Transactions on Automatic Control, 1999, 44(2): 371-376.

[139] Seel T, Schauer T, Raisch J. Iterative learning control for variable pass length systems. Proceedings of the 18th IFAC World Congress, Milano, 2011: 4880-4885.

[140] Longman R W, Mombaur K D. Investigating the use of iterative learning control and repetitive control to implement periodic gaits. Lecture Notes in Control and Information Sciences, 2006, 340: 189-218.

[141] Li X, Xu J X, Huang D. An iterative learning control approach for linear systems with randomly varying trial lengths. IEEE Transactions on Automatic Control, 2014, 59(7): 1954-1960.

[142] Li X, Xu J X, Huang D. Iterative learning control for nonlinear dynamic systems with

randomly varying trial lengths. International Journal of Adaptive Control and Signal Processing, 2015, 29(11): 1341-1353.

[143] Schmid R. Comments on "Robust optimal design and convergence properties analysis of iterative learning control approaches" and "On the P-type and Newton-type ILC schemes for dynamic systems with non-affine input factors". Automatica, 2007, 43(9): 1666-1669.

[144] Sun M X, Wang D W. Analysis of nonlinear discrete-time systems with higher-order iterative learning control. Dynamics and Control, 2001, 11(1): 81-96.

[145] Curry R E. Estimation and Control with Quantized Measurements. Cambridge: MIT Press, 1970.

[146] Wang L Y, Yin G, Zhang J F, et al. System Identification with Quantized Observations, Theory and Applications. Boston: Birkhauser, 2010.

[147] Jiang Z P, Liu T F. Quantized nonlinear control-a survey. Acta Automatica Sinica, 2013, 39(11): 1820-1830.

[148] Brockett R W, Liberzon D. Quantized feedback stabilization of linear systems. IEEE Transactions on Automatic Control, 2000, 45(7): 1279-1289.

[149] Fagnani F, Zampieri S. Quantized stabilization of linear systems: Complexity versus performance. IEEE Transactions on Automatic Control, 2004, 49(9): 1534-1548.

[150] Bu X, Wang T, Hou Z, et al. Iterative learning control for discrete-time systems with quantised measurements. IET Control Theory & Applications, 2015, 9(9): 1455-1460.

[151] Xu Y, Shen D, Bu X. Zero-error convergence of iterative learning control using quantized information. IMA Journal of Mathematical Control and Information. In Press.

[152] Elia N, Mitter S K. Stabilization of linear systems with limited information. IEEE Transactions on Automatic Control, 2001, 46(9): 1384-1400.

[153] Fu M, Xie L. The sector bound approach to quantized feedback control. IEEE Transactions on Automatic Control, 2005, 50(11): 1698-1710.

[154] Jamshidi M. Large-Scale Systems: Modeling, Control and Fuzzy Logic. New Jersey: Prentice Hall, 1996.

[155] Hwang D H, Kim B K, Bien Z. Decentralized iterative learning control methods for large scale linear dynamic systems. International Journal of Systems Science, 1993, 24(12): 2239-2254.

[156] Wu H S, Kawabata H, Kawabata K. Decentralized iterative learning control schemes for large scale systems with unknown interconnections. Proceedings of 2003 IEEE Conference on Control Applications, 2003: 1290-1295.

[157] Wu H S. Decentralized iterative learning control for a class of large scale interconnected dynamical systems. Journal of Mathematical Analysis and Applications, 2007, 327(26): 233-245.

[158] Ruan X, Bien Z, Park K H. Decentralized iterative learning control to large-scale

industrial processes for nonrepetitive trajectories tracking. IEEE Transactions on Systems, Man and Cybernetics-Part A: Systems and Humans, 2008, 38(1): 238-252.

[159] Borkar V S. Asynchronous stochastic approximation. SIAM Journal on Control and Optimization, 1998, 36: 840-851.

[160] Kushner H J, Yin G. Asymptotic properties for distributed and communicating stochastic approximation algorithms. SIAM Journal on Control and Optimization, 1987, 25: 1266-1290.

[161] Tsitsiklis J N. Asynchronous stochastic approximation and Q-learning. Machine Learning, 1994, 16: 185-202.

[162] Fang H T, Chen H F. Asymptotic behavior of asynchronous stochastic approximation. Science in China(Series F), 2001, 44: 249-258.

[163] Robbins H, Monro S. A stochastic approximation method. The Annals of Mathematical Statistics, 1951, 22(3): 400-407.

[164] Nevelson M B, Khasminskii R Z. Stochastic Approximation and Recursive Estimation. American Mathematical Society, Providence, RI, 1976.

[165] Kushner H J. Approximation and Weak Convergence Methods for Random Processes with Applications to Stochastic Systems Theory. Cambridge, MA: MIT Press, 1984.